“十三五”高等院校数字艺术精品课程规划教材
教育部－时光坐标产学合作协同育人项目实践教材

Cinema 4D 影视三维动画制作

全彩慕课版

黄振彬 张凯 主编 / 马磊 刘德为 副主编

人民邮电出版社
北京

图书在版编目（CIP）数据

Cinema 4D影视三维动画制作 ：全彩慕课版 / 黄振彬，张凯主编. -- 北京 ：人民邮电出版社，2020.6
“十三五”高等院校数字艺术精品课程规划教材
ISBN 978-7-115-54154-3

Ⅰ. ①C… Ⅱ. ①黄… ②张… Ⅲ. ①三维动画软件－高等学校－教材 Ⅳ. ①TP391.414

中国版本图书馆CIP数据核字(2020)第093073号

内 容 提 要

本书从影视三维动画创作的行业需求和实战应用出发，全面、系统地讲解了 Cinema 4D 在影视三维动画制作方面的基本操作与核心功能，包括三维动画基础、Cinema 4D 操作基础、参数化对象、建模工具、材质、灯光、渲染、动画设计、运动图形等内容，最后给出了两个综合实战案例进行知识巩固。全书以“知识技能＋课堂案例”的形式串联技能要点，让读者通过案例强化知识体系，领会设计意图，增强实战能力。书中案例大多来自影视传媒公司的一线商业项目，紧跟行业流行趋势，有利于提升读者的学习兴趣、岗位技能和创作水平。

本书适合作为各类院校数字媒体艺术、数字媒体技术与应用、动漫与游戏制作等影视传媒类相关专业的教材，也可作为培训用教材和影视制作爱好者的参考用书。

◆ 主　　编　黄振彬　张　凯
　副 主 编　马　磊　刘德为
　责任编辑　桑　珊
　责任印制　马振武

◆ 人民邮电出版社出版发行　　北京市丰台区成寿寺路 11 号
　邮编　100164　　电子邮件　315@ptpress.com.cn
　网址　https://www.ptpress.com.cn
　北京世纪恒宇印刷有限公司印刷

◆ 开本：787×1092　1/16
　印张：13.75　　2020 年 6 月第 1 版
　字数：338 千字　　2025 年 1 月北京第 15 次印刷

定价：69.80 元

读者服务热线：(010)81055256　印装质量热线：(010)81055316
反盗版热线：(010)81055315
广告经营许可证：京东市监广登字 20170147 号

Cinema 4D

FOREWORD 前言

本书全面贯彻党的二十大精神，以社会主义核心价值观为引领，传承中华优秀传统文化，坚定文化自信，使内容更好体现时代性、把握规律性、富于创造性。

近年来，随着影视产业和CG动画制作技术的快速发展，三维动画在影视创作中应用的比例越来越大，三维动画制作技术越来越多地受到影视制作行业的关注。Cinema 4D作为一款专业的三维动画制作软件，能够高效且精确地创建出精彩绝伦的视觉特效，被广泛应用于电视栏目包装、影视三维动画、工业产品展示等诸多领域。

本书从影视三维动画创作的行业需求和实战应用出发，全面、系统地讲解Cinema 4D在三维动画制作方面的基本操作与核心功能。全书共10章，第1章为三维动画基础，主要介绍三维动画的概念、分类及常用三维动画制作软件等；第2章~第9章通过多个真实案例，详细讲解Cinema 4D软件的基础操作，以及创建三维对象、建模、材质制作、灯光设计、渲染输出、动画设计、运动图形制作等影视三维动画制作技术；第10章为综合实战，通过两个完整的商业项目制作案例，对影视三维动画制作的工作流程进行完整的实战演练，有利于读者综合提升岗位技能和创作水平。

本书以“知识技能+课堂案例”的形式安排知识点的学习，结构清晰，案例丰富。

（1）在每一章的开头安排了“本章导读”和“学习目标”，重点章还安排了“技能目标”，对需要掌握的学习要点与技能目标进行提示，帮助读者理清学习脉络，抓住重难点。

（2）在正文部分通过知识讲解与“课堂案例”，对影视三维动画技术进行详细讲解。课堂案例给出了详细的操作步骤，并录制了教学视频，图文并茂，讲解清晰，通过案例帮助读者强化知识体系，领会设计意图，增强实战能力。书中的案例大多来自影视传媒公司的一线商业项目，紧跟行业流行趋势，有利于提升读者的学习兴趣、岗位技能和创作水平。

（3）在重点章节安排的“课后习题”，用于巩固所学知识，帮助读者加深理解，拓展读者对Cinema 4D软件的实际应用能力，使读者进一步掌握符合实际工作需要的影视三维动画制作技术。

本书提供立体化的教学资源，书中所有的课堂案例和课后习题均提供原始素材和源文件，配套高质量教学视频、精美教学课件和章节教案等教学文件，读者可登录人邮教育社区（www.ryjiaoyu.com）下载使用。对于操作性较强的知识和课堂案例，读者可以通过观看视频来强化学习效果。

本书作为教育部时光坐标产学合作协同育人项目——“数字媒体艺术创作”教学内容和课程体系改革的成果，由来自高校教学一线且教学经验丰富的专业教师和来自影视传媒公司行业一线具有多年影视创作实践经验的设计师合作撰写完成。由黄振彬、张凯任主编，马磊、刘德为任副主编，并邀请荆帅龙、于小博、王海鑫等相关行业人员参与了本书的创意设计及部分内容的编排工作，使本书更符合行业和企业的标准；书中所有的案例和习题均经过院校老师和学生上机测试通过，力求使每一位学习本书的读者都可获得学习的乐趣。

本书编写过程中，我们力求精益求精，但难免存在疏漏和不足之处，敬请广大读者批评指正。

注：本书中关于颜色设置的表述，如黑色（23,23,23），括号中的数字分别为其R、G、B的值。

编　者

2023年5月

Cinema 4D

CONTENTS 目录

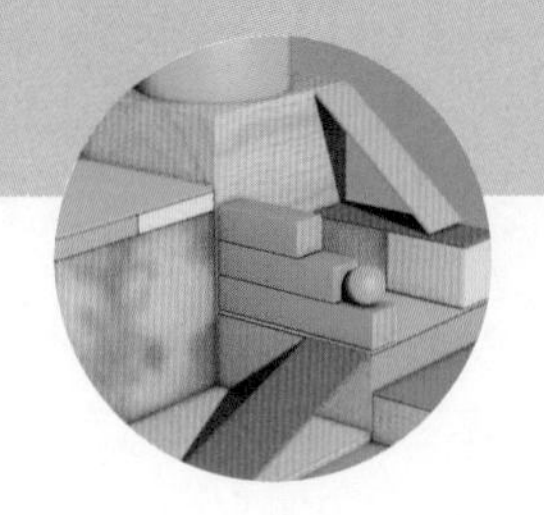

—01—

第 1 章　三维动画基础

—02—

第 2 章　Cinema 4D 操作基础

—03—

第 3 章　参数化对象

—04—

第 4 章　建模工具

Cinema 4D

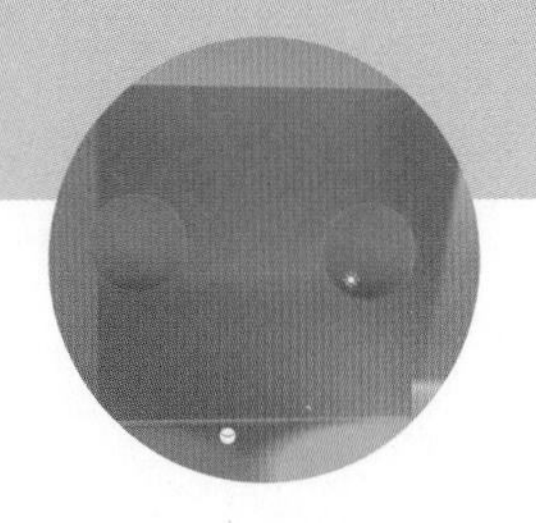

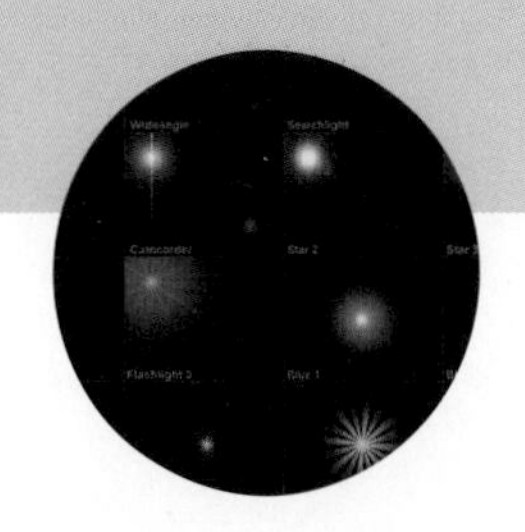

—05—

第 5 章 材质

—06—

第 6 章 灯光

Cinema 4D

CONTENTS 目录

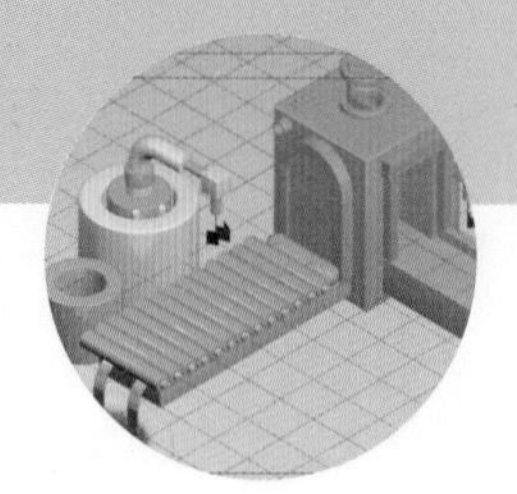

Cinema 4D

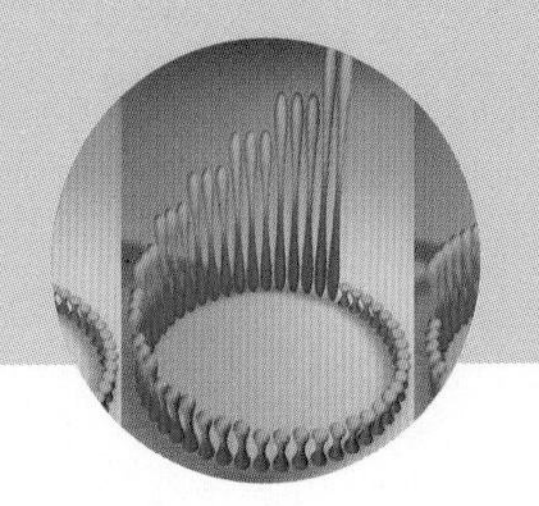
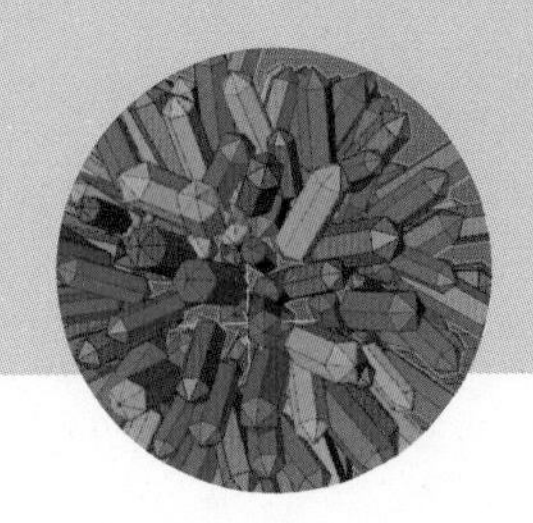

—09—

第 9 章 运动图形

—10—

第 10 章 综合实战

01

第1章 三维动画基础

本章导读

本章主要介绍 CG 行业的发展情况。通过对本章的学习，读者可以了解三维动画的发展历程，并对行业内几款主流的三维动画制作软件有所了解。

学习目标

- 了解 CG 的定义及应用领域。
- 了解三维动画的发展历程。
- 了解三维动画制作软件。

三维动画基础

1.1 三维动画概述

1.1.1 CG 行业概述

计算机技术的飞速发展正在引领着相关行业的变革，为了在时代的浪潮中激流勇进，我国必须完善科技创新体系、加快实施创新驱动发展战略。CG 是“Computer Graphics”的英文缩写，翻译过来就是“计算机图形图像”，就是使用计算机进行图形图像处理。很多知名的电影和动画片就是使用 CG 技术制作的，像《阿凡达》《变形金刚》《复仇者联盟》《冰川时代》等，如图 1-1 所示。

图 1-1

CG 的一个重要的应用领域是影视剧的特效制作。我们平时看到的很多影视剧，有一些画面是无法通过拍摄来实现的，只能借助于 CG 技术来完成，如图 1-2 和图 1-3 所示。

图 1-2

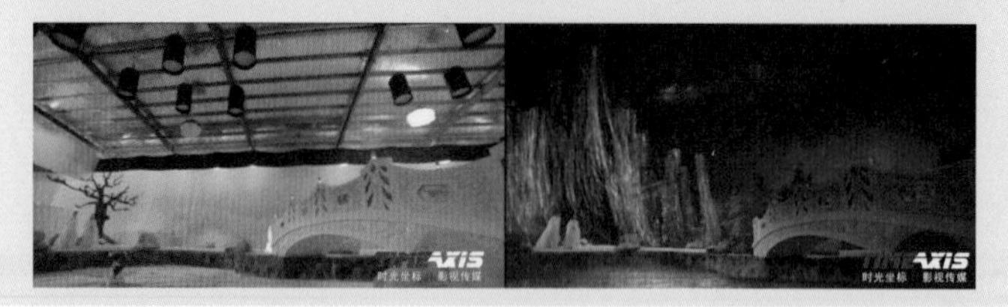

图 1-3

CG 另一个应用领域就是栏目包装了。栏目包装是对电视节目、栏目、频道，甚至电视台的整体形象进行一种外在形式要素的规范和强化。这些外在形式要素包括声音、图像、颜色等要素，对电视节目、栏目、频道的包装可以起到以下的作用。

- 突出自己的节目、栏目、频道的个性和特点。

- 确立并增强观众对自己节目、栏目、频道的识别能力。
- 确立自己节目、栏目、频道的品牌地位。

栏目包装通常包含以下内容。

（1）栏目形象宣传片：一般时长为 25 ~ 45 秒，它被广泛地应用于新栏目的推广和宣传。栏目形象宣传片能够让观众迅速对一个新栏目有所认知，提升栏目的知名度和识别力，如图 1-4 所示。

图 1-4

（2）栏目片头：相对于栏目形象宣传片，栏目片头的“宣传”功能被弱化，“提示”功能被加强。在频道编排中，栏目片头总是插播在节目即将开始前，其重要功能在于提示观众即将或正在收看的是什么栏目，如图 1-5 所示。

图 1-5

（3）栏目间隔片花：栏目间隔片花多以三维或二维动画呈现，时长多为 3 ~ 5 秒，常常是栏目片头的套剪版。片花的作用是突出“栏目名称和栏目标识”等信息。片花在设计上要符合片头的风格。

（4）栏目片尾：电视栏目作为一个电视文化传播产品，拥有自己的版权和其他合法利益。特别是在电视媒体制作和播出分离的潮流下，许多频道都在整合利用社会资源，购买播出优秀节目以提高频道收视率。在此情形下，栏目的制作人员、出品单位等信息有着传递和表达的必要和需求，这正是栏目片尾产生的主要原因，如图 1-6 所示。

图 1-6

（5）栏目角标：作为栏目的形象标识，栏目角标绝不仅是一种装饰点缀，还是打造栏目品牌形象与观众识别的重要手段。栏目角标的重要功能在于，随时提醒观众正在收看的是什么栏目和频道。此外，频道运营者将栏目角标开发为广告资源，能为频道带来广告收益，最常见的方式就是将栏目角标和商业标识结合使用。

1.1.2 三维动画的概念与分类

三维动画是20世纪80年代才开始发展起来的一种动画形式，虽然起步很晚，但是发展非常迅速，如今已经成为一门新兴的行业，被广泛应用于广告、影视、游戏、新闻等各个领域。同时，这个年轻的行业也吸引了很多有梦想的年轻人加入。

为什么三维动画会得以迅速发展呢？这就不得不与人类的梦想联系起来。人类的梦想是没有止境的，在幻想的空间里，我们可以天马行空地发挥想象，可以任意地创造出现实中完全不存在的事物，同时，我们又渴望把这些梦想记录下来，希望有那么一天可以梦想成真。回顾动画的发展简史，不难看出，整个动画发展史就是先人们不断创造梦想并实现梦想的过程。

三维动画技术目前被广泛应用于医学、教育、军事、娱乐等诸多领域。

（1）影视三维动画：三维动画在影视方面的应用，是我们生活中较为常见的，设计师通过三维动画软件可以建立各种逼真的人物和场景，然后对其进行动作合成，带给人们强烈的视觉震撼。

（2）建筑三维动画：随着房地产行业的发展，建筑三维动画获得了广泛的应用。建筑三维动画有许多的分类，包括：房地产动画、建筑招标动画、建筑漫游动画等。它在方便人们理解建筑过程，促进房产销售的同时，还能进行周围场景活动的展现，给人真实生动之感。

（3）产品三维动画：在三维动画诸多的应用领域中，产品三维动画具有很高的商业价值。通过三维建模技术，我们可以将产品的外观、内部构造、使用说明和功能原理等进行立体演示，便于消费者了解产品特性，从而促进销售。

（4）广告三维动画：利用三维动画技术制作广告片、企业宣传片也是目前较为常见的一种趋势。它能够将企业的发展历程、地理环境以及企业理念等具体或者抽象的内容通过三维动画的形式展现，有利于树立公司和产品形象，提升企业的品牌价值。

（5）医学三维动画：医学三维动画的制作需要设计师拥有较高的水平和相关的医学专业知识，能将人体内部结构、医学原理、细胞器官组织等进行三维演示。方便医患之间的沟通。

（6）机械三维动画：机械三维动画可以把机械的生产过程、拆分组装等信息通过三维动画来展现。同时在相关展会活动中，机械三维动画以新颖的形式和创意吸引受众，也减少了大型机械在运输展览过程中的成本。

1.2 三维动画制作软件

1.2.1 三维动画制作软件的发展

三维动画的发展可以追溯到1962年，那时候已经有了计算机图形学理论，一开始主要应用于军事领域。

运用计算机图形技术制作动画的探索始于20世纪80年代初期，当时三维动画的制作主要是在一些大型的工作站上完成的。3D Studio 软件是早期在 PC（个人计算机）上使用的三维软件。Cinema 4D 的前身是 1989 年发表的软件 FastRay。FastRay 最初只发表在 Amiga 上，Amiga 是一种早期的个人计算机系统，当时还没有图形界面。两年后的 1991 年，FastRay 更新到了 1.0 版本。但是，当时还并没有有涉及三维领域。1993 年，FastRay 更名为 Cinema 4D 1.0。

20 世纪 80 年代后期，随着计算机软硬件的进一步发展，计算机图形处理技术的应用得到了空前的发展，计算机美术作为一门独立学科开始走上迅猛发展之路。

1994 年，微软推出 Windows 操作系统，并将工作站上的 Softimage 移植到 PC 上。

1995 年，Windows 95 出现，3D Studio 出现了超强升级版本 3ds Max 1.0。

1995 年 11 月 22 日，由迪士尼发行的《玩具总动员》上映，这部纯三维制作的动画片取得了巨大的成功。

1996 年，Cinema 4D V4 正式发布 Mac 版与 PC 版，并在 Cinema 4D 9.6 版本中首次加入了 MoGraph 运动图形系统，它提供给用户一个全新的维度和方法，使类似矩阵式的制图模式变得轻而易举。一个单一的物体经过排列和组合，并且配合各种效果器，就可以制作出非常富有想象力的动画效果。

1998 年，Maya 的出现可以说是 3D 发展史上的又一个里程碑，一个个超强工具的出现，也推动着三维动画不断地向前发展。

1998 年，Avid 公司并购了 Softimage 3D，并于 2000 年推出了全新一代的三维动画制作软件 Softimage XSI，其强大的非线性角色动画制作能力，以及业界鼎鼎大名的 Mental Ray 超级渲染器受到广大三维动画从业者的追捧。

至此，三维动画迅速取代传统动画成为最卖座的动画片种。迪士尼公司在其后发行的《玩具总动员 2》《恐龙》《怪物公司》《虫虫特工队》都取得了巨大的成功，如图 1–7 所示。新成立的梦工厂也积极向动画产业进军，发行了《蚁哥正传》《怪物史莱克》《马达加斯加》等三维动画片，也获得了巨大的商业成功，如图 1–8 所示。

图 1–7

图 1-8

1.2.2 三维动画制作软件的分类

在行业中，有这么多三维动画制作软件可以选择，并且每一款三维动画制作软件都有其自身的特点和优势，那么到底选择哪一款呢？我们需要先来了解一下现在市场上主流的几款三维动画制作软件。

1. Maya

Maya 是一款功能强大的设计软件。它的功能十分全面，集成了先进的动画及数字效果技术，包括先进的 NURBS 建模、材质、骷髅、渲染系统。Maya 的动力学模拟系统，包括刚体、柔体、流体动力学、面料仿真、毛发，再结合强大的脚本编辑语言，使其成为影视特效制作的利器。Maya 可以在 Windows、Linux 和 macOS 系统上运行，掌握了 Maya，可以极大地提高制作效率和品质，制作出电影级别的特效，如图 1-9 所示。

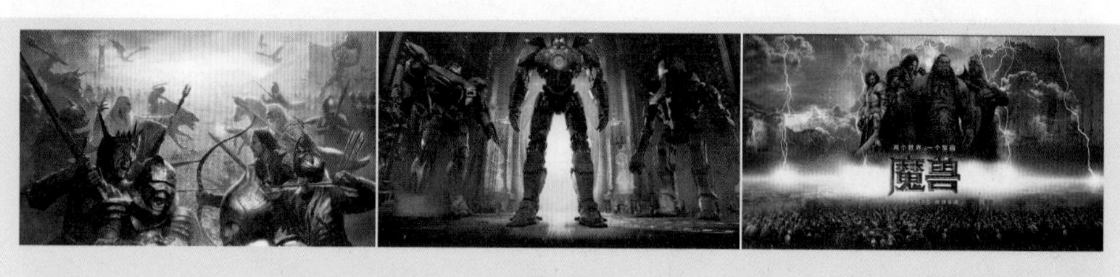

图 1-9

2005 年，欧特克（Autodesk）公司收购了 Maya。通过多年的产品迭代，Maya 的功能越来越强大。Maya 2017 版本将业界非常有名的 Arnold（阿诺德）基于 CPU 渲染的节点式渲染器直接整合到 Maya 软件中，将 Maya 的渲染能力提升到了一个新的高度。

2. 3ds Max

3ds Max 和 Maya 同属 Autodesk 公司的旗舰产品，不论是最早的 3D Studio 还是后来的 3ds Max，在我国都一直有着非常大的用户群体。它和 Autodesk 公司旗下另一款制图软件 AutoCAD 的兼容性非常好，在建筑表现领域，设计师在很长一段时间内都使用这个软件进行建筑效果图的制作，如图 1-10 所示。因此，3ds Max 成为 3D 行业入门必须掌握的软件，在建筑漫游动画以及游戏建模方面都有着非常庞大的用户群体。

图 1-10

3. Houdini

Houdini 是加拿大 Side Effects Software（简称 SESI）公司开发的一款三维计算机图形软件，可运行于 Linux、 Windows、macOS 等操作系统，基于节点模式设计，其结构、操作方式等和其他三维软件有很大的差异。Houdini 也是一个程序式软件，它有自己的 VEX 脚本语言，用来处理各种参数和数据，甚至用来创建自定义的节点。很多软件需要我们额外安装插件来高效率地实现一些特殊效果，这是因为软件本身其实并没有给予我们非常大的操作空间，而 Houdini 把所有的想象力都交给了软件的使用者，因此，Houdini 是一个上限相当高的软件。

在常用的三维动画制作软件中，很多工具都封装起来做成一个预设对象，用来降低使用者的学习成本。虽然 Houdini 也有一些封装好的工具，但我们可以读取到软件底层的一些数据，通过控制这些数据的传递和运算，来实现我们想要的效果。Houdini 是一个节点式操作的软件（另一个代表软件是 Nuke)，用户需要有良好的逻辑思维能力去构建想要的框架，而节点式最大的优势在于它的非破坏性，你可以在制作完成后随时回到你想要修改的节点进行非破坏性的修改，因此 Houdini 在做一些影视特效中的破碎、爆炸、流体、粒子效果方面有着先天的优势，如图 1-11 所示。

图 1-11

4. Cinema 4D

Cinema 4D 是德国的 MAXON 公司开发的一款三维动画制作软件，它以高速的运算能力和强大的渲染能力而著称，特别是 MoGraph 运动图形更是 Cinema 4D 所独有的，用户可以充分发挥想象力来完成许多不可思议的艺术效果。同时 Cinema 4D 有非常丰富的插件和预设，可以大大提高工作效率，所以 Cinema 4D 在电商海报设计、栏目包装领域有着广泛的应用，如图 1–12 所示。本书中，我们主要以 Cinema 4D 软件为例深入学习三维动画的制作。

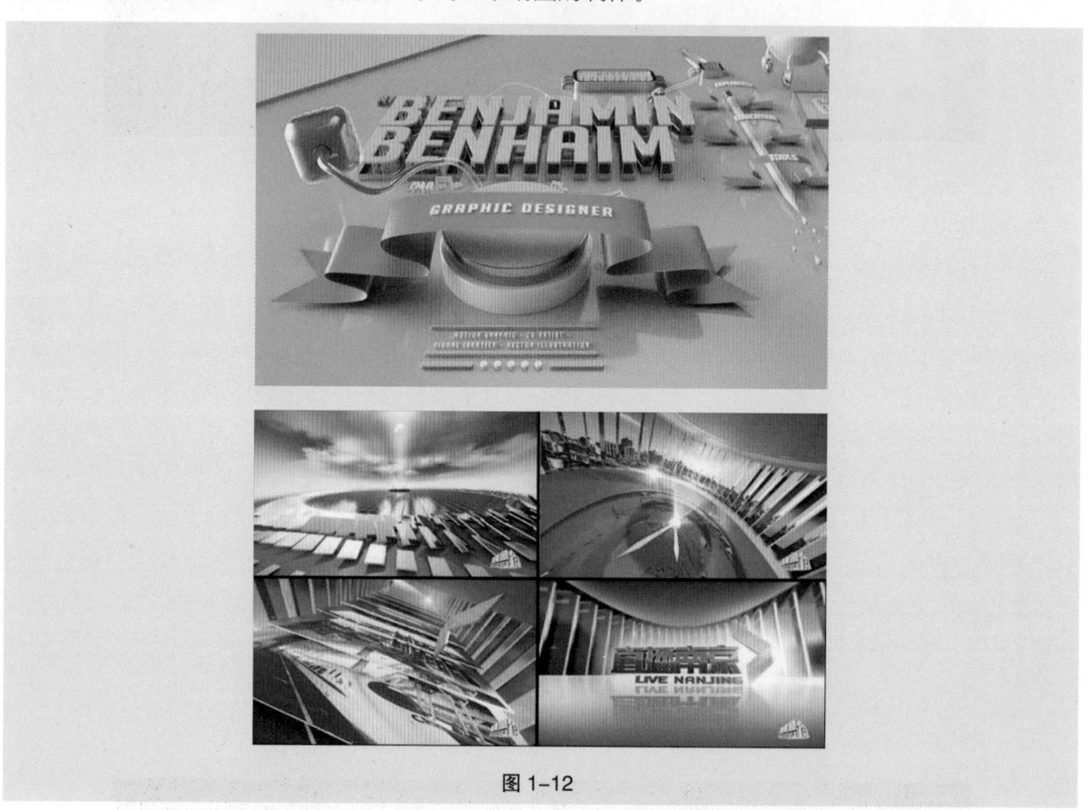

图 1–12

02

第2章 Cinema 4D 操作基础

本章导读

本章介绍 Cinema 4D 三维动画软件的优势、应用领域，以及 Cinema 4D 软件的界面、基本操作等。通过对本章的学习，读者可以形成对 Cinema 4D 的基本认识，并掌握 Cinema 4D 软件的基本操作方法。

学习目标

- 了解 Cinema 4D 的发展史。
- 了解 Cinema 4D 软件的优势。
- 了解 Cinema 4D 软件界面布局。
- 熟练掌握 Cinema 4D 软件的基本操作和视图控制。

2.1 初识 Cinema 4D

2.1.1 Cinema 4D 概述

Cinema 4D 由德国 MAXON 公司开发，我们一般将其简称为 C4D，其拥有完善的动力学和粒子模块、毛发系统、先进的多边形建模和曲面建模等功能。在影视领域，其渲染器能在资源占用不高的情况下渲染出高品质的图像。

Cinema 4D 具备高端 3D 软件的所有功能，更加注重工作流程的流畅、舒适、合理和高效。在电影、电视包装、游戏开发、工业、建筑设计等领域，Cinema 4D 以丰富的功能为用户提供了完善的解决方案，即便是新用户，也能在较短的时间内入门。

2.1.2 Cinema 4D 的优势

1. 友好的用户界面

Cinema 4D 的用户界面一直是设计师们非常喜欢的，其界面布局非常合理，操作方式简单明了；对象面板里的树形排列方式，可以让设计师在复杂场景中快速地找到其中的某一个模型元素。并且用户可以根据自己的需要和喜好自定义界面布局。

2. 与 After Effects 数据互导

Cinema 4D 可以将三维场景中的摄像机位置信息、灯光及模型的坐标信息等导入 After Effects 中，这也是为什么越来越多的栏目包装设计师选择 Cinema 4D。

3. 丰富的预设和插件

Cinema 4D 有着非常丰富的插件和预设，通过这些插件和预设，设计师可以非常轻松地实现想要的效果。一些本来需要花费大量时间去创建的元素，现在只需要单击预设便可以快速实现，节省了设计师的时间成本。例如，GSG 出品的灯光和 HDRI 环境预设，可以非常快速地建立灯光和环境系统，稍做调整即可以实现非常漂亮的光影效果。

4. 快速的渲染引擎

Cinema 4D 拥有非常强大、快速的渲染引擎，可以在较短的时间内渲染出高品质的图像。从 Cinema 4D R19 版本开始，内置了与 AMD 联合开发的基于 GPU 渲染的 ProRender，将 Cinema 4D 的渲染能力又大大提高了一步。

5. MoGraph 模块（运动图形模块）

MoGraph 运动图形模块一直是 Cinema 4D 引以为傲的模块。使用克隆工具，加上各种效果器的配合，设计师可以充分发挥自己的想象，制作出非常有趣的动画效果。

2.1.3 Cinema 4D 的应用领域

1. 电商海报设计

随着互联网的发展，电商最近几年发展非常迅速，“双 11”“双 12”“ 618”等电商购物节的成交金额屡创新高。为了吸引买家的眼球，需要大量设计精美的电商海报，Cinema 4D 凭借其强大的建模模块和强大的渲染引擎，吸引越来越多的设计师在高端电商海报设计中使用 Cinema 4D，如图 2-1 所示。

图 2-1

2. 栏目包装

Cinema 4D 凭借其强大的 MoGraph 运动图形系统，可以实现很多奇妙的动画效果，吸引越来越多的动态设计师使用 Cinema 4D 制作栏目包装片头。特别是 Cinema 4D 的摄像机、灯光、位置等信息可以无缝导入 After Effects 中，这给后期合成提供了极大的便利，因此 Cinema 4D 成为电视栏目包装的首选，如图 2-2 所示。

图 2-2

3. 工业产品表现

在工业领域进行产品设计通常需要使用 CATIA、Pro/E、UG、SolidWorks 等软件进行建模，而这些工业设计软件往往更偏重建模功能，在渲染方面功能相对单一，当需要展示最终设计效果的时候，就需要借助 Cinema 4D 强大的渲染功能来实现，如图 2-3 所示，而 Cinema 4D 对工业设计软件的格式支持也是非常全面的。

图 2-3

2.2 Cinema 4D 的界面

Cinema 4D 的默认界面由标题栏、工具栏、菜单栏、视图窗口、材质窗口、“对象”面板、“属性”面板、时间线等区域组成，如图 2-4 所示。

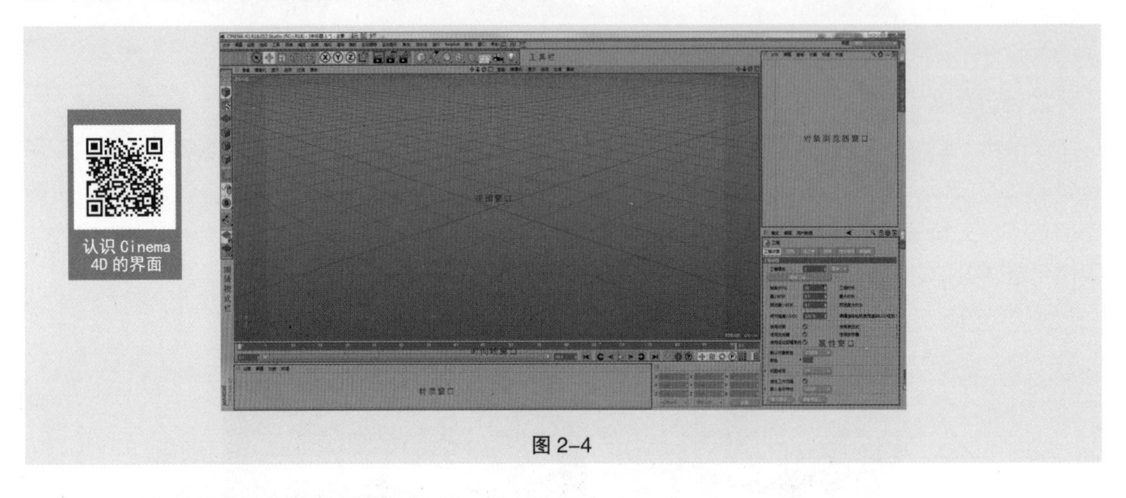

图 2-4

2.2.1 标题栏

Cinema 4D 标题栏位于界面顶端，显示软件版本信息以及当前工程项目名称，如图 2-5 所示。

CINEMA 4D R18.011 Studio (RC - R18) - [未标题 1 *] - 主要

图 2-5

2.2.2 菜单栏

菜单栏位于软件顶部，这里包含了 Cinema 4D 的大部分功能与工具。Cinema 4D 的菜单有一个特点，单击子菜单顶部，可以让该子菜单成为独立窗口在界面中显示，如图 2-6 所示。

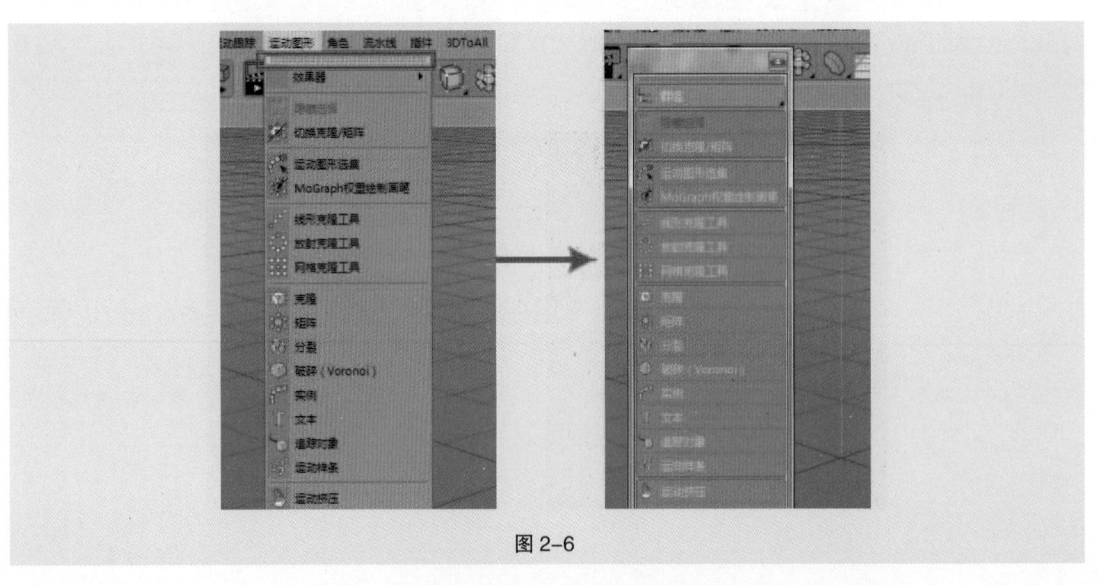

图 2-6

2.2.3 工具栏

工具栏默认分为顶部工具栏和左侧工具栏。顶部工具栏包含一些常用工具，如移动、旋转、缩放等，如图 2-7 所示。

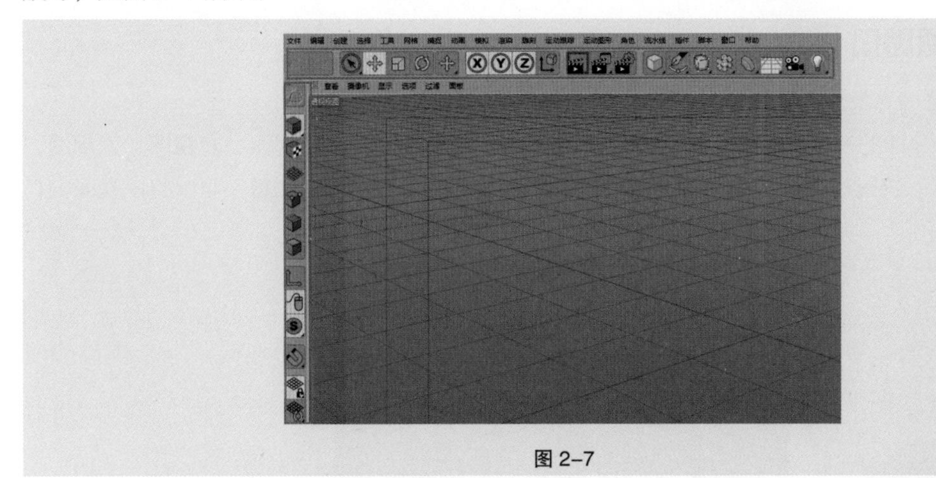

图 2-7

（1）撤销和重做按钮：可以撤销上一步操作和返回撤销的上一步操作，是最常用的工具之一。其组合键分别是 Ctrl+Z 和 Ctrl+Y。

（2）选择工具：鼠标长按该图标，在下拉菜单中可以显示其他的选择方式，如图 2-8 所示。

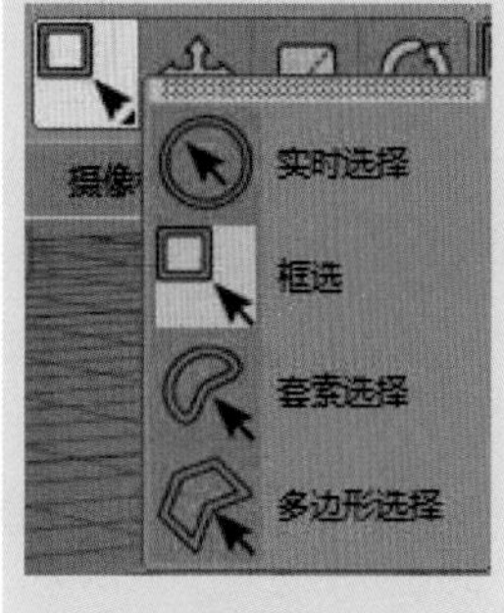

图 2-8

（3）坐标工具：为锁定 / 解锁 X、Y、Z 轴，默认三个轴向全部为激活状态，如果单击某个轴向的按钮，则锁定了该轴向。为世界坐标系和模型对象坐标系切换工具。

（4）渲染工具：用于对场景的预览及渲染输出设置等。可以对当前场景进行预览渲染；可以将场景渲染到图片查看器，长按可以显示其他渲染工具菜单；是渲染输出设置工具，可以设置输出格式、路径；选择渲染效果、渲染器等，如图 2-9 所示。

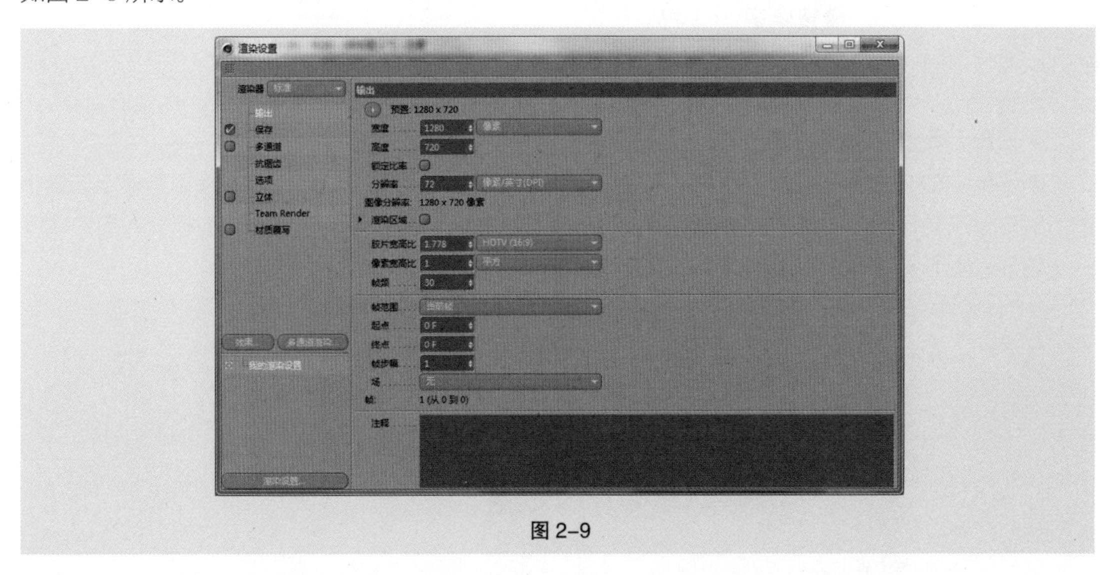

图 2-9

2.3 Cinema 4D 基本操作

2.3.1 视图窗口

1. 视图界面

在 Cinema 4D 的视图界面中，默认有 4 个窗口，分别是透视图、顶视图、右视图、正视图，如图 2–10 所示，按鼠标中键或单击每个视图中的“最大化当前视图”按钮，可以将该视图窗口最大化显示。

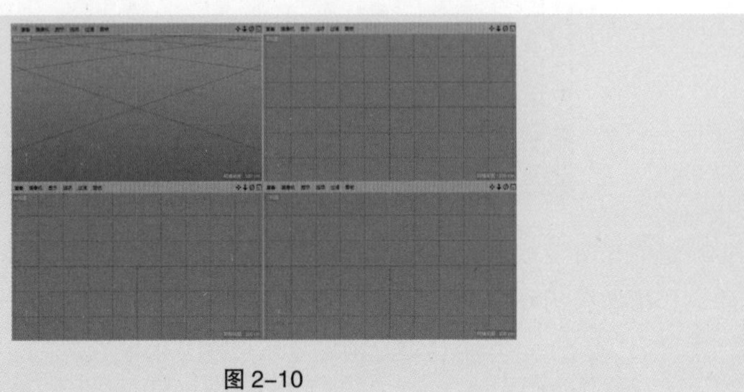

图 2–10

2. 动画编辑窗口

Cinema 4D 的动画编辑窗口位于视图窗口下方，由动画时间线和关键帧设置两部分组成，如图 2–11 所示。

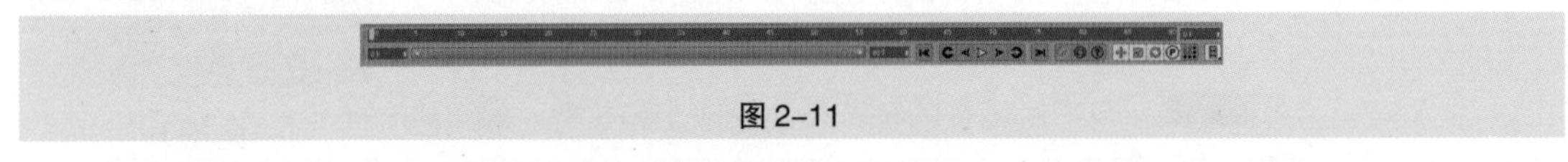

图 2–11

3. 材质窗口

Cinema 4D 的材质窗口位于动画编辑窗口的下方，在这里可以创建、编辑材质，如图 2–12 所示。

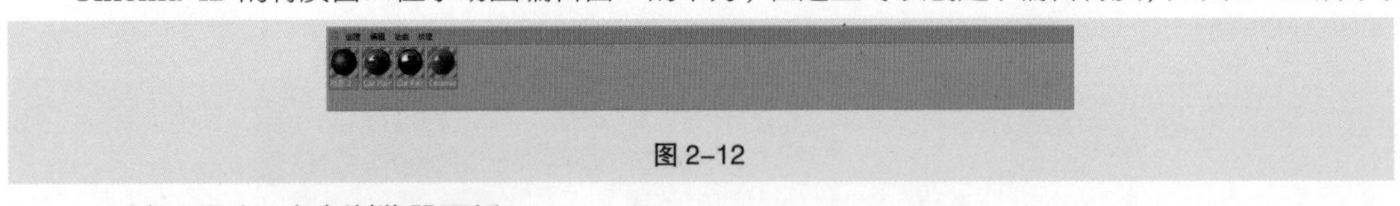

图 2–12

4. 对象 / 场次 / 内容浏览器面板

Cinema 4D 的对象 / 场次 / 内容浏览器面板位于主界面右上方。“对象”面板用于显示场景中的所有对象及其标签，“内容浏览器”面板用于浏览各类文件及预设，“场次”面板允许用户在同一个场景里使用不同的摄像机、材质、渲染等设置参数，如图 2–13 所示。

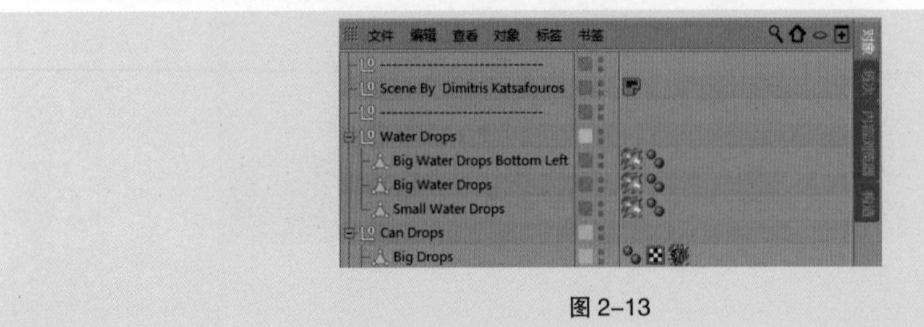

图 2–13

5. 属性 / 层面板

Cinema 4D 的属性 / 层面板位于主界面的右下方。“属性”面板是对场景中的对象进行参数修改调整的地方，“层”面板可以对场景中的对象进行分类管理，如图 2-14 所示。

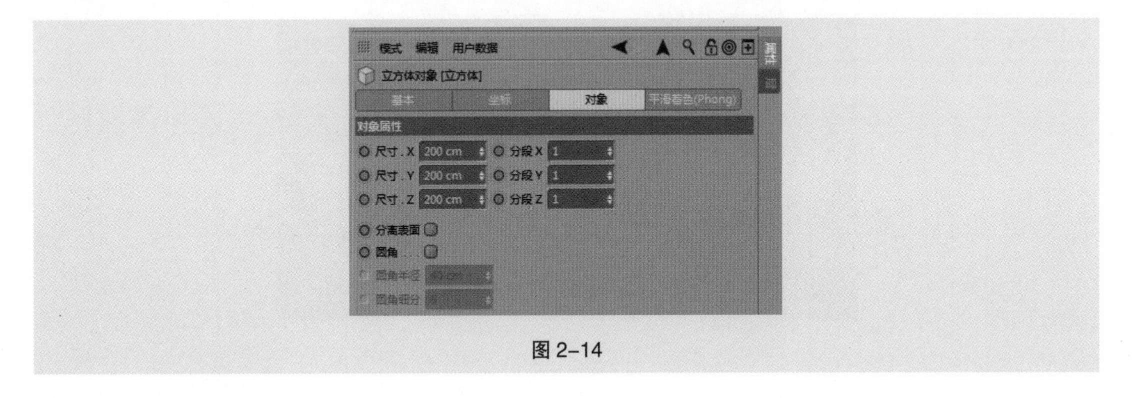

图 2-14

2.3.2 视图控制

Cinema 4D 的视图界面包含 1 个透视图和 3 个正视图，我们可以使用鼠标配合键盘上的 Alt 键在视图中以不同的角度观察场景。

- 旋转视图：在透视图中按键盘上的 Alt 键，按住鼠标左键进行拖曳可以旋转视图。
- 平移视图：在透视图中按键盘上的 Alt 键，按住鼠标中键进行拖曳可以平转视图。

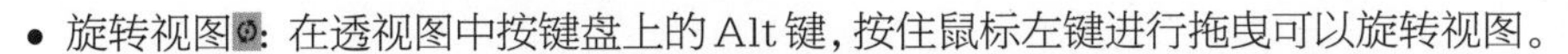

- 推拉视图：在透视图中按键盘上的 Alt 键，按住鼠标右键进行拖曳可以推拉视图。

另外，也可以通过单击视图右上角的 3 个按钮、、分别进行平移、推拉、旋转视图的操作，如图 2-15 所示。

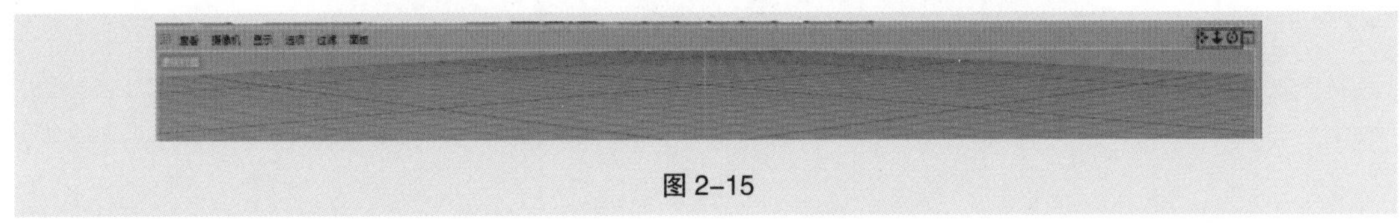

图 2-15

同时也可以对场景中的选定模型进行位移、旋转、缩放等操作，需要使用选择工具配合移动、缩放、旋转工具来完成。

（1）移动工具：选中场景中的模型后，模型上会出现 *XYZ* 坐标轴，使用移动工具，可以在 *X*、*Y*、*Z* 轴 3 个方向上对模型进行移动，如图 2-16 所示。

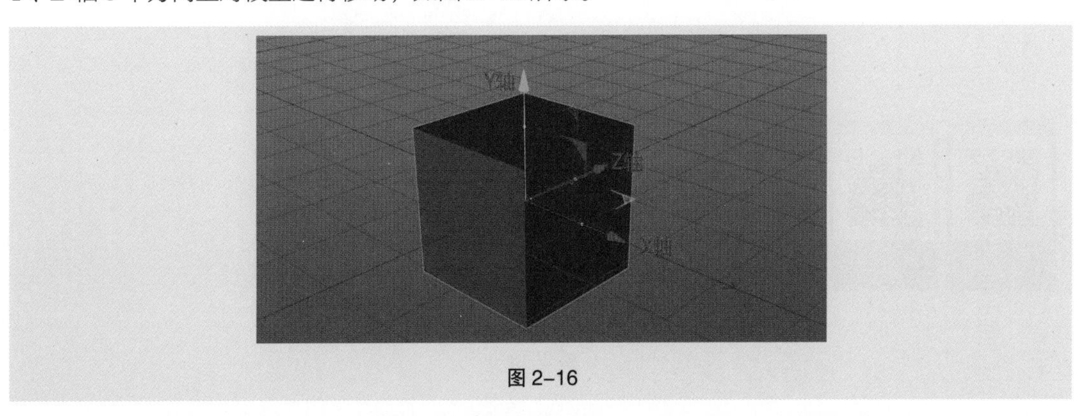

图 2-16

（2）缩放工具：选中场景中的模型后，模型上就会出现 XYZ 坐标轴，使用缩放工具，可以对模型进行缩放操作。对于参数化对象，使用缩放工具时，只能对其进行 3 个轴向等比例的缩放，如果需要对某一个轴向单独进行缩放，需要将参数化对象转化为可编辑对象，才可以操作，如图 2–17 所示。

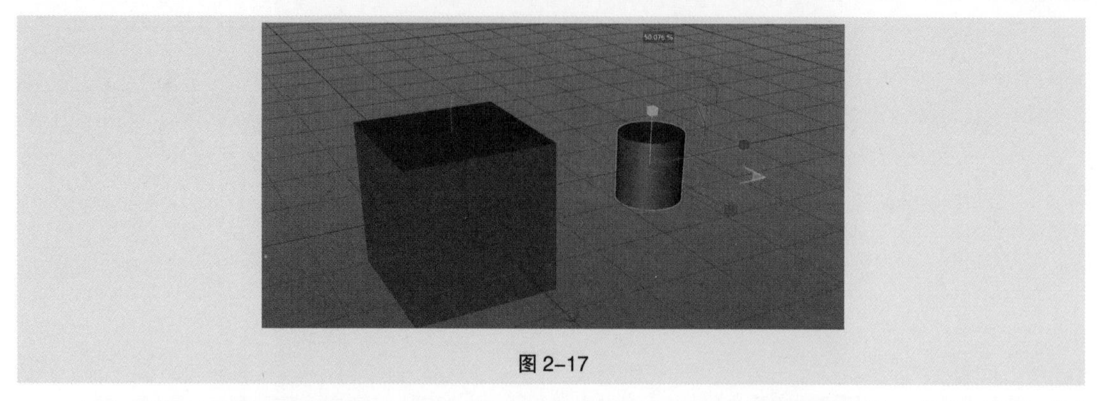

图 2–17

（3）旋转工具：使用旋转工具时，选中对象会出现 3 个轴向的旋转控制环，将鼠标移动到其中一个控制环上，就可以围绕相应的轴进行旋转操作，如果在空白区域拖曳鼠标，则可以同时对多个轴向进行旋转，如图 2–18 所示。

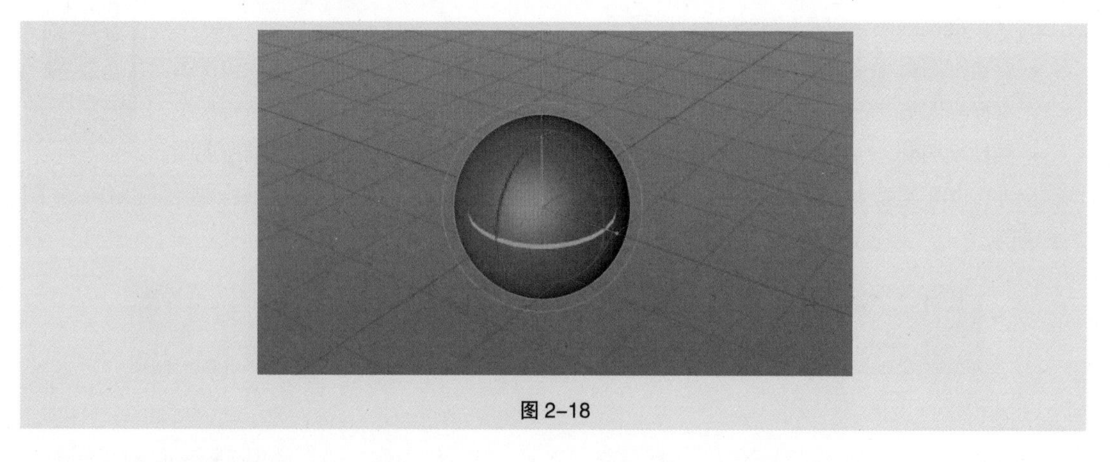

图 2–18

2.3.3 视图菜单

在 Cinema 4D 的视图界面中，每个视图都有自己的菜单，可以通过视图菜单对各个视图进行调整而不影响其他视图，如图 2–19 所示。

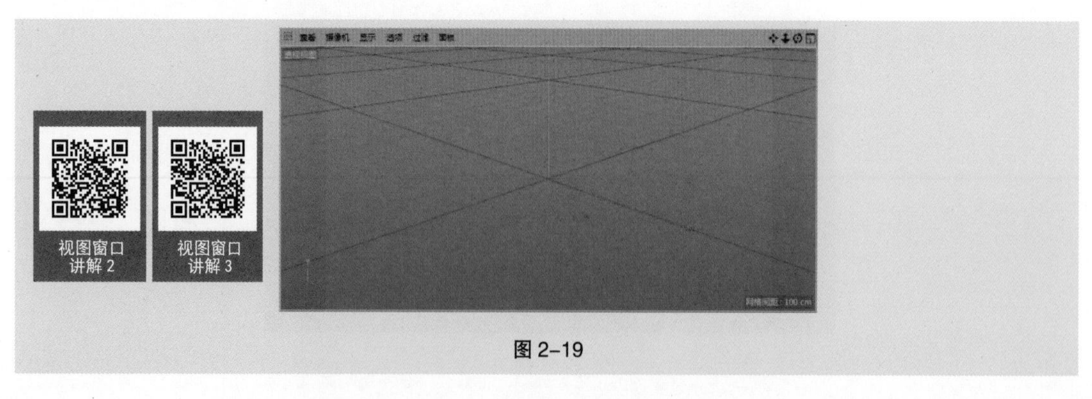

图 2–19

1. 查看

“查看”菜单主要用于对视图的操作和查看视图内容，如图 2-20 所示。

2. 摄像机

“摄像机”菜单主要用于对视图的切换，可以将当前视图切换为其他视图，当场景中有多个摄像机时，可以切换激活的摄像机，如图 2-21 所示。

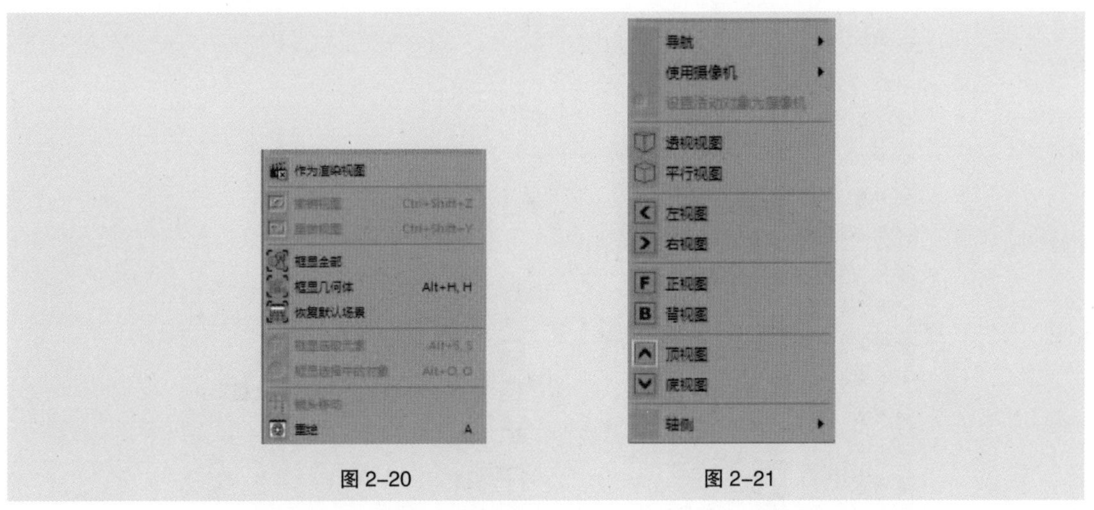

图 2-20　　图 2-21

3. 显示

“显示”菜单可以切换场景模型显示模式，默认为“光影着色”模式，在下拉菜单中，还有“光影着色（线条）”“快速着色”“快速着色（线条）”“常量着色”“常量着色（线条）”“隐藏线条”“线条”“线框”“等参线”“方形”“骨架”等视图着色模式，如图 2-22 所示。

4. 选项

“选项”菜单主要用来调节对象的显示细节级别和一些视图配置的命令，如图 2-23 所示。

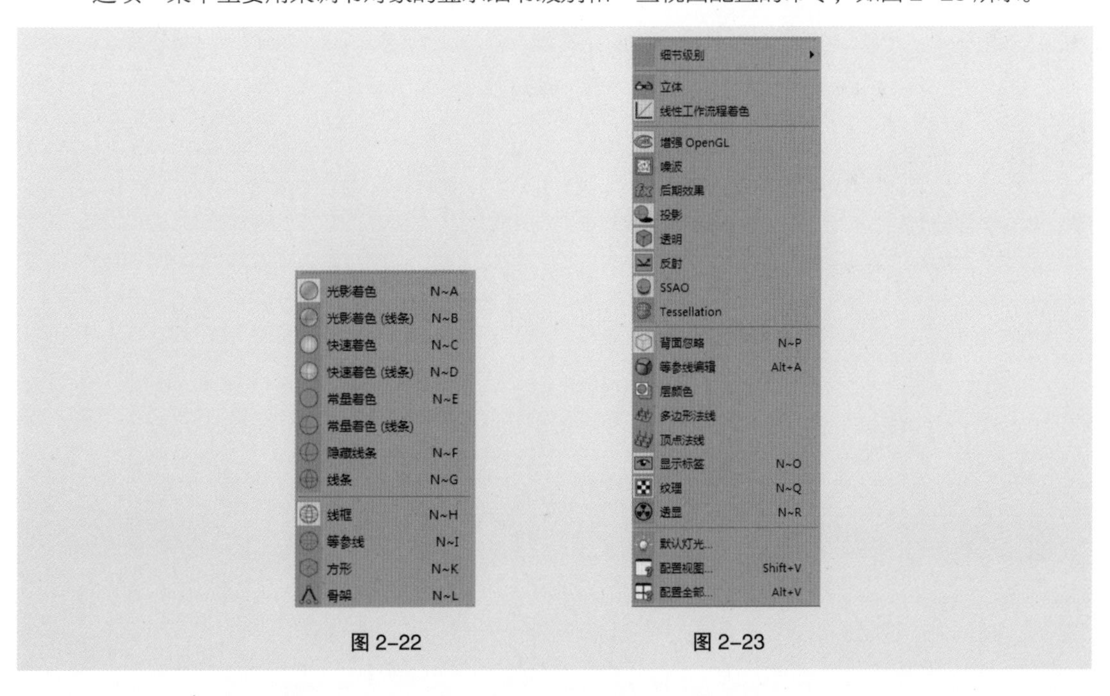

图 2-22　　图 2-23

5. 过滤

使用“过滤”菜单可以选择在视图中显示的对象类型，默认情况下，所有对象类型都被启用，用户可以根据自己的需要去开启或者关闭某些对象类型的显示，如图 2-24 所示。

6. 面板

每个视图最多可以有 4 个视图面板，用户可以根据自己的需要，切换不同的视图布局，如图 2-25 所示。

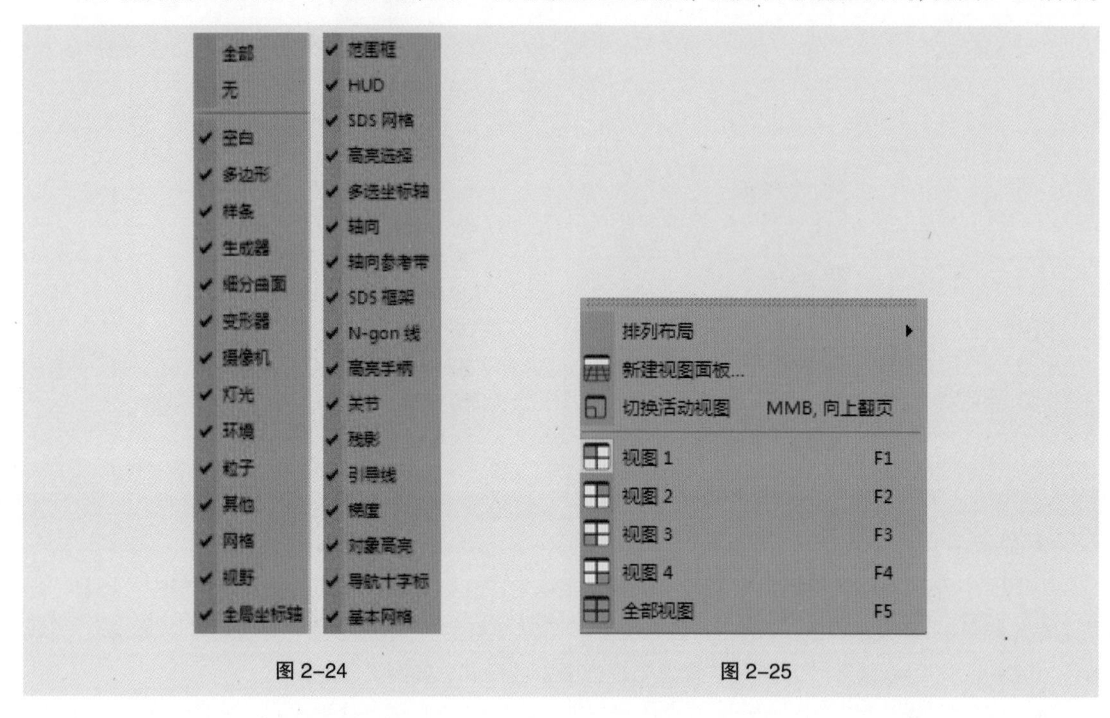

图 2-24　　图 2-25

03 第3章 参数化对象

本章导读

本章介绍 Cinema 4D 的参数化对象相关知识。通过对本章的学习，读者可以掌握 Cinema 4D 参数化对象的创建以及参数调节方法，掌握基本的场景搭建能力。

学习目标

- 掌握对象的创建及参数调节技巧。
- 掌握样条的创建及样条点插值类型。
- 掌握将参数化对象转换为可编辑对象。
- 熟练掌握利用参数化对象搭建场景的方法。

参数化对象

技能目标

- 掌握“简单场景搭建”的制作方法。
- 掌握“‘双 12’电商海报场景”的制作方法。

3.1 对象

参数化对象 1

长按按钮，在下拉菜单中显示的便是Cinema 4D中可以创建的参数化模型列表，如图3-1所示。参数化模型与多边形模型的区别：参数化模型是通过Cinema 4D提供的参数选项（例如长度、宽度、高度、半径等）来创建和修改对象，多边形模型是通过编辑模型的点、边、面来制作模型。

小提示：参数化对象可以通过转为可编辑对象工具来编辑点、边、面，这一操作是不可逆的。

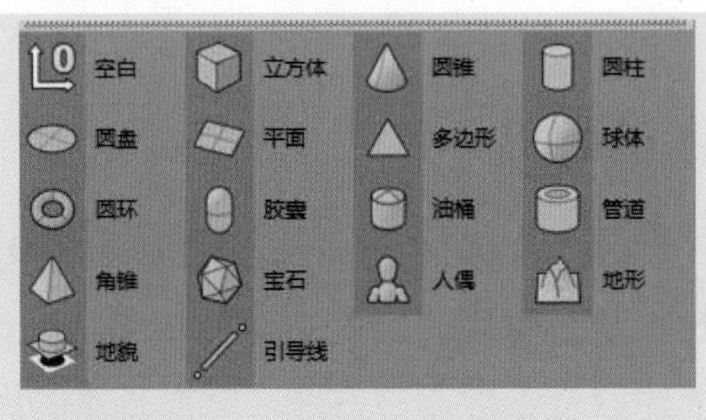

图 3-1

3.1.1 对象类型

参数化对象 2

1. 立方体

立方体是建模中常用的几何体之一，现实中与立方体接近的物体有很多。当在场景中创建立方体之后，在属性面板中会显示该立方体的参数设置，如图3-2所示。

2. 圆锥

如图3-3所示，在属性面板中可以调节圆锥的各项参数。也可以通过直接拖曳模型上的控制点来改变模型的参数，效果与修改属性面板参数一致，其他参数化模型同理。

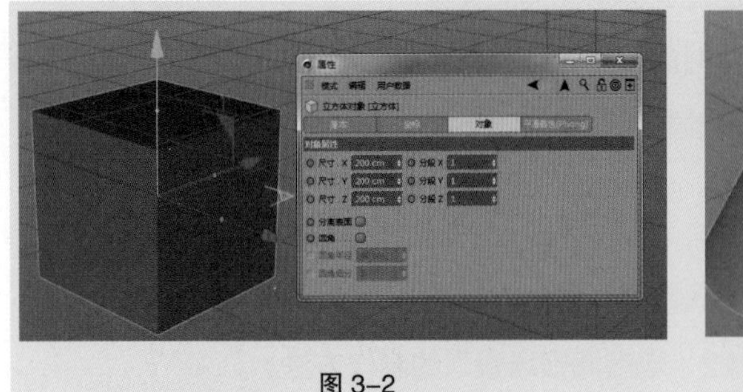

图 3-2

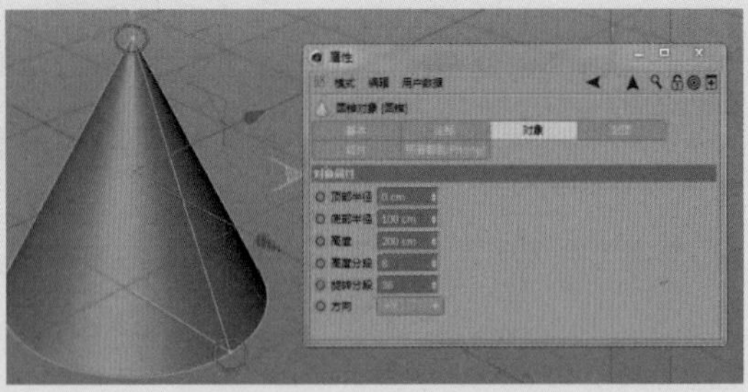

图 3-3

3. 圆柱

如图3-4所示，在属性面板里可以调节圆柱的半径、高度、分段等参数。

4. 圆盘

在Cinema 4D中，我们经常使用圆盘作为地面和反光板使用。在属性面板中可以调节内部半径、外部半径、分段等信息，如图3-5所示。

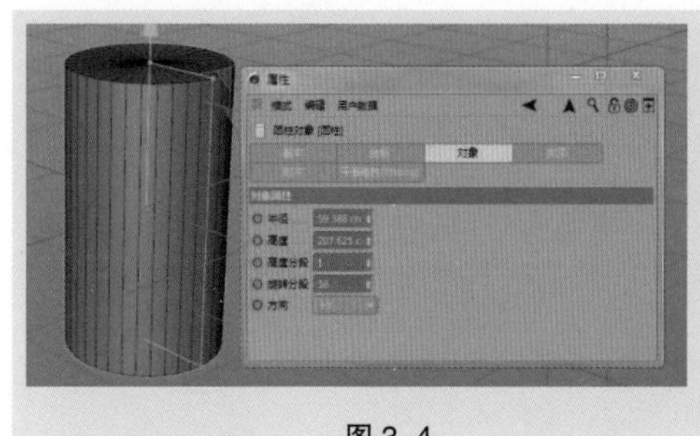

图 3-4

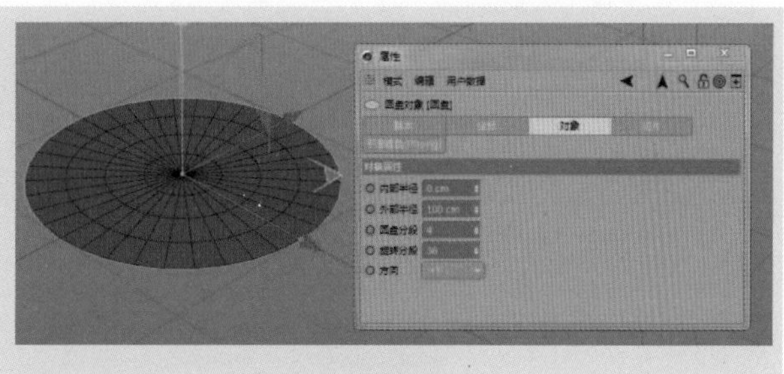

图 3-5

5. 平面

在属性面板中可以通过调节平面的“宽度”和“高度”来改变平面的大小，如图 3-6 所示。

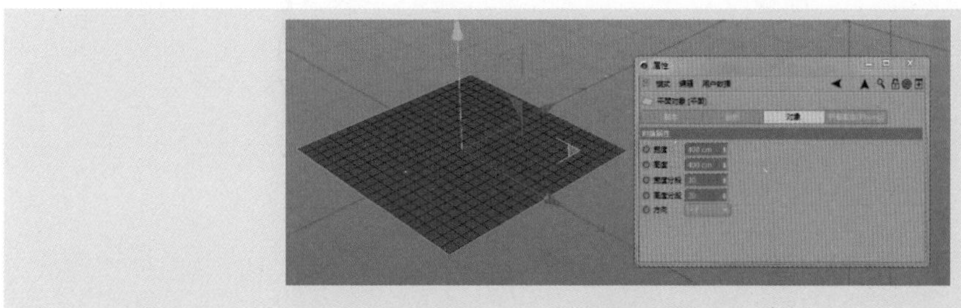

图 3-6

6. 球体

在属性面板中可以通过调节“半径”的值来改变球体大小，如图 3-7 所示。

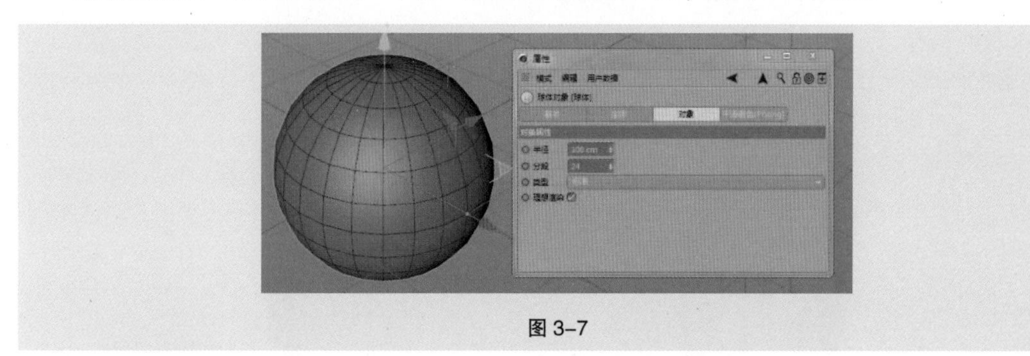

图 3-7

7. 圆环

在属性面板中可以通过调节“圆环半径”和“导管半径”来改变圆环的大小，如图 3-8 所示。

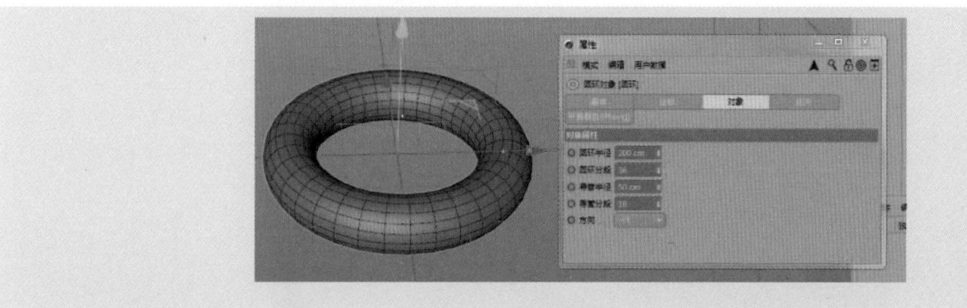

图 3-8

8. 胶囊

在属性面板中可以通过调节“半径”和“高度”来改变胶囊的外形，如图 3-9 所示。

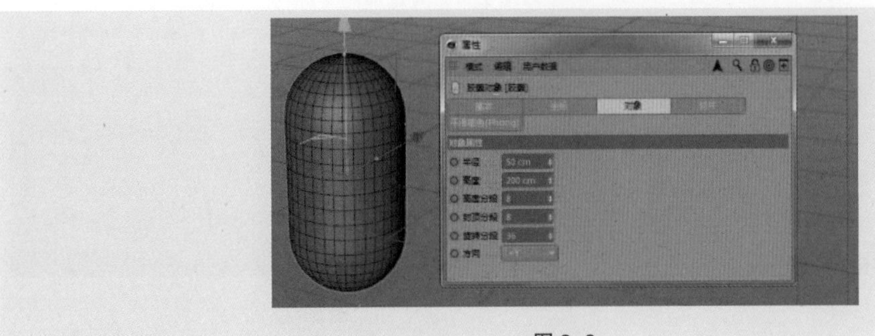

图 3-9

9. 管道

在属性面板中可以通过调节“内部半径”“外部半径”和“高度”来改变管道的大小，如图 3-10 所示。

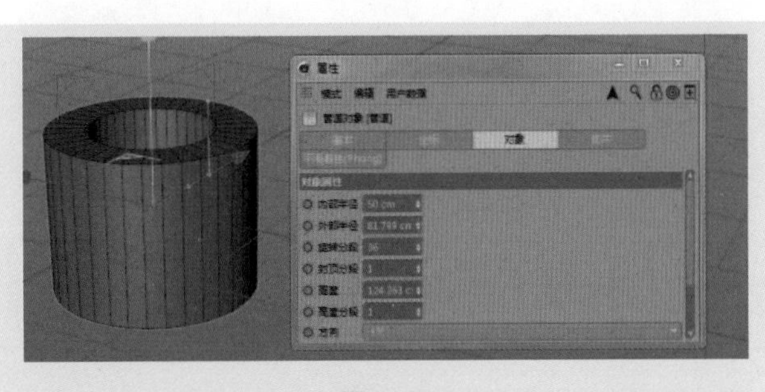

图 3-10

10. 角锥

在属性面板中可以通过调节“尺寸”来改变角锥的外形，如图 3-11 所示。

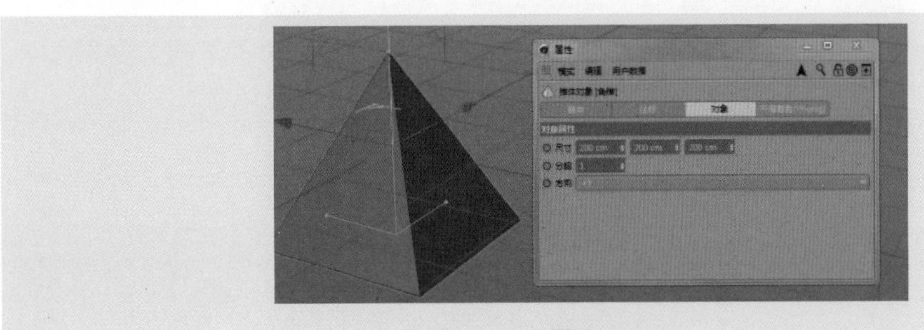

图 3-11

11. 宝石

在属性面板中可以通过调节“半径”来改变宝石的大小，如图 3-12 所示。

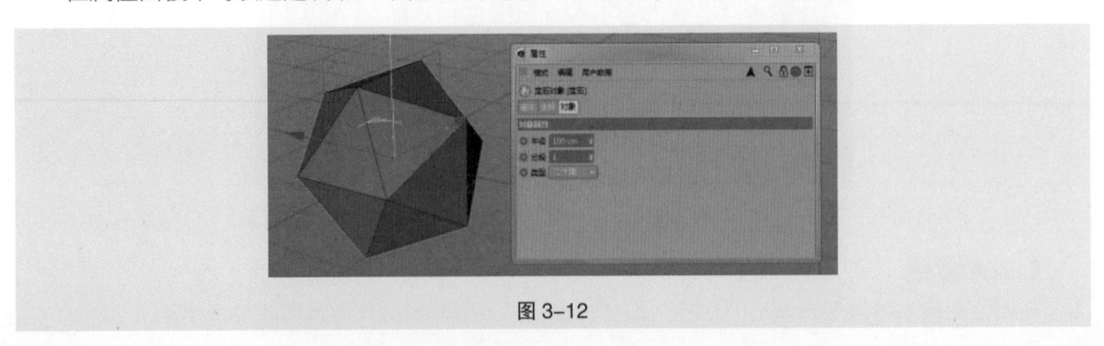

图 3-12

其他在工作中不常用的对象类型，在此不再赘述。

当在场景中创建完参数化对象后，可以单击左侧工具栏“转为可编辑对象”按钮，将参数化对象转变成为可以编辑的多边形对象，此时对象的属性不再由数值控制，而是可以通过单击左侧工具栏的点、边、面按钮对模型进行编辑与造型，这也是多边形建模的核心部分，如图 3-13 所示。

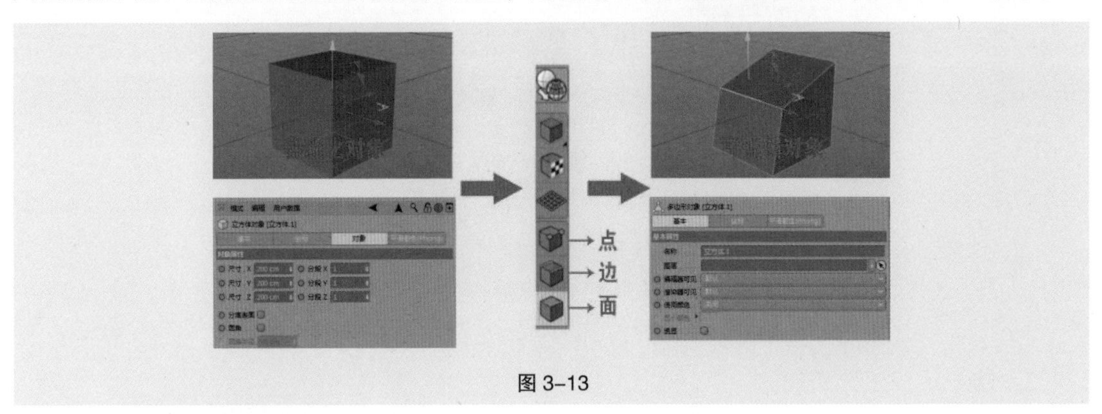

图 3-13

3.1.2 对象属性面板

参数化对象所有参数的调节，都需要在属性面板中进行，不同的参数化对象，其属性面板有相应的选项卡和参数。

1. 基本

“基本”选项卡定义的是对象的基本属性，所有对象物体有着统一的“基本”选项卡，如图 3-14 所示。

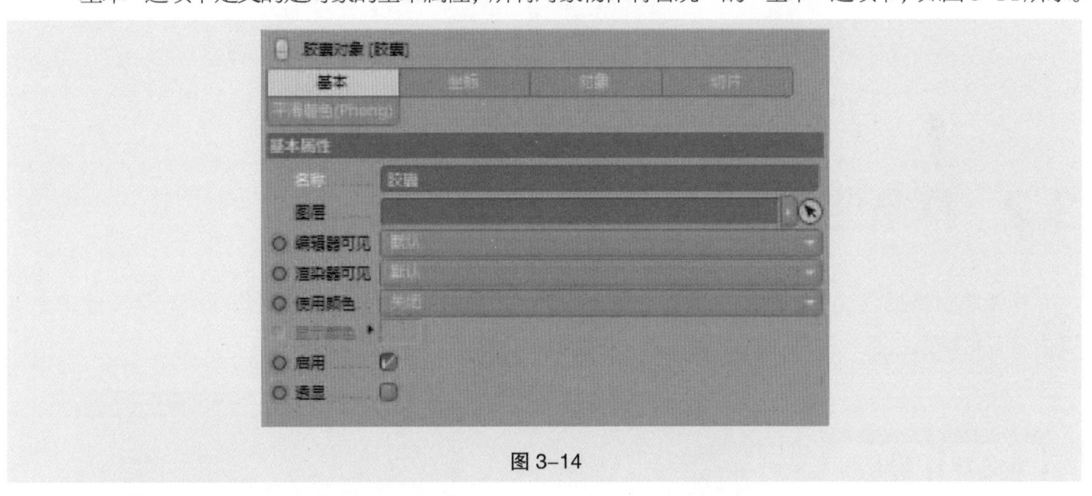

图 3-14

（1）名称：可以更改对象物体的名称。

（2）图层：如果将对象模型分配到图层中，在这里会显示图层的颜色，也可以在图层管理器中直接将图层拖曳到此处。

（3）编辑器可见：控制选中的对象物体在视图中是否可见。

（4）渲染器可见：控制选中的对象物体在渲染时是否可见。

（5）使用颜色：控制选中的对象物体是否显示颜色。当选择“关闭”时，对象物体在视图中显示其材质颜色；“自动”表示仅当对象物体没有材质时，才使用显示颜色；“开启”表示对象会一直显示选中的颜色，无论有没有材质。

（6）启用：打开或关闭对象物体。关闭的对象物体在视图中不可见。

2. 坐标

“坐标”选项卡定义对象物体在场景中的位移、缩放、旋转信息，如图 3-15 所示。

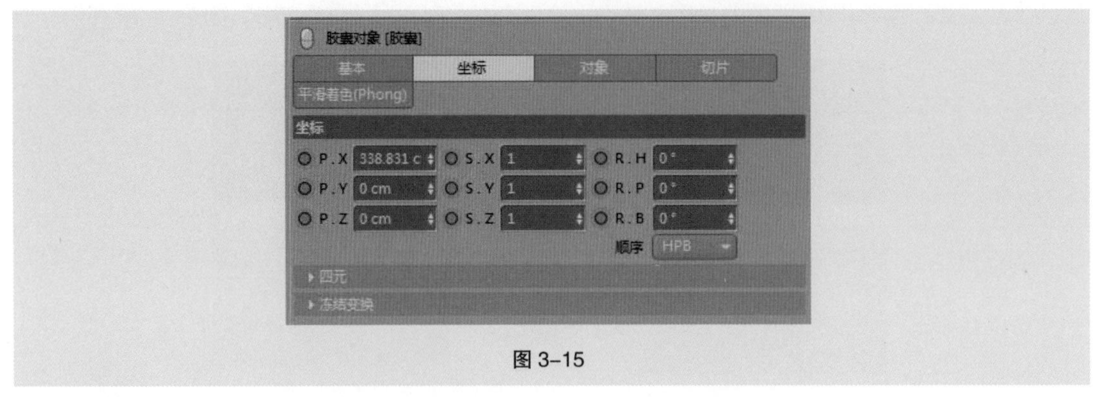

图 3-15

3. 对象

“对象”选项卡根据不同的对象物体参数上会有所不同，通常包含是对象物体基本参数，例如尺寸、半径、高度等，如图 3-16 所示。

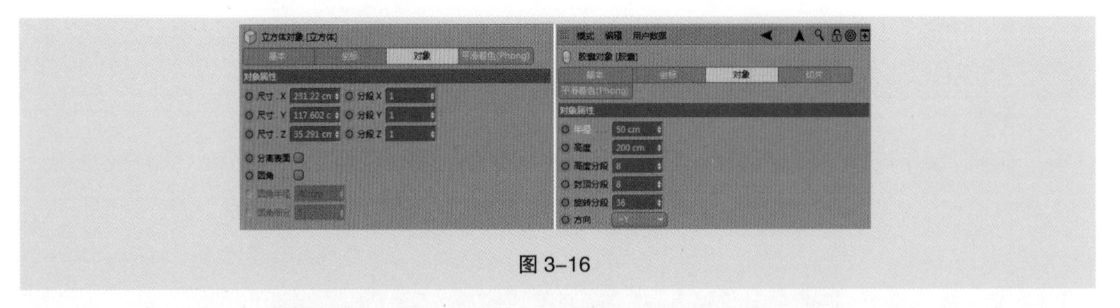

图 3-16

3.2 样条曲线

样条曲线是指通过绘制的点生成曲线，然后通过这些点来控制曲线。这些曲线结合其他命令可以生成三维模型，是一种基本的建模方法，如图 3-17 所示。

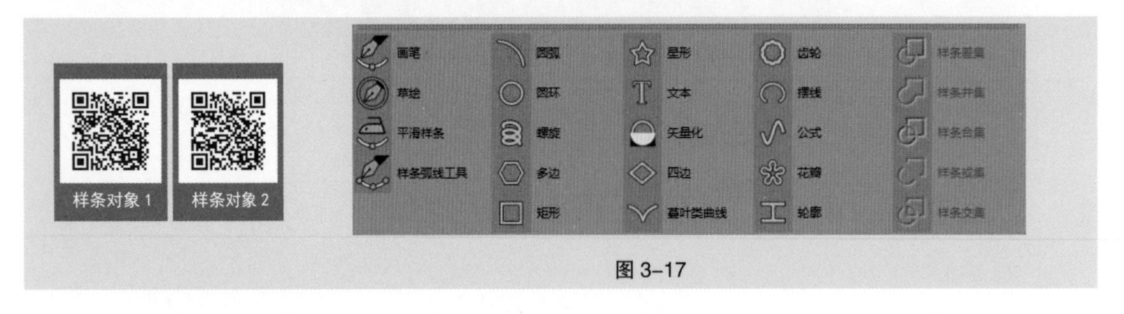

图 3-17

3.2.1 样条曲线类型

1. 画笔

画笔工具是Cinema 4D 最常用的曲线创建工具，系统默认曲线类型为带调节手柄的“贝兹曲线”。

在视图中按住鼠标不松开并拖曳鼠标，第二点用同样的方法，便可以创建出一条贝兹曲线，如图 3-18 所示。

2. 草绘

草绘工具是把鼠标当作真实的画笔，根据自己的创意需要，在视图里像手写一样去绘制样条，一般配合数位板效果较好，如图 3-19 所示。

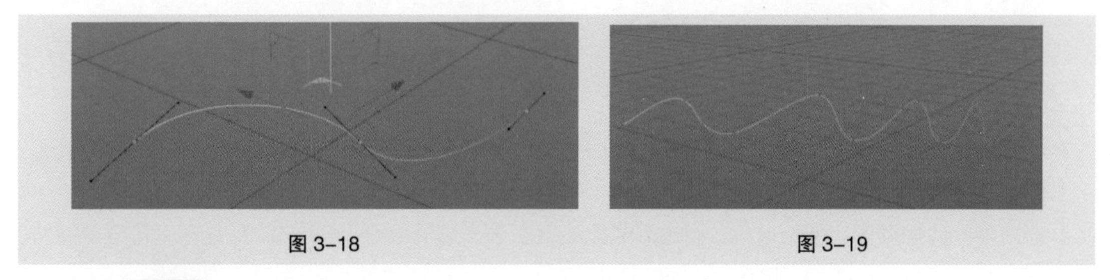

图 3-18　　图 3-19

3. 圆弧

圆弧共有四种样条类型，分别是圆弧、扇区、分段、环状，如图 3-20 所示。

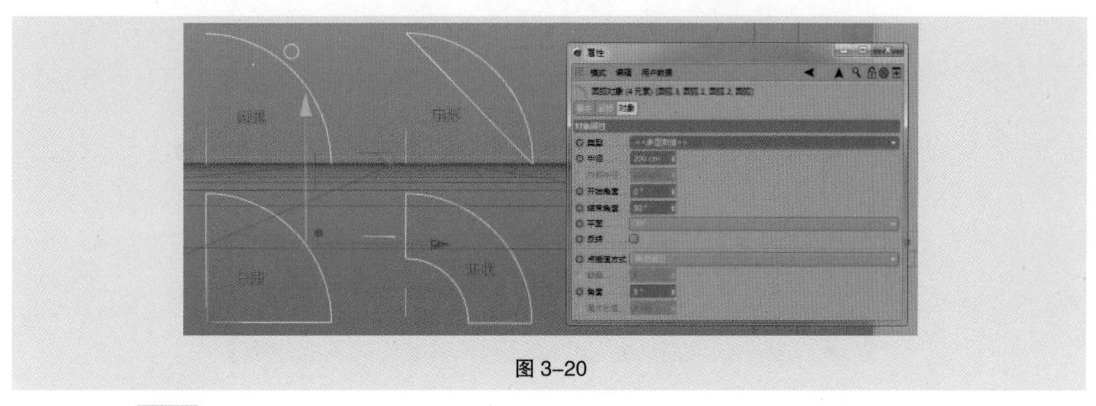

图 3-20

4. 圆环

圆环样条是使用较多的一种样条类型，通过设置半径值可以调节圆环的大小，如图 3-21 所示。

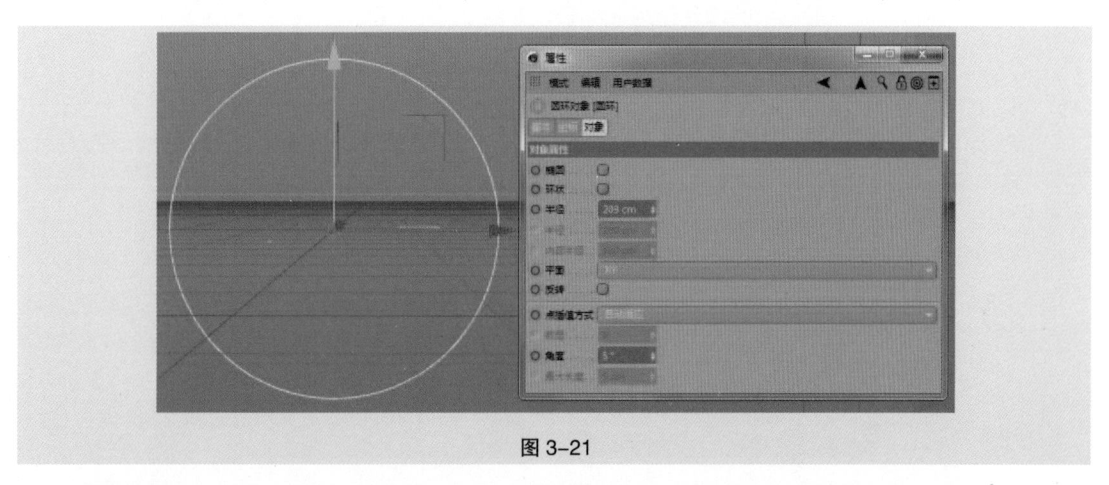

图 3-21

在属性面板，勾选“椭圆”复选框，可以分别设置水平方向和垂直方向的半径值，得到一个椭圆。

5. 螺旋

通过调节属性面板的数值，可以更改螺旋线的外观，如图 3-22 所示。

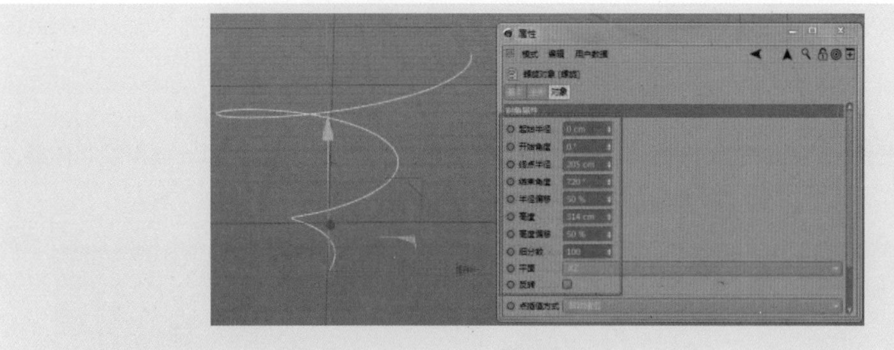

图 3-22

6. 多边 多边

通过半径值控制多变形的大小，通过侧边值设置多边形边的数量，如图 3-23 所示。勾选“圆角”复选框，配合圆角半径值，可以生成圆角多边形。

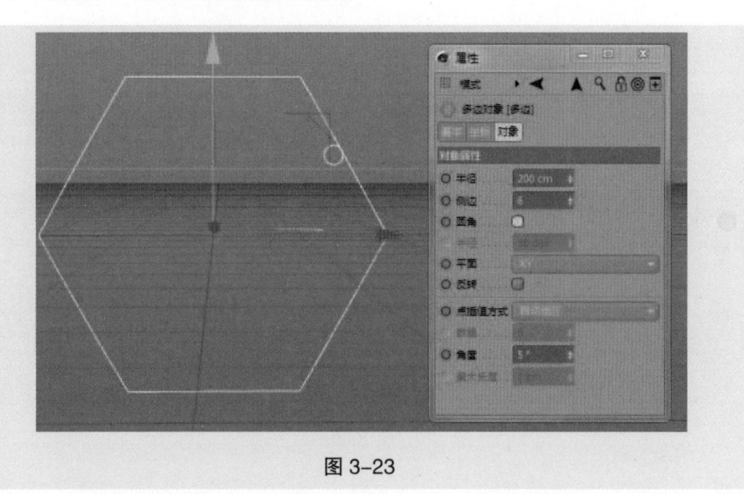

图 3-23

7. 矩形 矩形

通过设置宽度、高度等参数的值创建矩形样条，如图 3-24 所示。

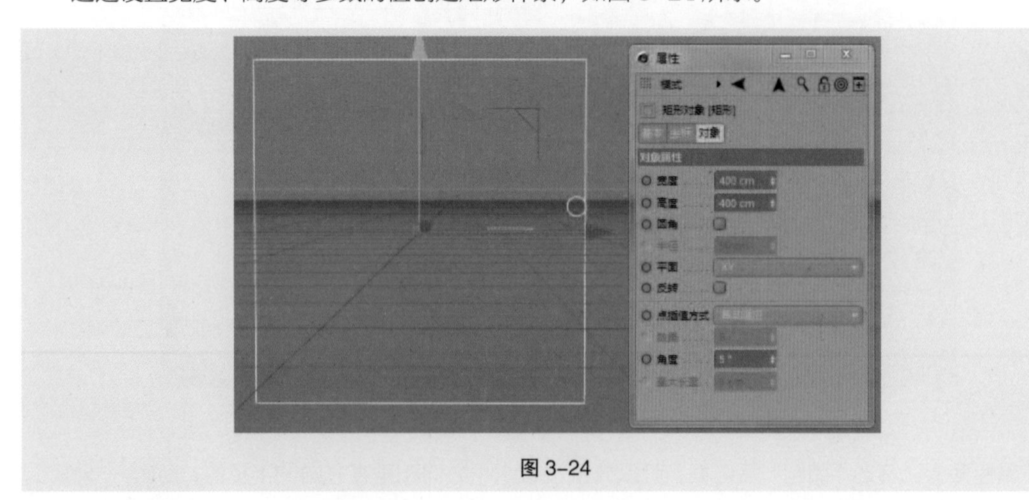

图 3-24

8. 文本 文本

创建文本样条，如图 3-25 所示。

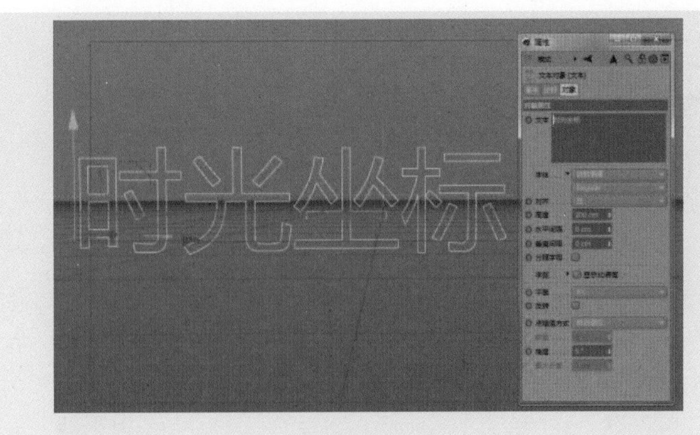

图 3-25

（1）文本：在这里输出文字，按回车键可以输入多行文字。

（2）字体：更改文本的字体。

（3）对齐：设置文本的对齐方式。

（4）高度：设置文本的高度，控制文字的大小。

（5）水平间隔：设置文本的字间距。

（6）垂直间隔：设置文本的行间距。

9. 齿轮

在视图中创建一个齿轮样条，如图 3-26 所示。

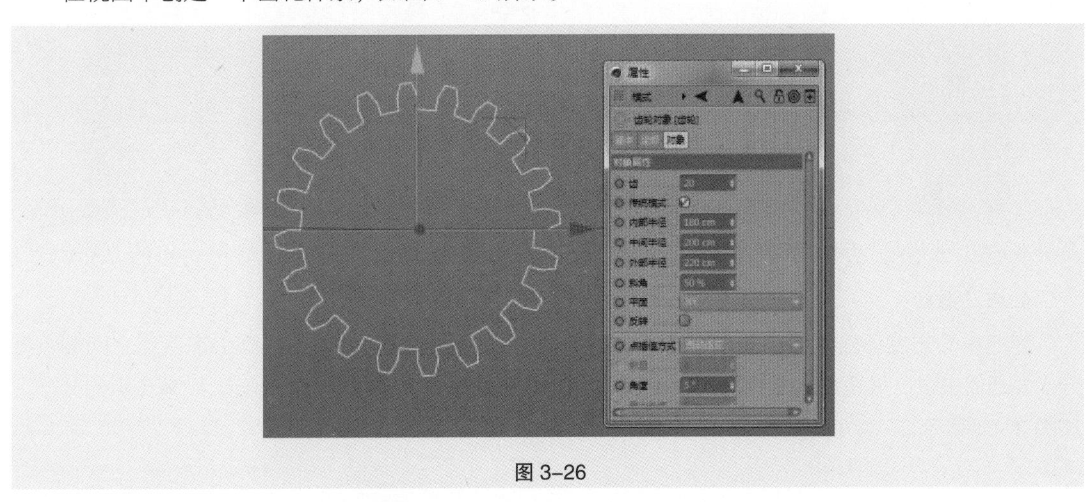

图 3-26

（1）齿：设置齿轮“齿”的数量。

（2）内部半径 / 中间半径 / 外部半径：设置齿轮内部、中间和外部的半径。

（3）斜角：设置齿轮斜角的角度值。

3.2.2 点插值类型

点插值是用来控制如何用点来细分样条曲线的，这会影响生成器对象使用样条曲线时创建的细分数值，如图 3-27 所示。

1. 无

不插值，不会产生额外的中间点，如图 3-28 所示。

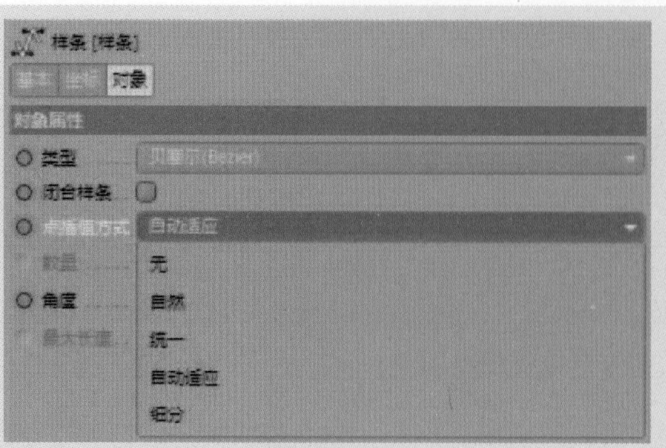

图 3-27

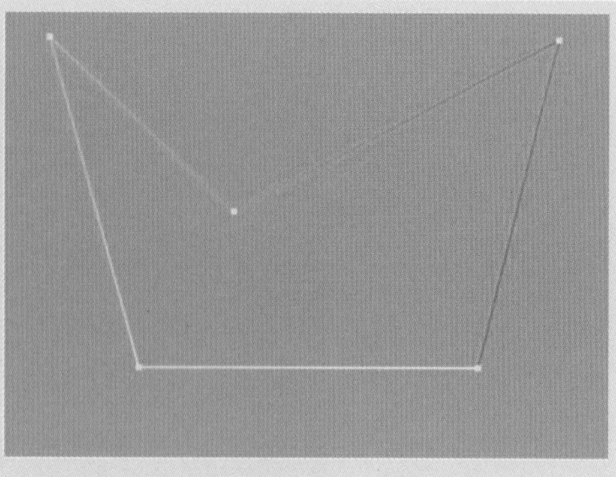

图 3-28

2. 自然

这种点插值方式首先定位样条曲线顶点上的点，当使用“B- 样条”时，更多的点会集中在样条顶点的位置，如图 3-29 所示。

3. 统一

这种点插值方式是计算相邻两个点之间的距离，沿样条曲率测量，并且是保持不变的，如图 3-30 所示。

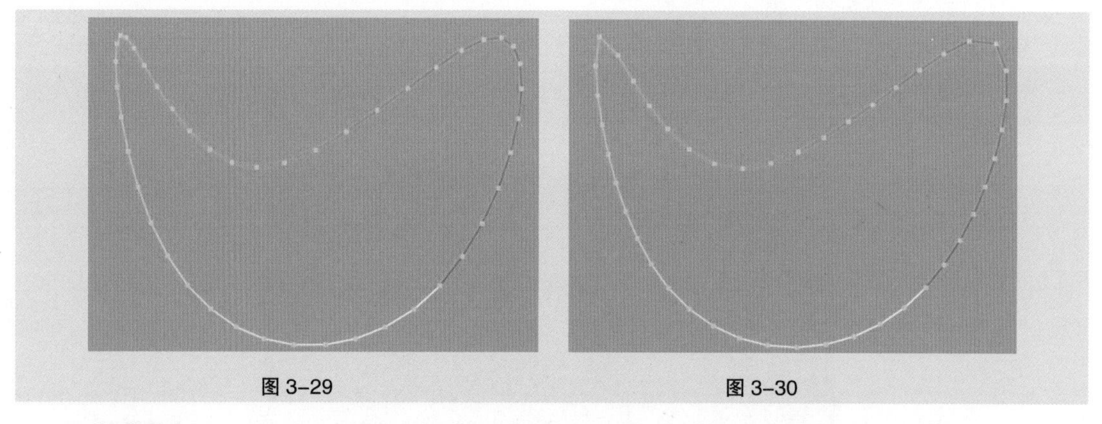

图 3-29　　图 3-30

4. 自动适应

当曲线的角度偏差大于“角度”中设定的数值时，自动适应点插值方式就会在两点之间插入细分点。通俗来讲，就是在有曲线的部分会加大点的密度，在相对较为平直的部分，则减少点的分布，如图 3-31 所示。

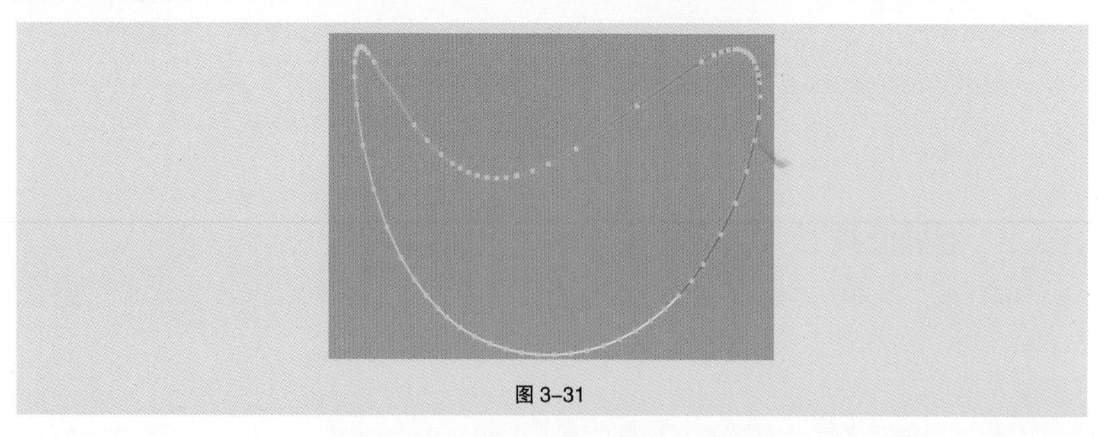

图 3-31

5. 细分

这种点插值方式与“自动适应”相类似，当两点之间的距离大于“最大长度”设定的值时，就插入新的点，也就是说可以通过降低“最大长度”，来得到更多的点，从而获得更精确的样条曲线，如图 3-32 所示。

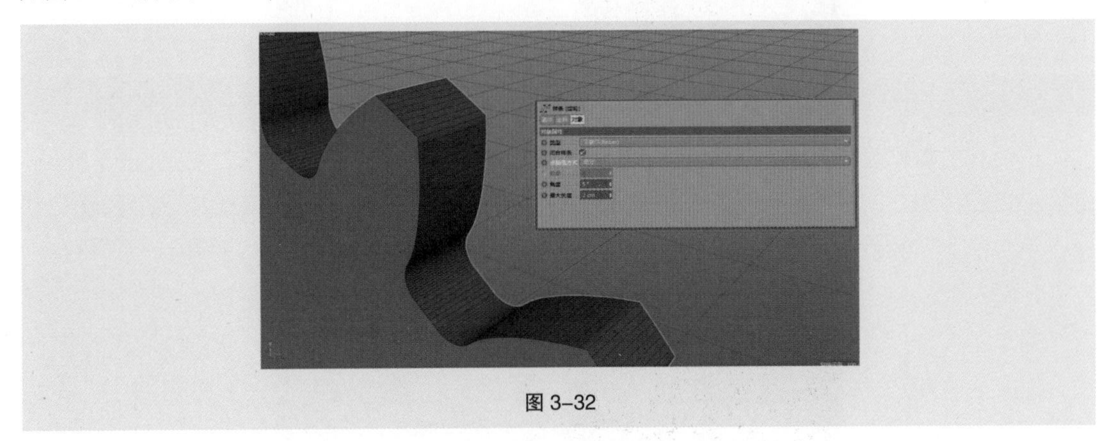

图 3-32

3.3 课堂案例——简单场景搭建

（1）打开 Cinema 4D，在主菜单栏执行“创建” > “场景” > “地面”，在场景中创建一个“地面”对象。

（2）在主菜单中执行“创建” > “对象” > “立方体”，在场景中创建一个立方体。在属性面板“对象”选项卡中设置尺寸，X 为 200 cm，Y 为 8.771 cm，Z 为 223.994 cm；在“坐标”选项卡中设置坐标，X 为 200 cm，Y 为 4.386 cm，Z 为 0 cm，如图 3-33 所示。

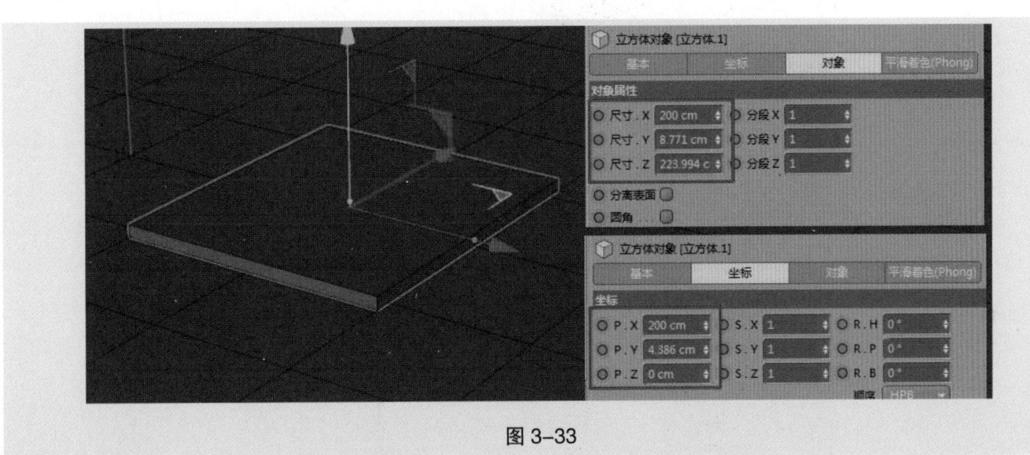

图 3-33

（3）选择上一步创建的立方体，按住 Ctrl 键沿 *Y* 轴方向移动复制出一个立方体。在属性面板“对象”选项卡中设置尺寸，X 为 200 cm，Y 为 0.802 cm，Z 为 223.994 cm；在“坐标”选项卡中设置坐标，X 为 200 cm，Y 为 9.636 cm，Z 为 0 cm，如图 3-34 所示。

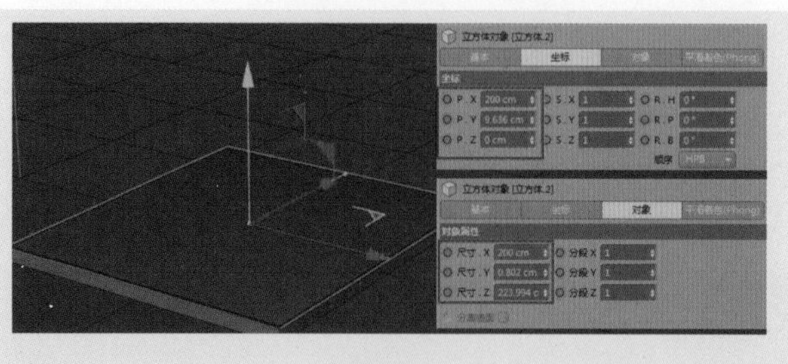

图 3-34

（4）在主菜单中执行“创建”>“对象”>“立方体”，在场景中创建一个立方体。在属性面板“对象”选项卡中设置尺寸，X 为 200 cm，Y 为 200 cm，Z 为 223.994 cm，勾选“圆角”复选框，将“圆角半径”设为 2 cm；在“坐标”选项卡中设置坐标，X 为 0 cm，Y 为 100 cm，Z 为 0 cm，如图 3-35 所示。

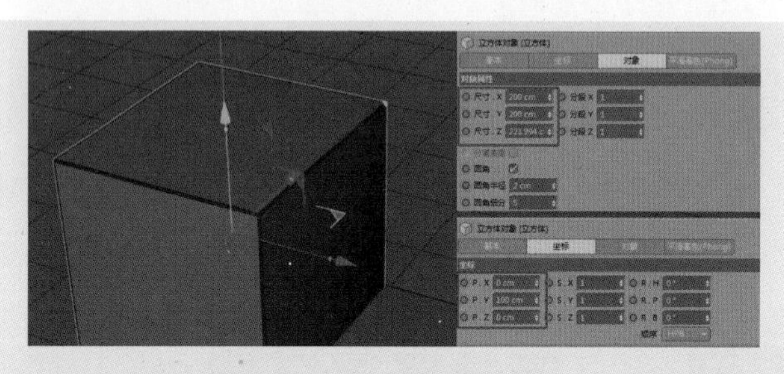

图 3-35

（5） 在主菜单中执行“创建”>“对象”>“立方体”，在场景中创建一个立方体。在属性面板“对象”选项卡中设置尺寸，X 为 200 cm，Y 为 20 cm，Z 为 111.997 cm，勾选“圆角”复选框，将“圆角半径”设为 2 cm；在“坐标”选项卡中设置坐标，X 为 0 cm，Y 为 209.769 cm，Z 为 −59.131 cm，如图 3-36 所示。

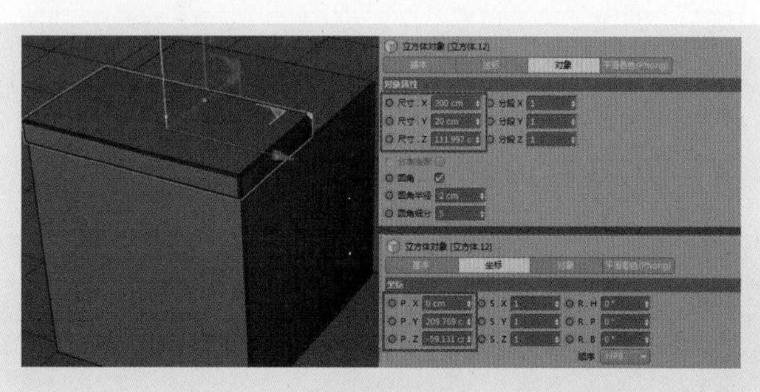

图 3-36

（6）选择上一步创建的立方体，按住 Ctrl 键沿 Z 轴方向移动，复制出一个立方体，在属性面板“坐标”选项卡中设置坐标，X 为 0 cm，Y 为 209.769 cm，Z 为 54.973 cm，如图 3-37 所示。

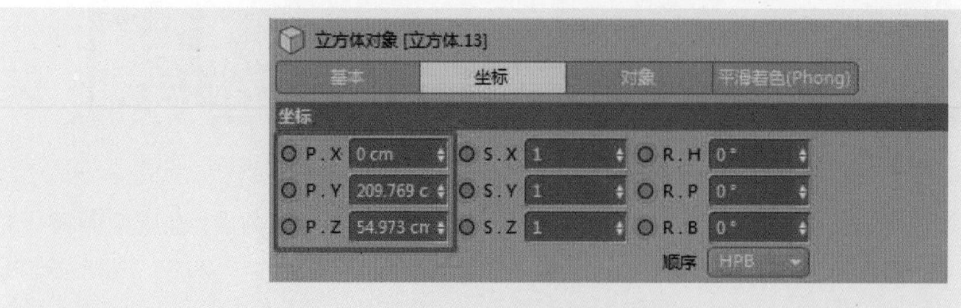

图 3-37

（7）在主菜单中执行“创建”>“对象”>“立方体”，在场景中创建一个立方体。在属性面板“对象”选项卡中设置尺寸，X 为 200 cm，Y 为 5 cm，Z 为 223.994 cm，勾选“圆角”复选框，将“圆角半径”设为 2 cm；在“坐标”选项卡中设置坐标，X 为 0 cm，Y 为 222.452 cm，Z 为 0 cm，如图 3–38 所示。

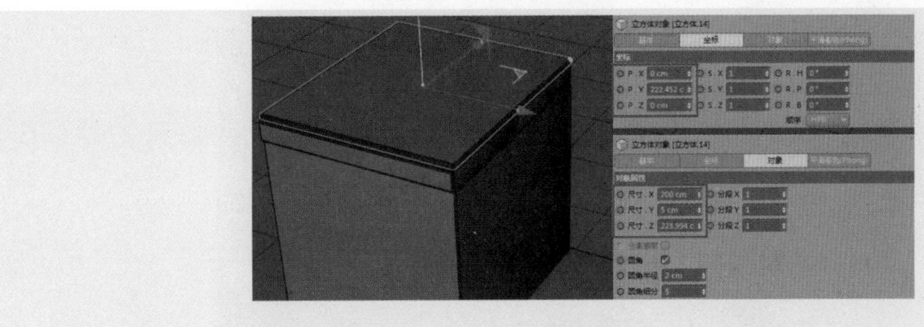

图 3–38

（8）在主菜单中执行“创建”>“对象”>“圆柱”，在场景中创建一个圆柱。在属性面板“对象”选项卡中将“半径”设置为 100 cm，将“高度”设置为 5 cm；在“封顶”选项卡中勾选“圆角”复选框，将“圆角半径”设为 2 cm；在“切片”选项卡中勾选“切片”复选框，将“终点”设置为 180 °；在“坐标”选项卡中设置坐标，X 为 0 cm，Y 为 0 cm，Z 为 −114.485 cm，如图 3–39 所示。

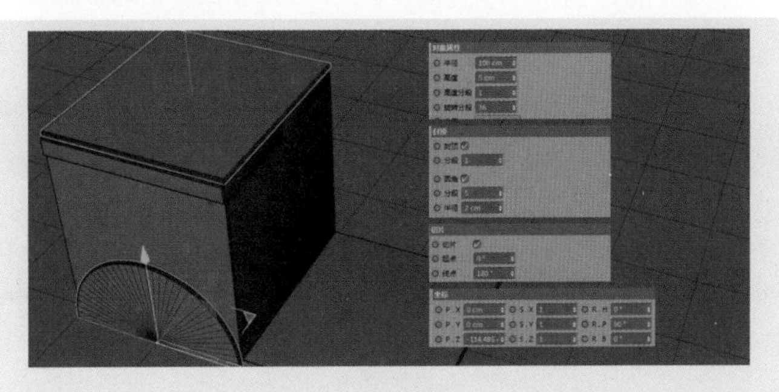

图 3–39

（9）在主菜单中执行“创建”>“对象”>“立方体”，在场景中创建一个立方体。在属性面板“对象”选项卡中设置尺寸，X 为 5 cm，Y 为 200 cm，Z 为 223.994 cm，勾选“圆角”复选框，将“圆角半径”设为 2 cm；在“坐标”选项卡中设置坐标，X 为 −97.267 cm，Y 为 325.946 cm，Z 为 0 cm，如图 3–40 所示。

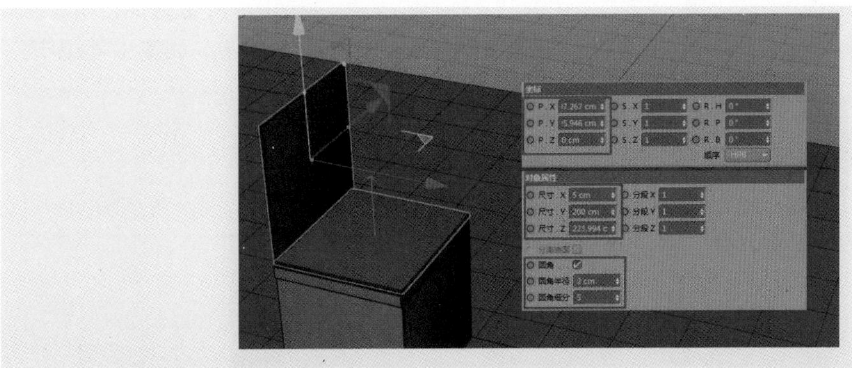

图 3–40

（10）在主菜单中执行“创建”>“对象”>“立方体”，在场景中创建一个立方体。在属性面板“对象”选项卡中设置尺寸，X 为 200 cm，Y 为 87.578 cm，Z 为 223.994 cm，勾选“圆角”复选框，将“圆角半径”设为 1 cm；在“坐标”选项卡中设置坐标，X 为 200.669 cm，Y 为 43.789 cm，Z 为 225.244 cm，如图 3-41 所示。

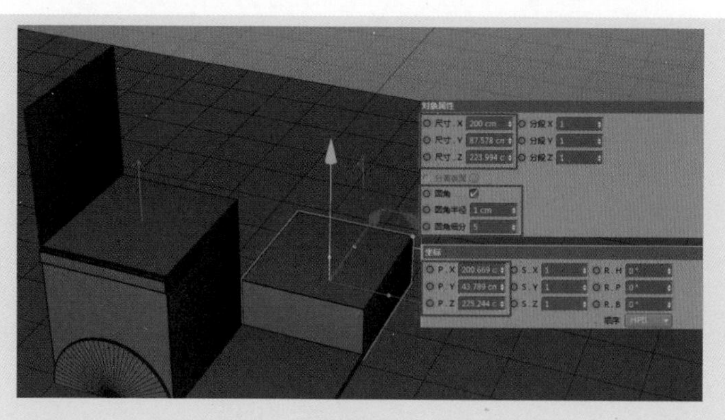

图 3-41

（11）在主菜单中执行“创建”>“对象”>“立方体”，在场景中创建一个立方体。在属性面板“对象”选项卡中设置尺寸，X 为 78 cm，Y 为 48.578 cm，Z 为 111.997 cm，勾选“圆角”复选框，将“圆角半径”设为 2 cm；在“坐标”选项卡中设置坐标，X 为 339.85 cm，Y 为 24.289 cm，Z 为 169.15 cm，如图 3-42 所示。

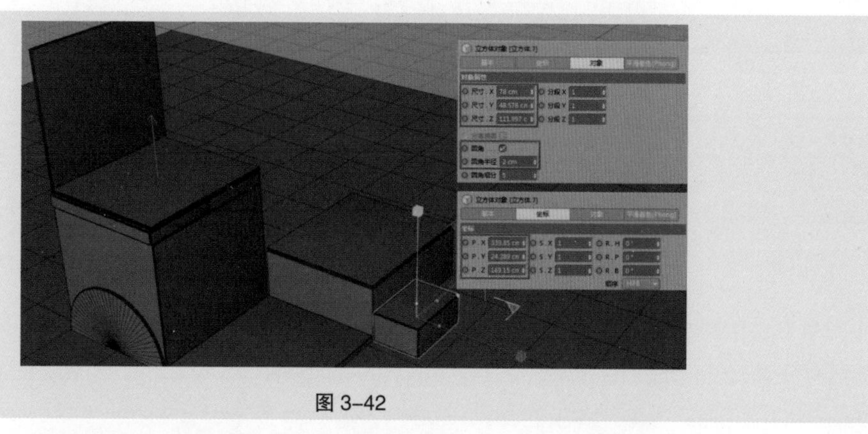

图 3-42

（12）选择上一步创建的立方体，按住 Ctrl 键沿 Z 轴方向移动，复制出一个立方体，在属性面板“坐标”选项卡中设置坐标，X 为 339.85 cm，Y 为 24.289 cm，Z 为 281.67 cm，如图 3-43 所示。

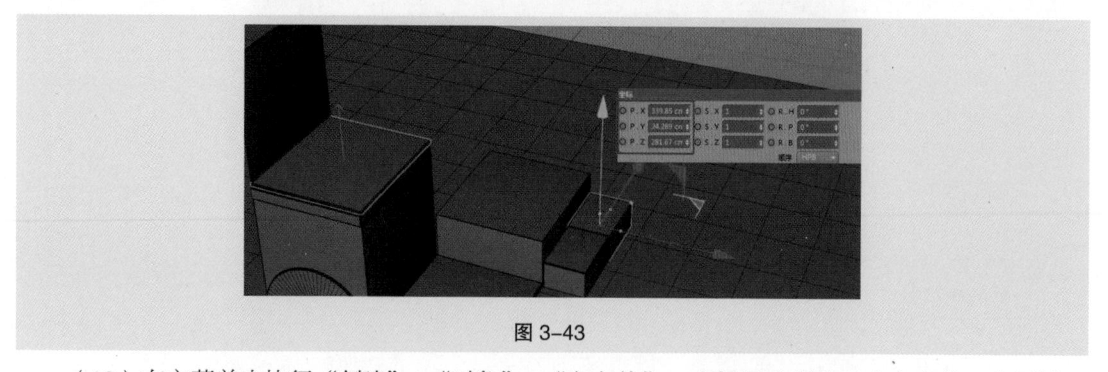

图 3-43

（13）在主菜单中执行“创建”>“对象”>“立方体”，在场景中创建一个立方体。在属性面板“对象”选项卡中设置尺寸，X 为 200 cm，Y 为 37 cm，Z 为 40 cm，勾选“圆角”复选框，将

“圆角半径”设为 1.5 cm；在“坐标”选项卡中设置坐标，X 为 200.669 cm，Y 为 111.456 cm，Z 为 134.345 cm，如图 3-44 所示。

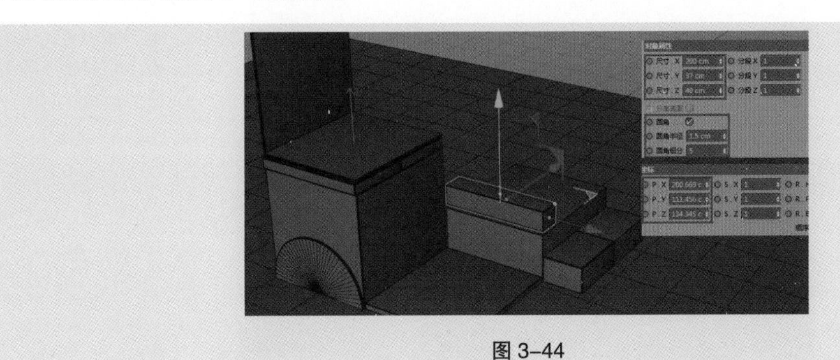

图 3-44

（14）选择上一步创建的立方体，按住 Ctrl 键沿 *Y* 轴方向移动，复制出一个立方体。在属性面板“对象”选项卡中设置尺寸，X 为 152 cm，Y 为 37 cm，Z 为 40 cm，勾选“圆角”复选框，将“圆角半径”设为 1.5 cm；在“坐标”选项卡中设置坐标，X 为 176.965 cm，Y 为 149.003 cm，Z 为 134.345 cm，如图 3-45 所示。

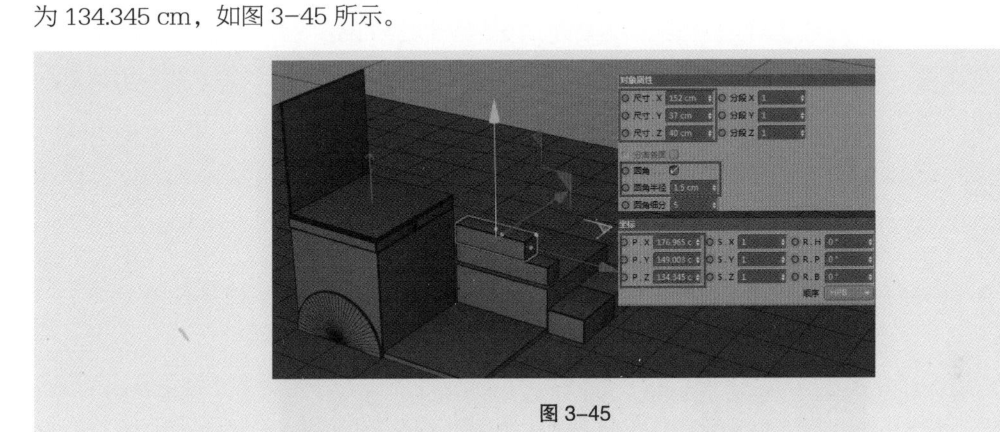

图 3-45

（15）选择上一步创建的立方体，按住 Ctrl 键沿 *Y* 轴方向移动复制出一个立方体。在属性面板“对象”选项卡中设置尺寸，X 为 106 cm，Y 为 37 cm，Z 为 40 cm，勾选“圆角”复选框，将“圆角半径”设为 1.5 cm；在“坐标”选项卡中设置坐标，X 为 153.559 cm，Y 为 186.54 cm，Z 为 134.345 cm，如图 3-46 所示。

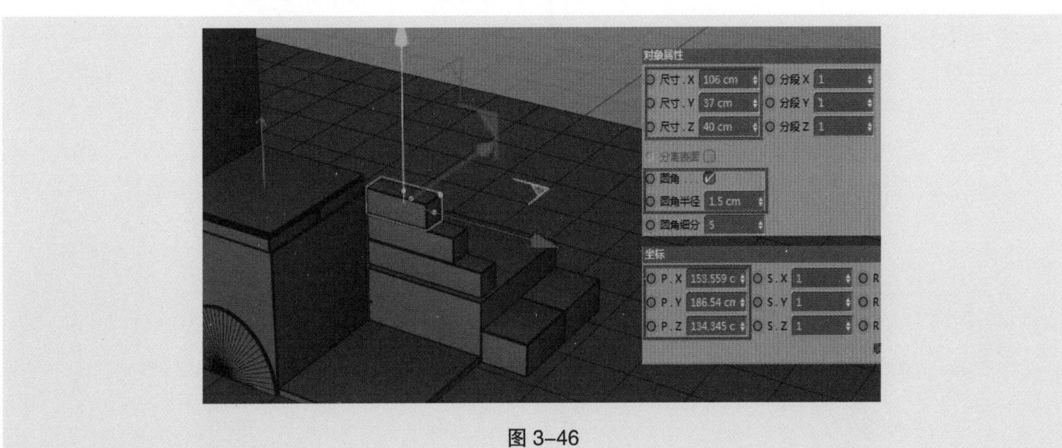

图 3-46

（16）在主菜单中执行“创建”>“对象”>“立方体”，在场景中创建一个立方体。在属性面板“对象”选项卡中设置尺寸，X 为 200 cm，Y 为 297.45 cm，Z 为 223.994 cm，勾选“圆角”复选框，将“圆角半径”设为 2 cm；在“坐标”选项卡中设置坐标，X 为 0 cm，Y 为 148.725 cm，Z 为 225.611 cm，如图 3–47 所示。

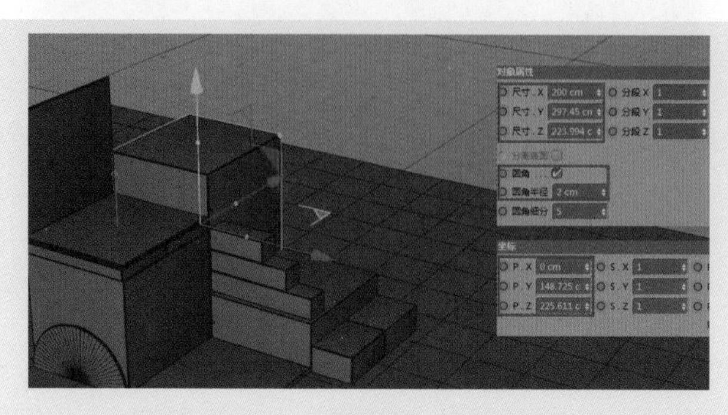

图 3–47

（17）在主菜单中执行“创建”>“对象”>“圆柱”，在场景中创建一个圆柱。在属性面板“对象”选项卡中将“半径”设置为 83.384 cm，“高度”设置为 78.279 cm；在“封顶”选项卡中，勾选“圆角”复选框，将“半径”设置为 1 cm；在“坐标”选项卡中设置坐标，X 为 4.781 cm，Y 为 335.227 cm，Z 为 219.935 cm，如图 3–48 所示。

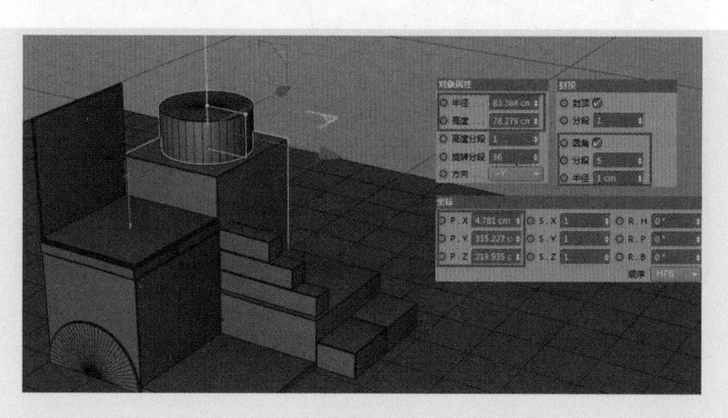

图 3–48

（18）选择上一步创建的圆柱，按住 Ctrl 键沿 *Y* 轴方向移动复制出一个圆柱。在属性面板“对象”选项卡中将 “高度”设置为 5 cm；在“坐标”选项卡中设置坐标 X 为 4.781 cm，Y 为 377.758 cm，Z 为 219.935 cm，如图 3–49 所示。

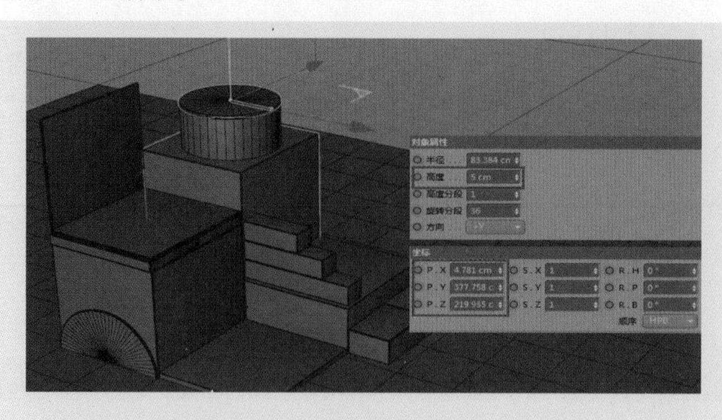

图 3–49

（19）在主菜单中执行“创建”>“对象”>“球体”，在场景中创建一个球体，在属性面板“对象”选项卡中设置半径为 47.176 cm；在“坐标”选项卡中设置坐标，X 为 4.697 cm，Y 为 427.633 cm，Z 为 220.789 cm，如图 3–50 所示。

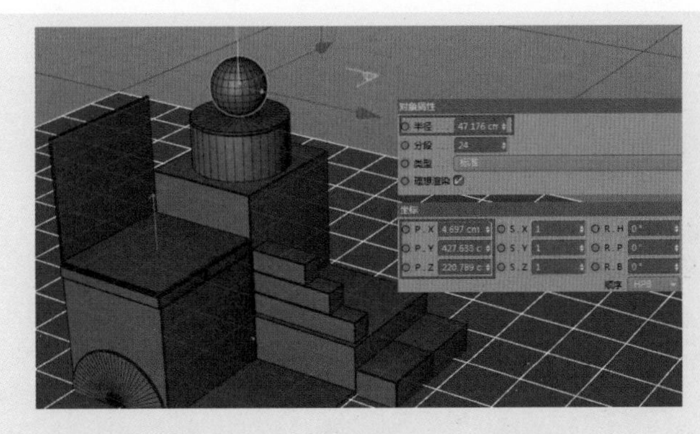

图 3–50

（20）选择上一步创建的球体，按住 Ctrl 键沿 Y 轴方向移动复制出一个球体，在属性面板“对象”选项卡中将 “半径”设置为 19.683 cm；在“坐标”选项卡中设置坐标，X 为 4.781 cm，Y 为 495.615 cm，Z 为 220.789 cm，如图 3–51 所示。

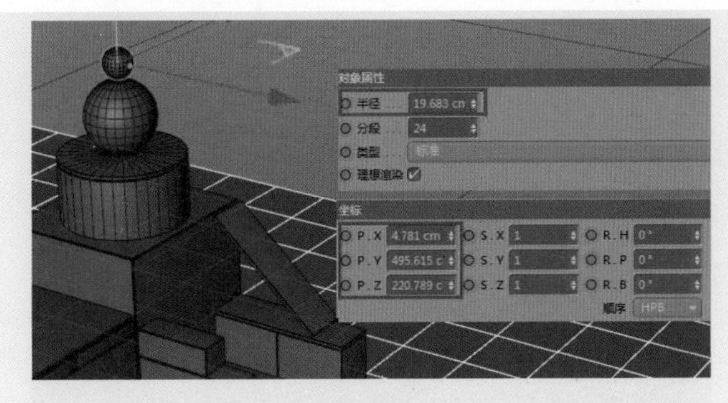

图 3–51

（21）在主菜单中执行“创建”>“对象”>“立方体”，在场景中创建一个立方体，在属性面板“对象”选项卡中设置尺寸，X 为 78.719 cm，Y 为 3.304 cm，Z 为 223.994 cm，勾选“圆角”复选框，将“圆角半径”设为 1.5 cm；在“坐标”选项卡中设置坐标，X 为 260.416 cm，Y 为 50.444 cm，Z 为 8.066 cm，设置旋转角度，H 为 0°，P 为 20.767°，B 为 0°，如图 3–52 所示。

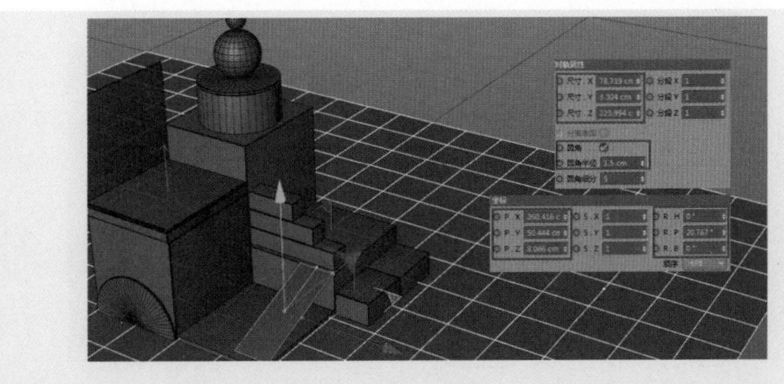

图 3–52

（22）在主菜单中执行“创建”>“对象”>“立方体”，在场景中创建一个立方体。在属性面板“对象”选项卡中设置尺寸，X 为 100 cm，Y 为 65.435 cm，Z 为 60 cm，勾选“圆角”复选框，将“圆角半径”设为 1 cm；在“坐标”选项卡中设置坐标，X 为 149.687 cm，Y 为 125.607 cm，Z 为 306.571 cm，如图 3-53 所示。

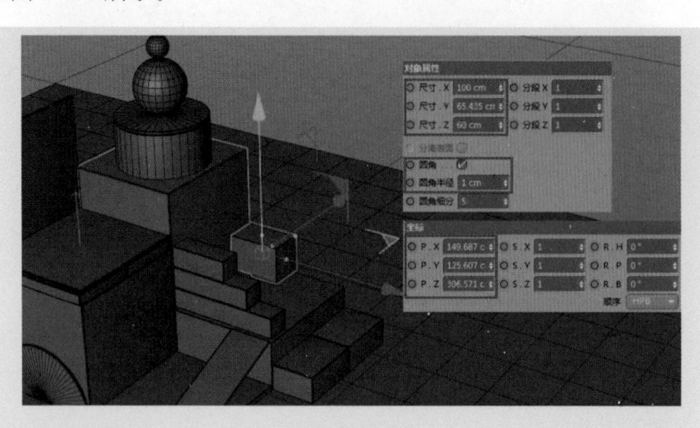

图 3-53

（23）选择上一步创建的立方体，按住 Ctrl 键沿 *X* 轴方向移动，复制出一个立方体，在属性面板“坐标”选项卡中设置坐标，X 为 250.342 cm，Y 为 125.607 cm，Z 为 306.571 cm，如图 3-54 所示。

图 3-54

（24）在主菜单中执行“创建”>“对象”>“立方体”，在场景中创建一个立方体，在属性面板“对象”选项卡中设置尺寸，X 为 200 cm，Y 为 5 cm，Z 为 60 cm，勾选“圆角”复选框，将“圆角半径”设为 1 cm；在“坐标”选项卡中设置坐标，X 为 200.704 cm，Y 为 160.944 cm，Z 为 306.571 cm，如图 3-55 所示。

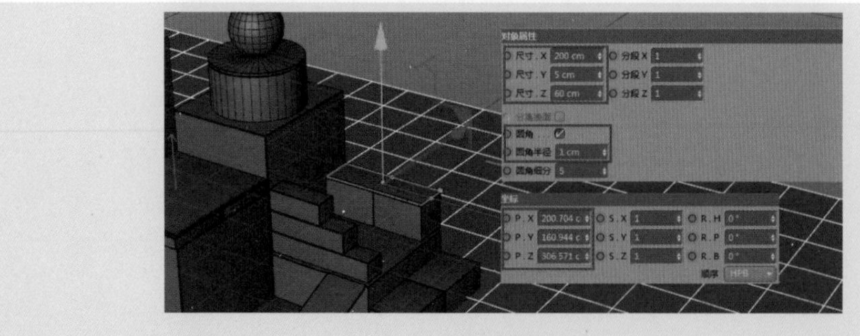

图 3-55

（25）选择上一步创建的立方体，按住 Ctrl 键沿 *Y* 轴方向移动，复制出一个立方体，在属性面板“坐标”选项卡中设置坐标，X 为 179.692 cm，Y 为 230.117 cm，Z 为 306.571 cm，设置旋转角度，H 为 0°，P 为 0°，B 为 39.689°，如图 3–56 所示。

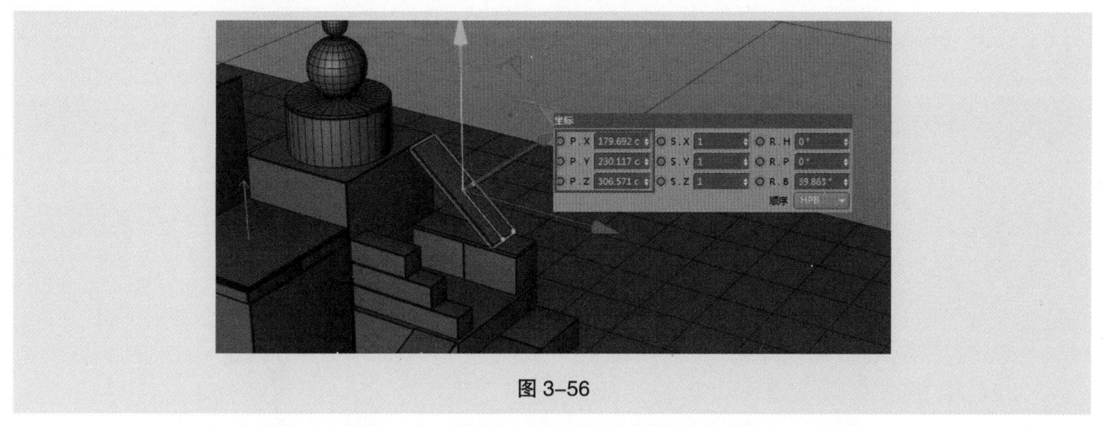

图 3–56

（26）在主菜单中执行“创建”>“对象”>“球体”，在场景中创建一个球体，在属性面板“对象”选项卡中设置半径为 20 cm；在“坐标”选项卡中设置坐标，X 为 277 cm，Y 为 150 cm，Z 为 134 cm，如图 3–57 所示。

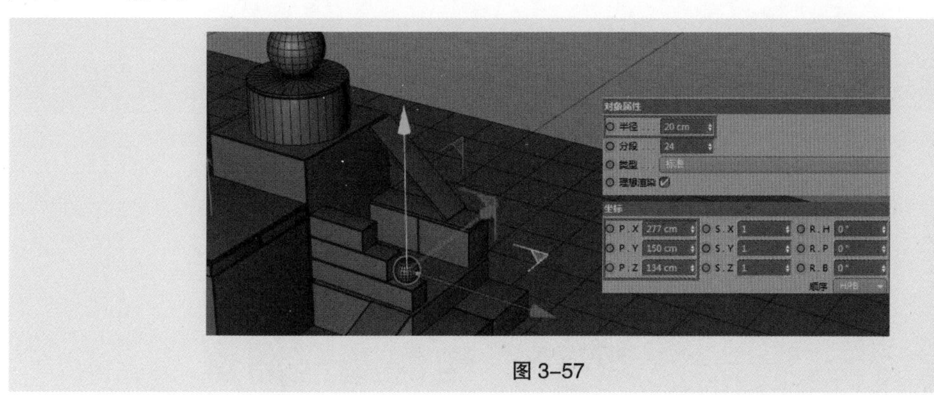

图 3–57

（27）在主菜单中执行“创建”>“对象”>“立方体”，在场景中创建一个立方体。在属性面板“对象”选项卡中设置尺寸，X 为 78 cm，Y 为 2 cm，Z 为 224 cm，勾选“圆角”复选框，将“圆角半径”设为 1 cm；在“坐标”选项卡中设置坐标，X 为 340 cm，Y 为 50 cm，Z 为 225 cm，如图 3–58 所示。

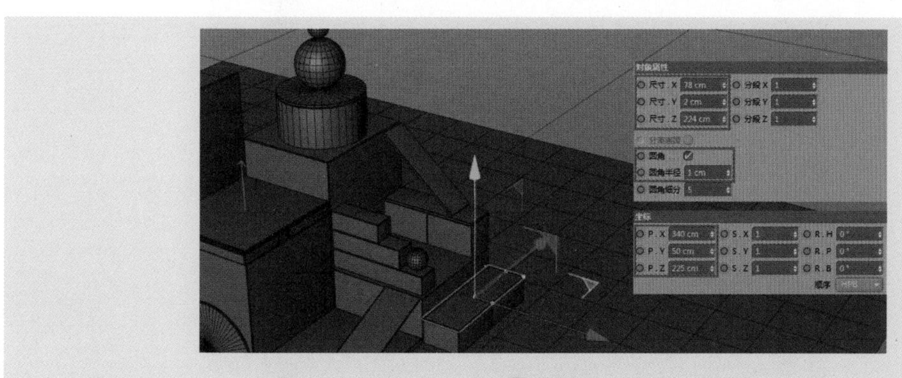

图 3–58

（28）在主菜单中执行“创建”>“对象”>“立方体”，在场景中创建一个立方体。在属性面板“对象”选项卡中设置尺寸，X 为 78 cm，Y 为 3 cm，Z 为 78 cm，勾选“圆角”复选框，将“圆角半径”设为 1.5 cm；在“坐标”选项卡中设置坐标，X 为 410 cm，Y 为 25 cm，Z 为 152 cm，设置旋转角度，H 为 0°，P 为 0°，B 为 38.217°，如图 3-59 所示。

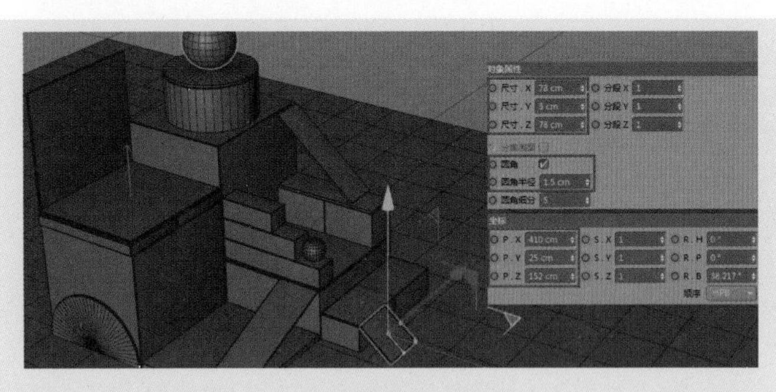

图 3-59

（29）最终效果如图 3-60 所示。

图 3-60

3.4 课后习题——“双 12”电商海报场景

习题知识要点：使用参数化对象完成场景搭建，使用“立方体”完成墙面搭建，使用“立方体”完成“12.12”数字模型搭建，效果如图 3-61 所示。

图 3-61

04

第4章 建模工具

本章导读

本章对 Cinema 4D 的建模工具进行讲解。通过对本章的学习，读者可以对 Cinema 4D 的造型工具、变形工具以及生成器有一个大体的、全方位的了解，从而掌握 Cinema 4D 的 NURBS 建模和多边形建模技术。

学习目标

- 掌握生成器参数调节技巧。
- 掌握造型工具参数调节技巧。
- 掌握变形工具参数调节技巧。
- 了解多边形建模布线原理。
- 掌握多边形建模技术。

技能目标

- 掌握“电商海报场景搭建”的制作方法。
- 掌握“场景搭建”的制作方法。
- 掌握“茶杯建模”的制作方法。
- 掌握“城市小场景模型”的制作方法。
- 掌握“创建卡通闹钟模型”的制作方法。
- 掌握“创建滑板场景”的制作方法。
- 掌握“科幻仪器模型”的制作方法。
- 掌握“制作游戏手柄”的制作方法。

建模工具

4.1 NURBS 建模

NURBS 是非均匀有理 B 样条（Non-Uniform Rational B-Splines）的缩写，它是由数学公式计算构建的，NURBS 建模是一种非常优秀的建模方式，它能很好地控制物体表面的曲率，从而创建出更逼真、更生动的造型。

Cinema 4D 的 NURBS 建模工具主要有细分曲面、挤压、旋转、放样、扫描和贝塞尔，如图 4-1 所示。

图 4-1

4.1.1 生成器

1. 细分曲面

细分曲面是强大的雕刻工具，通过为对象的点、线、面添加权重，以及对表面进行细分来制作出精细的模型，如图 4-2 所示。

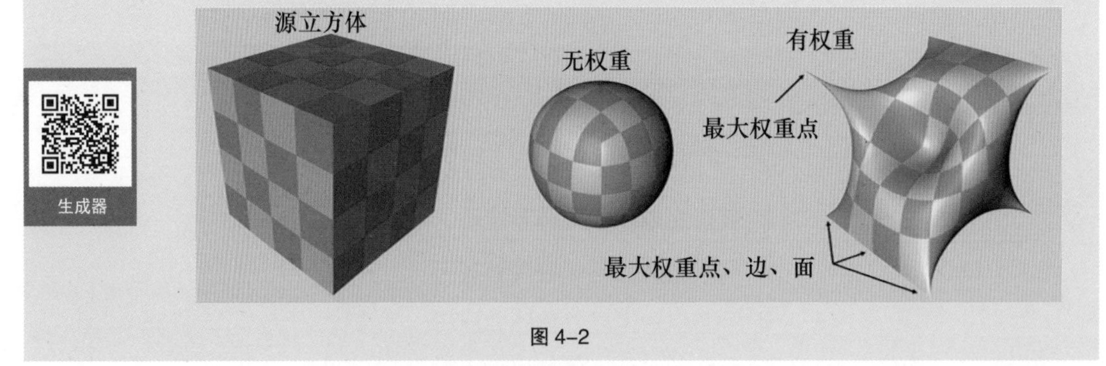

图 4-2

在场景中创建一个立方体，如果想让细分曲面命令对立方体对象产生作用，需要把立方体作为“细分曲面”命令的子物体，这样立方体就会被细分，变得光滑，如图 4-3 所示。

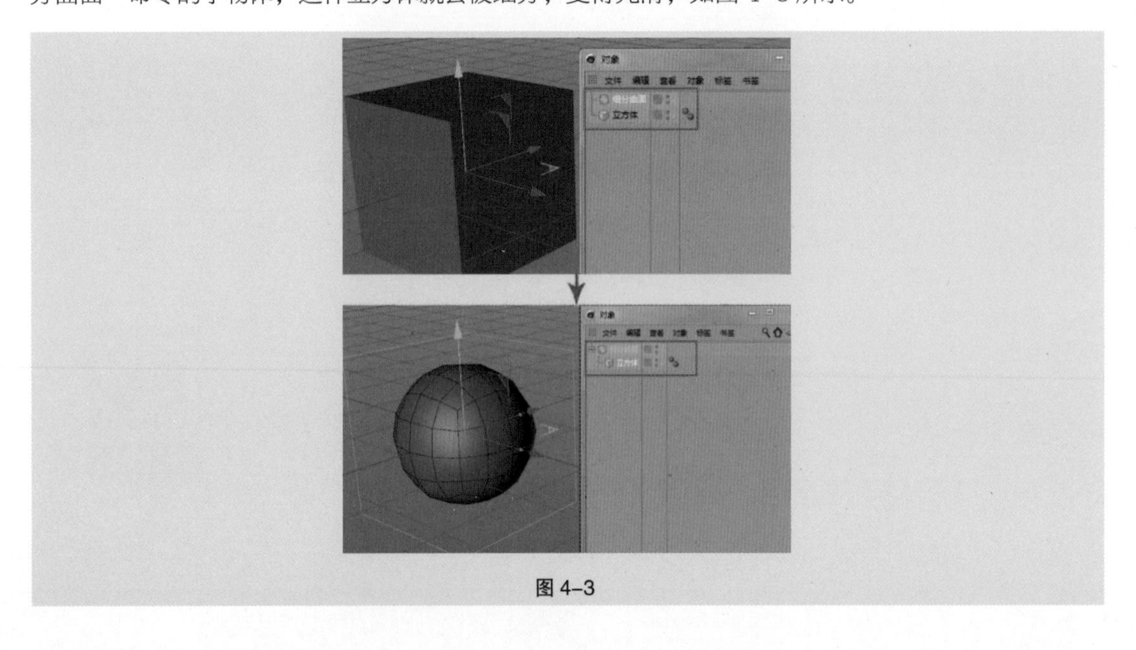

图 4-3

（1）编辑器细分：该参数控制视图中模型的细分程度，也就是只影响视图显示的细分数，默认值为2。

（2）渲染器细分：该参数控制最终渲染时的细分精度。

2. 挤压

挤压工具是作用于样条曲线，挤压出具有厚度的模型对象，如图4-4所示。

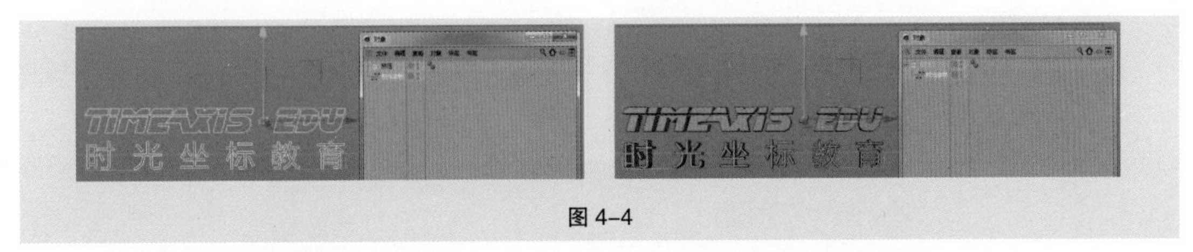

图4-4

"挤压"属性面板如图4-5所示。

（1）移动：分别代表在X、Y、Z三个轴向上的挤出量。

（2）细分数：设置挤出的细分数量。

单击"封顶"选项卡，"顶端""末端"可以设置挤压的类型，包含"无""封顶""圆角""圆角封顶"4个选项，其中"圆角封顶"最为常用，如图4-6所示。

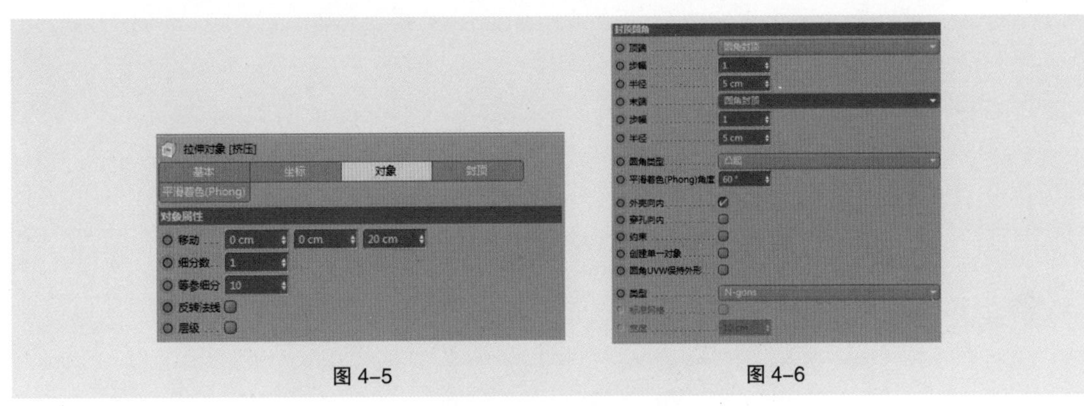

图4-5　　图4-6

• 步幅 / 半径：这两个参数分别控制圆角处的分段数和圆角半径。

• 圆角类型：设置圆角的类型，包含"线性""凸起""凹陷""半圆""1步幅""2步幅""雕刻"7种。

• 穿孔向内：当挤压对象上有穿孔时，可以设置穿孔是否向内。

• 约束：以原始样片作为外轮廓。

• 类型：包含"三角面""四边形""N-gons"3种类型。

3. 旋转

"旋转"生成器可以围绕对象Y轴旋转生成对象，其属性面板如图4-7所示。

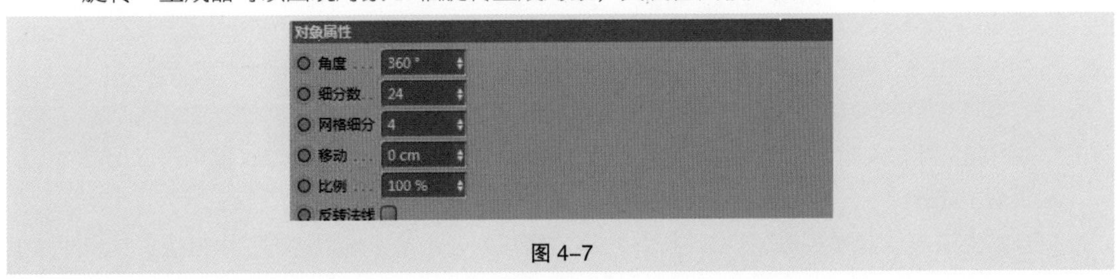

图4-7

（1）角度：控制旋转对象围绕 Y 轴旋转的角度。

（2）细分数：定义旋转对象的细分数量。

（3）网格细分：设置等参线的细分数量。

（4）移动 / 比例："移动"参数用于设置旋转对象沿 Y 轴旋转时纵向移动的距离，"比例"参数用于设置旋转对象沿 Y 轴旋转时移动的比例。

4. 放样

放样对象在两个或多个样条上拉伸生成模型对象，放样对象中的样条的顺序决定了它们连接的顺序，其属性面板如图 4-8 所示。

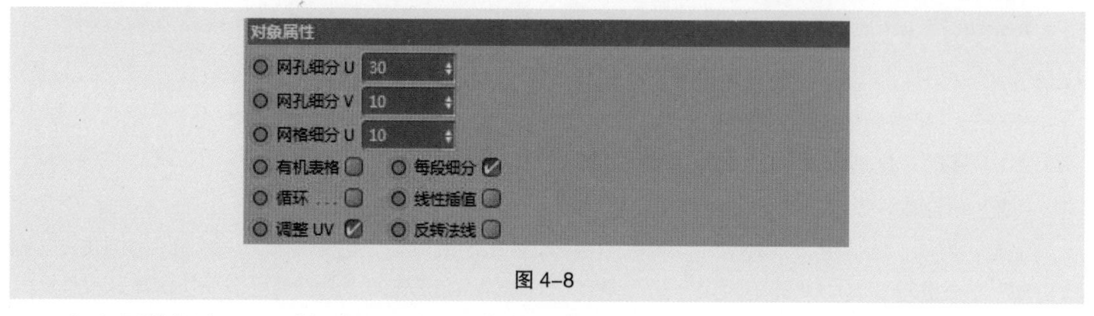

图 4-8

（1）网孔细分 U/ 网孔细分 V：这两个参数分别设置网孔在 U 方向和 V 方向上的细分数量。

（2）网格细分 U：用于设置等参线的细分数量。

5. 扫描

扫描对象需要两个或三个样条，第一条样条，轮廓样条，定义了横截面，并沿着第二条样条，即路径进行扫描以创建对象，其属性面板如图 4-9 所示。

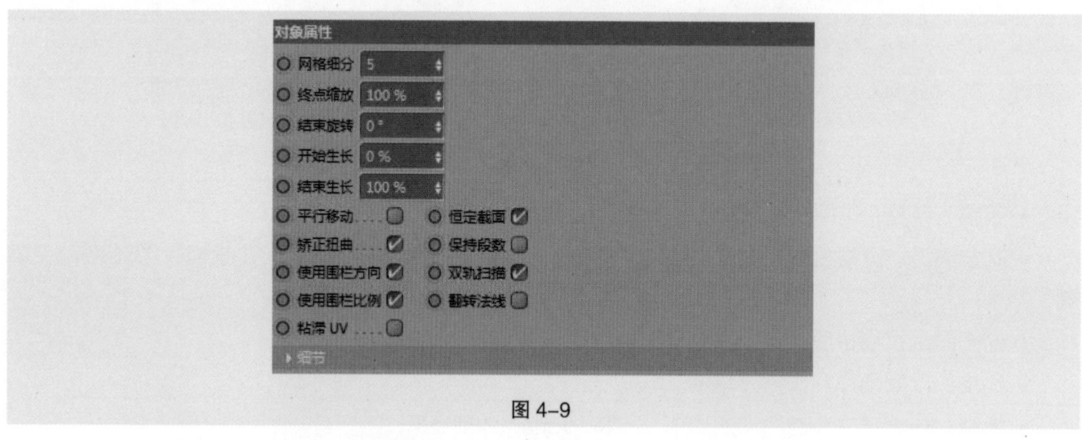

图 4-9

（1）网格细分：设置样条的细分值。

（2）终点缩放：设置扫描对象在路径终点的缩放比例。

（3）结束旋转：设置对象达到终点时的旋转角度。

（4）开始生长 / 结束生长：这两个参数分别设置扫描对象在路径上的起始点和结束点。

（5）细节：该选项包含"缩放"和"旋转"两组表格，在表格的左右两侧分别有两个圆点，左侧的圆点控制扫描对象起点处的缩放和旋转程度，另外，可以在表格中按住 Ctrl 键单击添加控制点。

6. 贝塞尔

贝塞尔生成器与其他生成器工具不同，它不需要任何子对象就能创建出三维模型，其属性面板如图 4-10 所示。

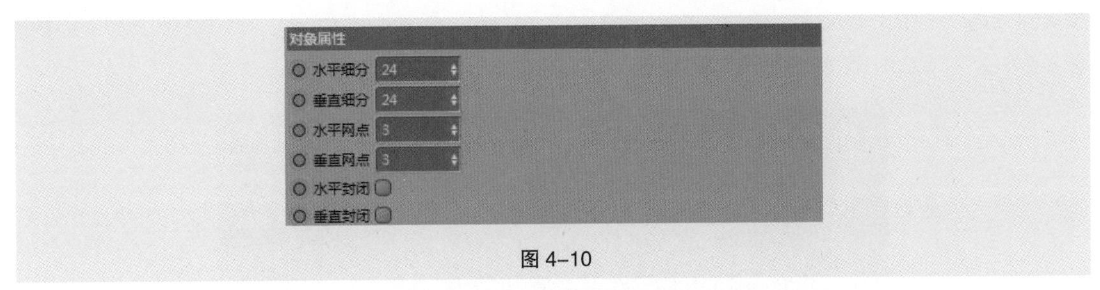

图 4-10

（1）水平细分 / 垂直细分：这两个参数分别设置曲面的 X 轴方向和 Y 轴方向上的网络细分数量。

（2）水平网点 / 垂直网点：这两个参数分别设置曲面的 X 轴方向和 Y 轴方向上的控制点数量。

（3）水平封闭 / 垂直封闭：这两个选项分别用于 X 轴方向和 Y 轴方向上的封闭曲面，常用于制作管状物体。

4.1.2 课堂案例——电商海报场景搭建

（1）打开 Cinema 4D，在主菜单栏执行“创建”>“场景”>“地面”，在场景中创建一个“地面”对象。

（2）在主菜单中执行“创建”>“对象”>“平面”，在场景中创建一个平面对象，在属性面板“对象属性”选项卡中设置尺寸，X 为 9 000 cm，Y 为 3 000 cm，Z 为 0 cm；在“坐标”选项卡中设置坐标，X 为 0 cm，Y 为 1 500 cm，Z 为 876 cm，如图 4-11 所示。

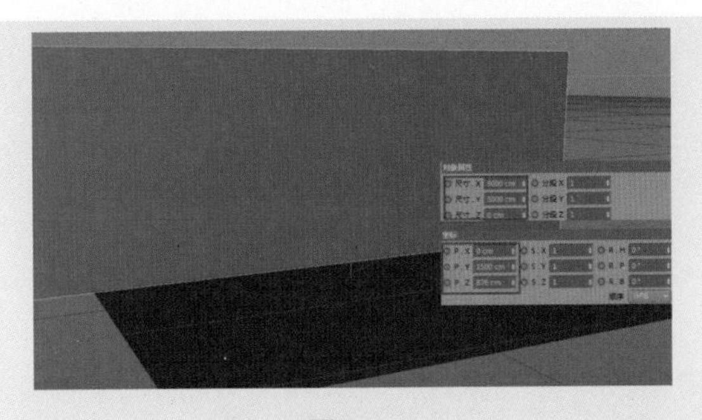

图 4-11

（3）在主菜单中执行“创建”>“对象”>“立方体”，在场景中创建一个立方体。在属性面板“对象属性”选项卡中设置尺寸，X 为 1 400 cm，Y 为 160 cm，Z 为 1 700 cm，在“坐标”选项卡中设置坐标，X 为 0 cm，Y 为 80 cm，Z 为 -57 cm，如图 4-12 所示。

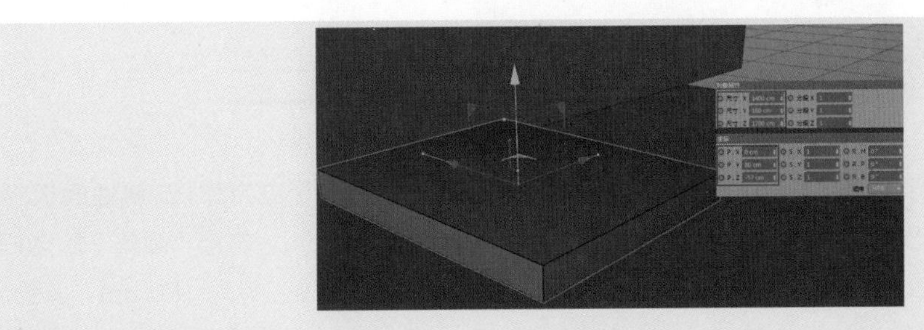

图 4-12

（4）在主菜单中执行“创建”>“对象”>“立方体”，在场景中创建一个立方体。在属性面板“对象属性”选项卡中设置尺寸，X 为 2 400 cm，Y 为 60 cm，Z 为 1 600 cm；在“坐标”选项卡中设置坐标，X 为 0 cm，Y 为 30 cm，Z 为 −57 cm，如图 4−13 所示。

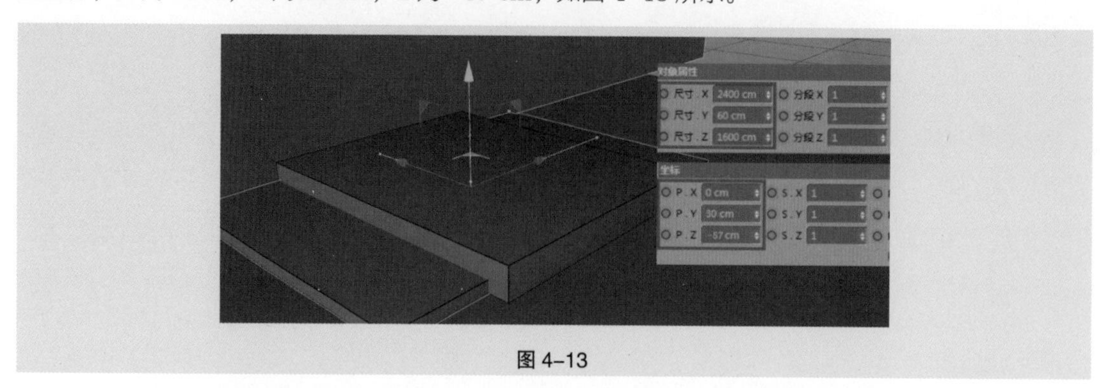

图 4−13

（5）在右视图中使用“画笔”工具，绘制一条如图 4−14 所示的样条，在主菜单中执行“创建”>“生成器”>“挤压”，在场景中创建一个“挤压”生成器，将样条作为挤压生成器的子集。在属性面板“对象属性”选项卡中，将“移动”中的X方向数值设置为500 cm；在“封顶”选项卡中，将“顶端”和“末端”下拉菜单中选择“圆角封顶”，将“步幅”设置为4，“半径”设置为1 cm，如图 4−15 所示。在“坐标”选项卡中设置坐标，X 为 -200 cm，Y 为 0cm，Z 为 0cm。

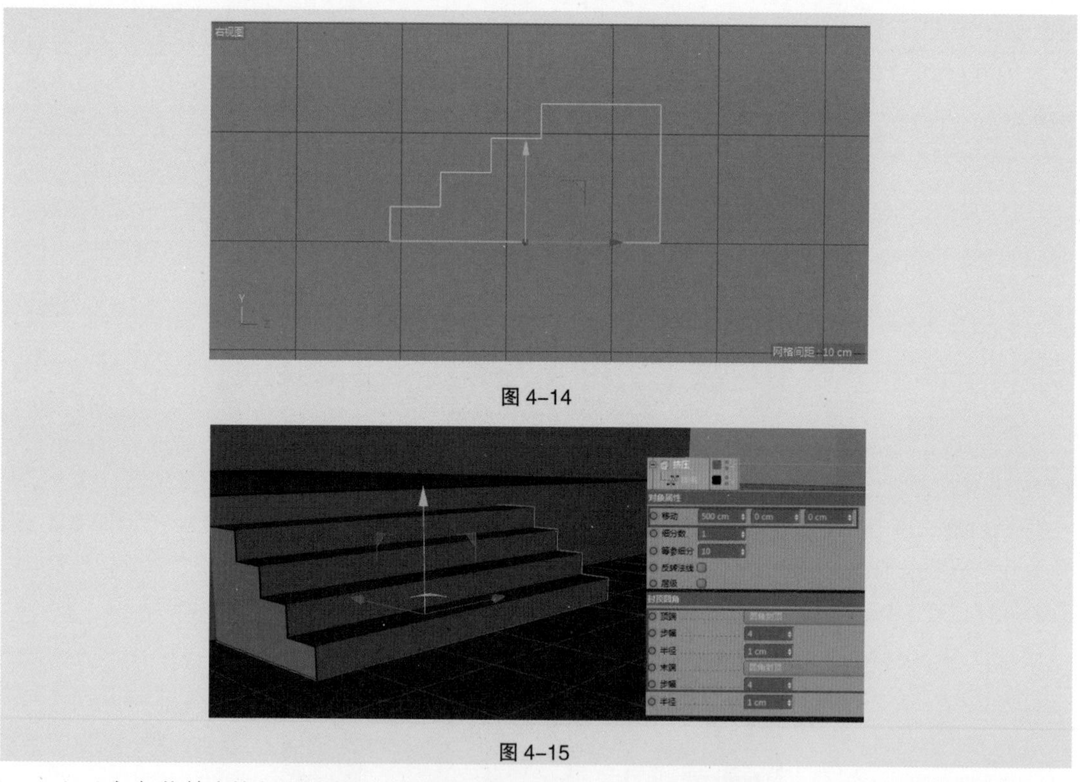

图 4−14

图 4−15

（6）在主菜单中执行“创建”>“对象”>“立方体”，在场景中创建一个立方体。在属性面板“对象属性”选项卡中设置尺寸，X 为 2 000 cm，Y 为 300 cm，Z 为 200 cm，勾选“圆角”复选框，将“圆角半径”设置为 2cm；在“坐标”选项卡中设置坐标，X 为 0 cm，Y 为 150 cm，Z 约为 845 cm，如图 4−16 所示。

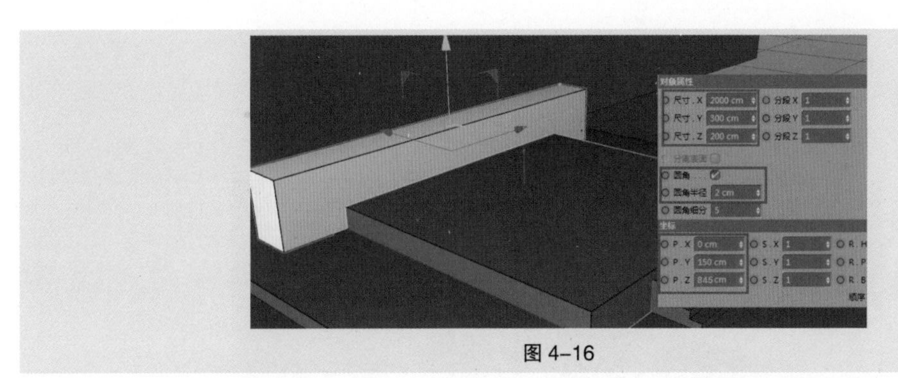

图 4-16

（7）在主菜单中执行“创建”>“对象”>“管道”，在场景中创建一个管道，在属性面板“对象属性”选项卡中将“内部半径”设置为 10 cm，将“外部半径”设置为 20 cm，“旋转分段”设置为 60，“高度”设置为 10 cm，勾选“圆角”复选框，将“半径”设置为 1 cm；在“坐标”选项卡中设置坐标，X 约为 940 cm，Y 约为 260 cm，Z 约为 740 cm。在“对象属性”选项卡中设置“方向”为 Z。再次执行“创建”>“对象”>“球体”，在场景中创建一个球体，在属性面板“对象属性”选项卡中将“半径”设置为 10 cm，在“坐标”选项卡中设置坐标，X 约为 940 cm，Y 约为 260 cm，Z 约为 740 cm，如图 4-17 所示。

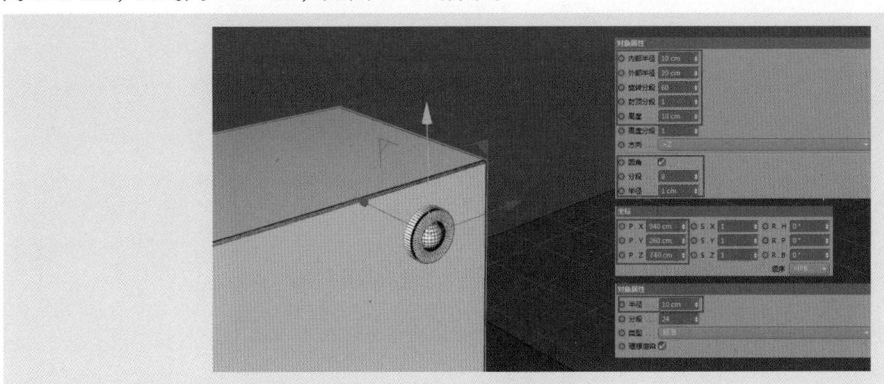

图 4-17

（8）选中上一步创建的“球体”和“管道”，按 Alt+G 组合键创建群组对象“空白”，按住 Ctrl 键沿 *Y* 轴方向移动复制出一个群组对象“空白 1”，在属性面板“坐标”选项卡中设置坐标，X 约为 940 cm，Y 约为 101 cm，Z 约为 740 cm，如图 4-18 所示。

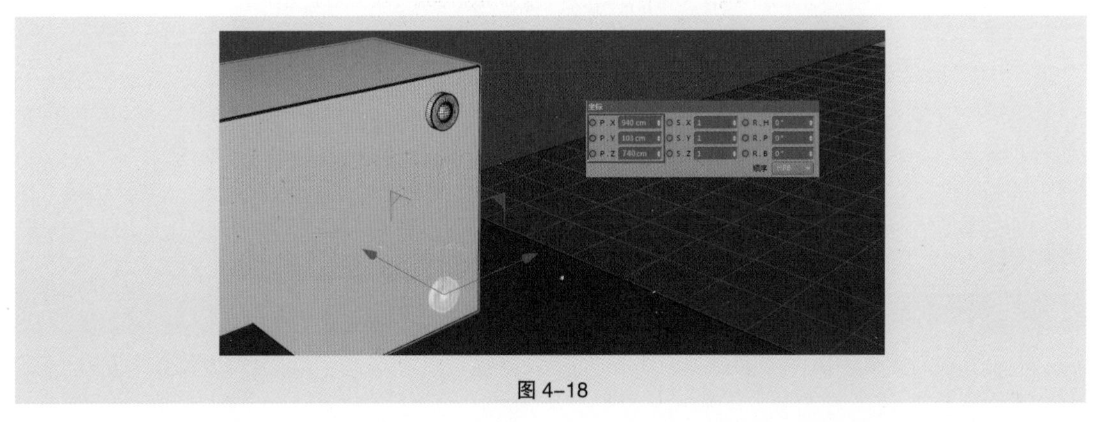

图 4-18

（9）选中“空白”和“空白 1”两个群组对象，按住 Ctrl 键沿 *X* 轴方向移动，复制出两个群组对象“空白 2”“空白 3”。选择“空白 2”群组对象，在属性面板“坐标”选项卡中设置坐标，X 约为 -964 cm，Y 约为 260 cm，Z 约为 740 cm；选择“空白 3”群组对象，在属性面板“坐标”选项卡中设置坐标，X 约为 -964 cm，Y 约为 101 cm，Z 为 740 cm，如图 4-19 所示。

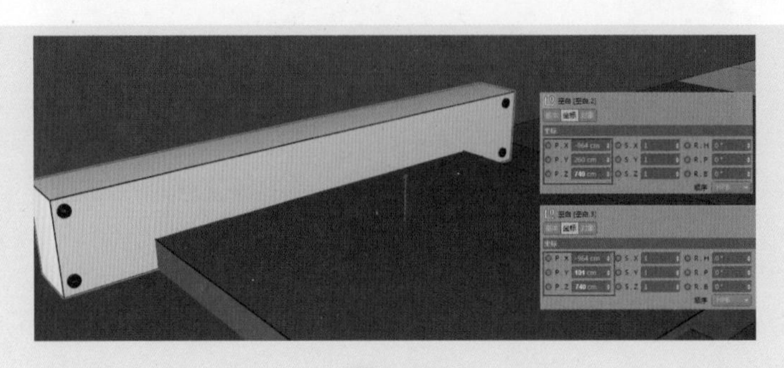

图 4-19

（10）选中“立方体”“空白”“空白 1”“空白 2”“空白 3”，按 Alt+G 组合键创建群组对象，命名为“背景立方体”。选中“背景立方体”群组对象，按住 Ctrl 键沿 *Y* 轴方向移动，复制出一个群组对象，在属性面板“坐标”选项卡中设置坐标，X 约为 -1277cm，Y 约为 473 cm，Z 约为 762 cm，如图 4-20 所示。

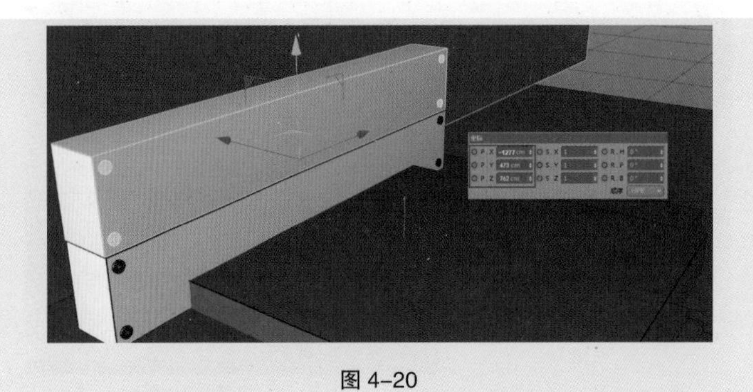

图 4-20

（11）选中上一步操作中复制出的“背景立方体 1”群组对象，按住 Ctrl 键沿 *Y* 轴方向移动复制出一个群组对象，在属性面板“坐标”选项卡中设置坐标，X 约为 -1277 cm，Y 约为 773 cm，Z 约为 762 cm，如图 4-21 所示。

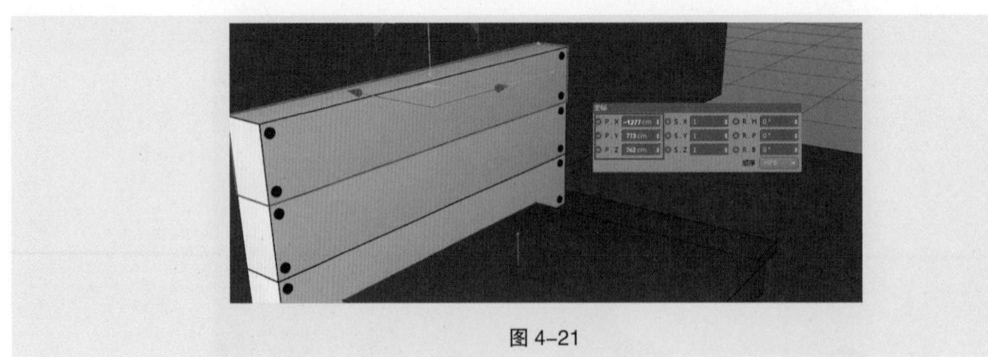

图 4-21

（12）在主菜单中执行“创建”>“样条”>“画笔”，在场景中绘制样条曲线，如图 4-22 所示。

图 4-22

（13）在主菜单中执行“创建”>“生成器”>“扫描”，在场景中创建一个“扫描”生成器。在主菜单中执行“创建”>“样条”>“圆环”，在场景中创建一个“圆环”样条曲线，在属性面板“对象属性”选项卡中将“半径”设置为 8 cm。选中上一步创建的样条和圆环，将其作为扫描的子对象。如图 4-23 所示。

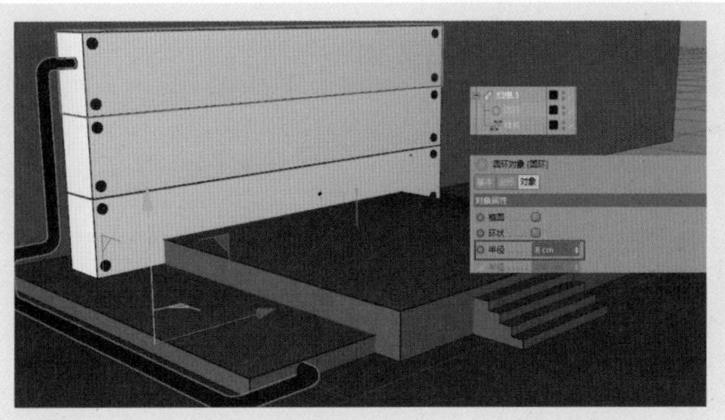

图 4-23

（14）在主菜单中执行“创建”>“样条”>“文本”，在场景中创建一个“文本”样条曲线，在属性面板“对象属性”选项卡“文本”中输入“6”，字体设置为“思源黑体”，高度设置为 839 cm。在“坐标”选项卡中设置坐标，X 约为 -751cm，Y 约为 171cm，Z 约为 438cm。效果如图 4-24 所示。

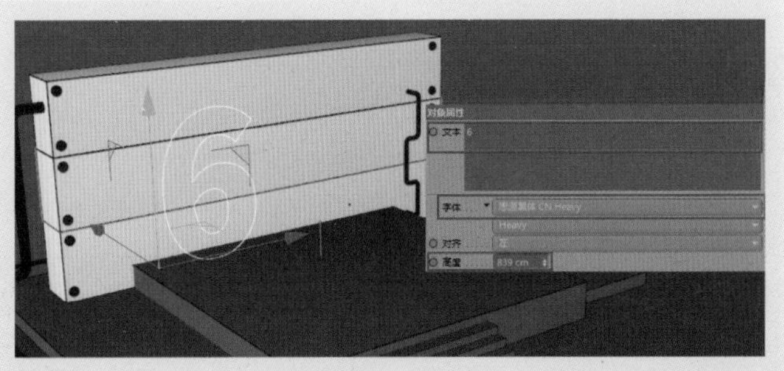

图 4-24

（15）在主菜单中执行“创建”>“生成器”>“挤压”，在场景中创建一个“挤压”生成器并命名为“6”，将上一步创建的“6”文本作为“挤压”生成器的子对象，在属性面板“对象属性”选项卡中将“移动”中的 Z 方向数值设置为 120 cm，在“封顶圆角”选项卡中将“顶端”和“末端”

设置为“圆角封顶”，将“步幅”设置为 5，“半径”设置为 20 cm，将“圆角类型”设置为“半圆”，如图 4-25 所示。在“坐标”选项卡中设置坐标，X 为 0cm，Y 约为 19cm，Z 为 0cm。

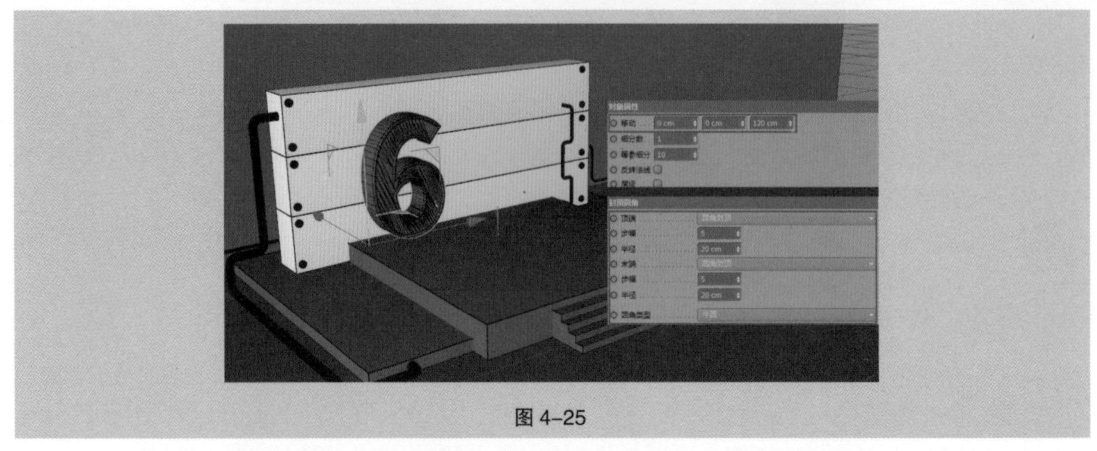

图 4-25

（16）选择上一步创建的“6”生成器，按住 Ctrl 键沿 X 轴方向移动，复制出一个生成器，重命名为“1”，在属性面板“对象”选项卡中将“文本”改为“1”，如图 4-26 所示。

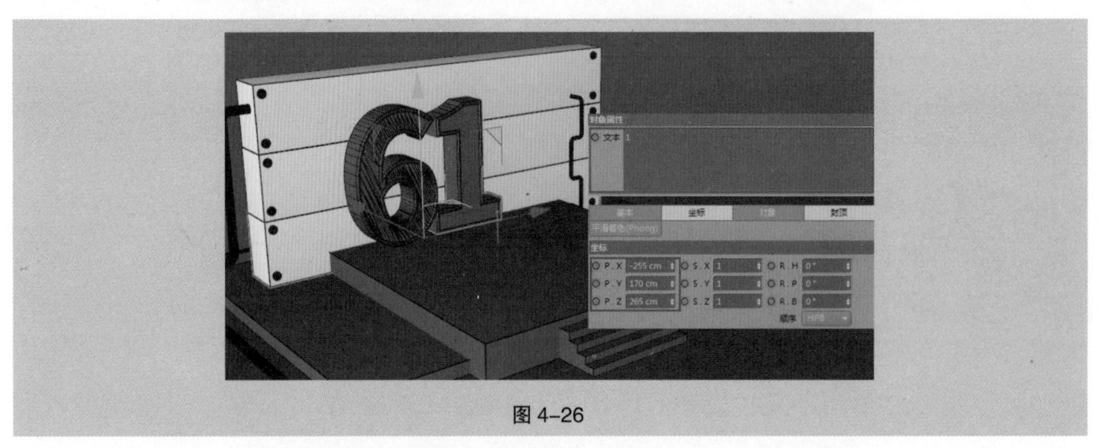

图 4-26

（17）选择上一步创建的“1”生成器，按住 Ctrl 键沿 X 轴方向移动复制出一个生成器，重命名为“8”，在属性面板“对象属性”选项卡中将“文本”改为“8”，如图 4-27 所示。

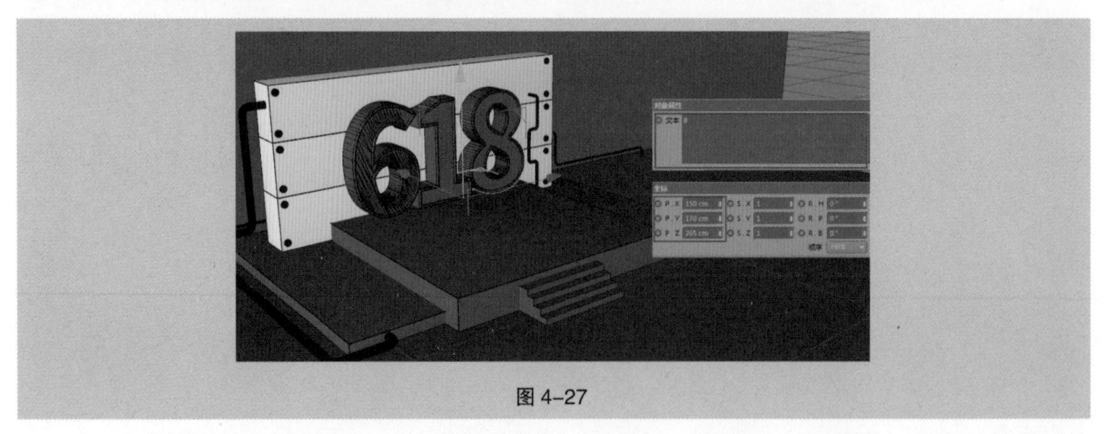

图 4-27

（18）将视图切换到正视图，在主菜单中执行“创建”>“样条”>“画笔”，根据 6 的外形绘制样条曲线；在主菜单中执行“创建”>“生成器”>“扫描”，在场景中创建一个“扫描”生成器；

在主菜单中执行“创建”>“样条”>“圆环”，在场景中创建一个“圆环”样条曲线，在“对象属性”选项卡中将“半径”设置为 10 cm，“内部半径”设置为 8 cm，选中样条曲线和圆环，将其作为扫描的子对象，如图 4-28 所示。

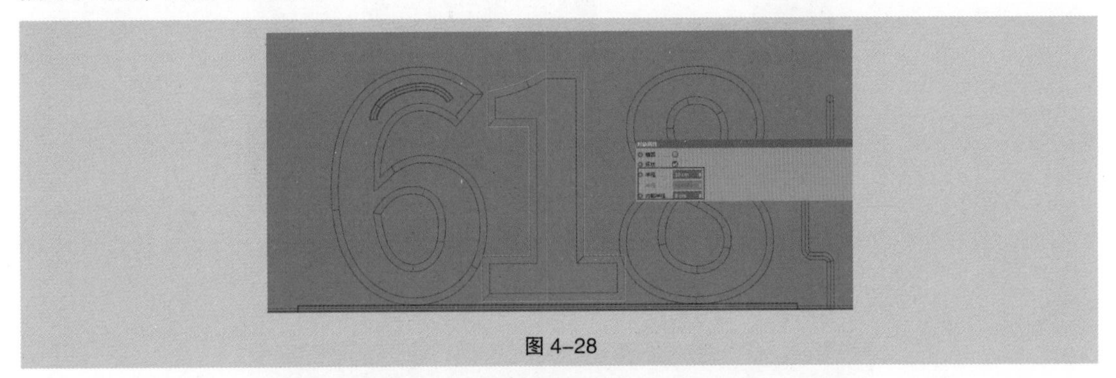

图 4-28

（19）根据上一步操作，继续完成其他样条曲线的绘制，并添加“扫描”生成器。将所有“扫描”生成器移至合适位置，如图 4-29 所示。

图 4-29

（20）在主菜单中执行“创建”>“对象”>“胶囊”，在场景中创建一个“胶囊”对象物体并命名为“Cap”，在属性面板“对象属性”选项卡中将“半径”设置为 15 cm，将“高度”设置为 50 cm，在左侧工具栏选择“转为可编辑对象”按钮，将胶囊对象物体转为可编辑对象，进入面层级，选中下半部分面，按键盘上的 Delete 键将其删除。选中“Cap”对象，在“坐标”选项卡中设置坐标，X 为 -275 cm，Y 为 725 cm，Z 为 260 cm，设置旋转角度 B 为 139°，如图 4-30 所示。

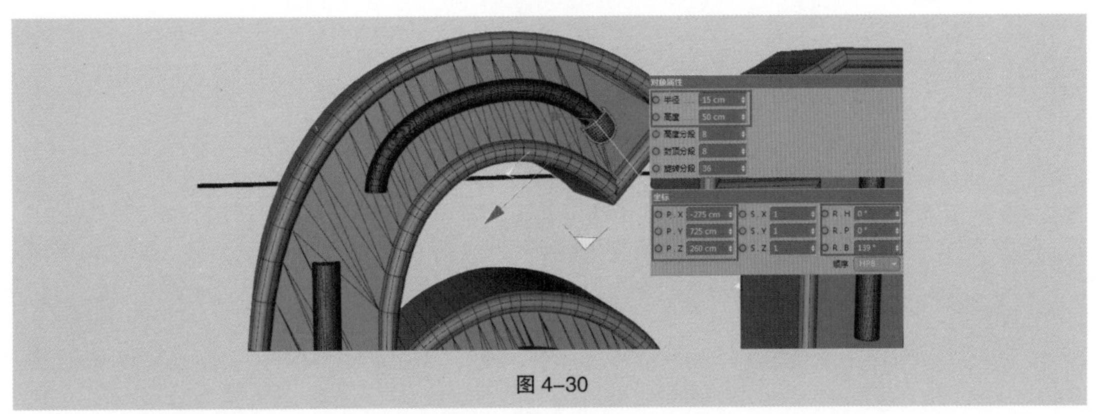

图 4-30

（21）根据上步操作，依次为扫描对象两端添加盖子，如图 4-31 所示。

图 4-31

（22）添加材质，最终效果如图 4-32 所示。

图 4-32

4.1.3 课后习题——场景搭建

习题知识要点：创建对象物体，并在属性面板修改其参数，创建样条曲线，并通过调节点改变样条曲线外形，使用“挤压”生成器创建模型，使用“扫描”生成器创建模型，最终渲染效果如图 4-33 所示。

图 4-33

4.2 多边形建模

4.2.1 多边形建模基础

多边形建模是目前比较流行的建模方法之一，通常一个完整的模型由很多四边面构成。与NURBS 建模不同，多边形建模更像做雕塑，通过对点、边、面的编辑，得到一个布线合理的简模，再通过细分曲面得到一个有细节的光滑模型，如图 4-34 所示。

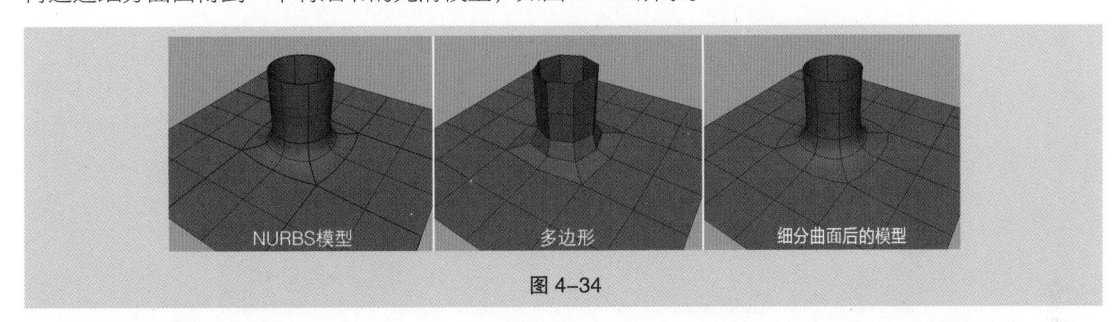

图 4-34

多边形建模对象由 Vertex（点）、Edge（边）、Face（面）、Element（整体元素 - 体）构成，两点构成一条边，四条边构成一个面，多个面又能构成一个完整的模型，这就是多边形建模的原理。最小的面是由三条边构成的三角面，但我们在多边形建模工作中，应该尽量避免三角面的出现，理论上来讲多边形的面支持从三角面到 *N* 边面，但为了更合理地编辑多边形，一般都是使用四边面进行建模，因为四边面更符合物体走向，同时四边面也更有利于后期做动画时模型的准确性，如图 4-35 所示。

多边形建模时需要利用几项特殊技术来配合，细分、雕刻、拓扑便是最常用的 3 种方式，配合这 3 种方式可以胜任游戏、影视、产品宣传等领域的苛刻建模要求。细分可将低模转化为高模，方便在多种领域应用；雕刻可以生成充满细节的模型；拓扑使中低模方便二次编辑与应用。将雕刻的细节烘焙到中低模上，是游戏与影视的常用方法，如图 4-36 所示。

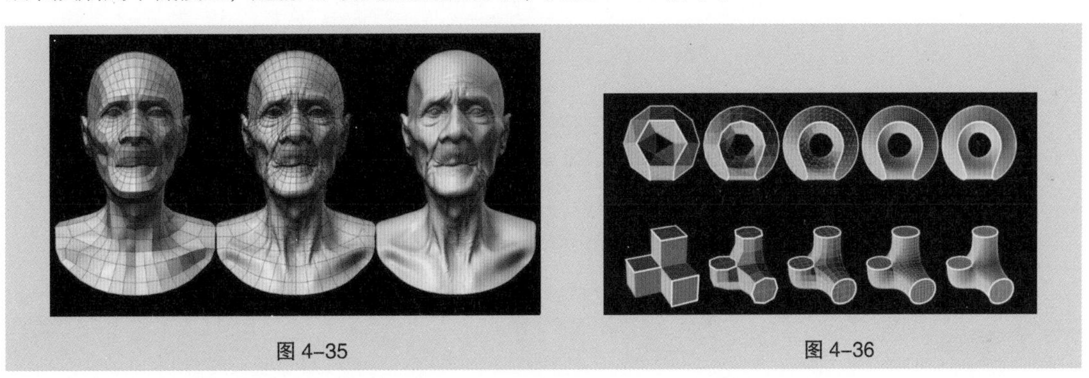

图 4-35　　图 4-36

4.2.2 多边形建模常用工具

在 Cinema 4D 中，对象包含点、边、面 3 种元素，对象的操作建立在这 3 种元素的基础上。要对参数对象进行点、边、面的操作，需要使用左侧工具栏“转为可编辑对象”按钮将参数对象转换为可编辑的多边形对象。

在把参数对象转换成可编辑对象后，在点、边、面模式下单击右键就会弹出相应的多边形编辑工具，如图 4-37 所示。

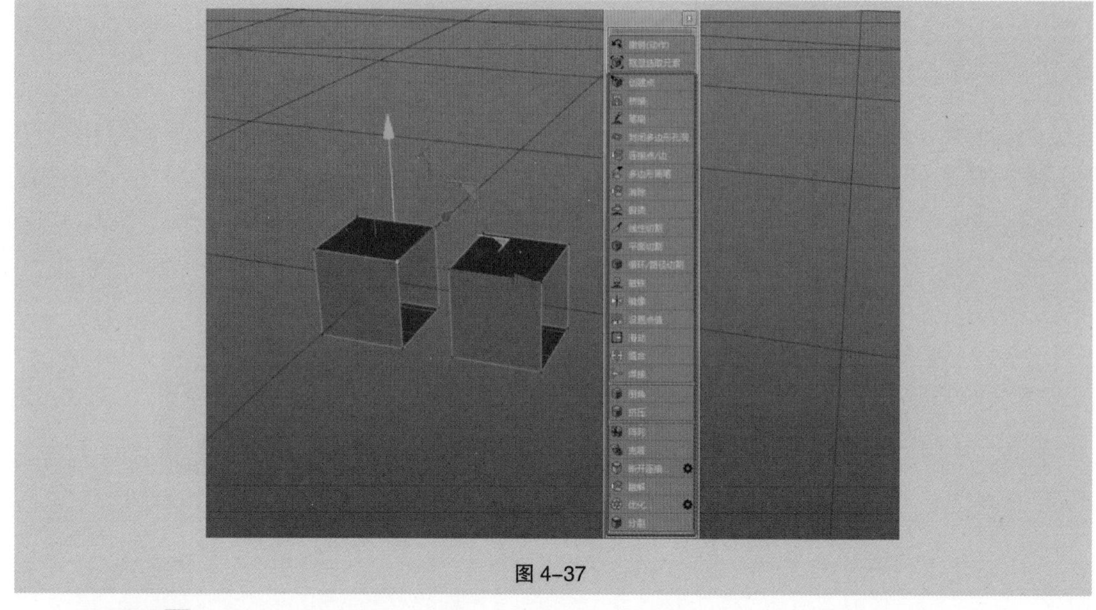

图 4-37

1. 创建点

"创建点"命令适用于 3 种模式（点、边、面），在多边形对象上单击一下即可创建一个点。

2. 桥接

"桥接"命令适用于 3 种模式（点、边、面），可以在多边形对象未连接的地方进行桥接，如图 4-38 所示。

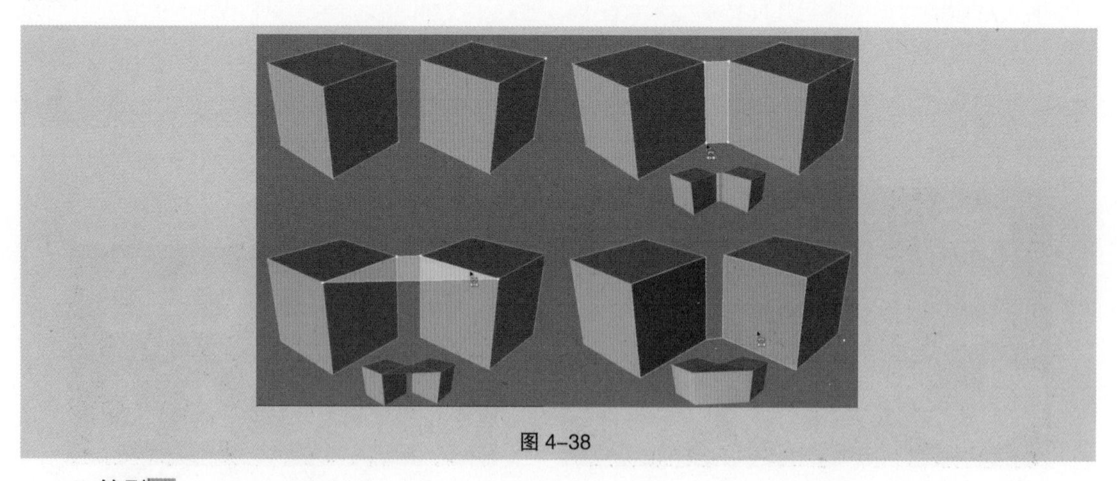

图 4-38

3. 笔刷

"笔刷"命令适用于 3 种模式（点、边、面），当选择笔刷工具后，视图中会出现一个圆，在这个圆里所有的点都会受到笔刷的影响，如图 4-39 所示。

4. 封闭多边形孔洞

"封闭多边形孔洞"命令适用于 3 种模式（点、边、面），该命令可以封闭模型中开放的孔洞，如图 4-40 所示。

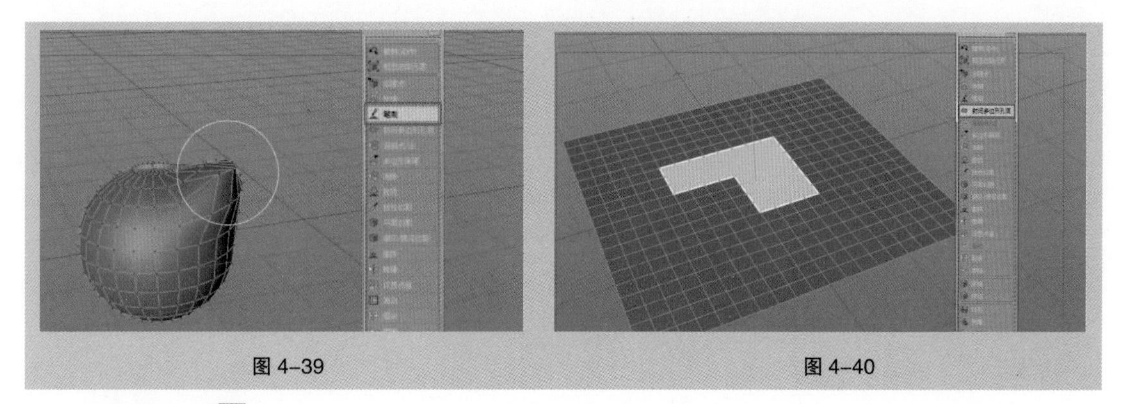

图 4-39　　图 4-40

5. 连接点 / 边

“连接点 / 边”命令适用于点、边模式。在点模式下，选择不在一条直线但相邻的点，执行该命令可以产生一条新的边，如图 4-41 所示。

6. 多边形画笔

“多边形画笔”命令是替代旧版本“创建多边形”工具的新工具，该工具不仅是一个多边形绘制工具，更是一个通用的、用于编辑现有几何形状（焊接、移动和复制多边形、切刀、挤压、调整等）的工具。

7. 消除

“消除”命令适用于 3 种模式（点、边、面），执行该命令时，可以移除一些点、边、面，消除不同于删除，使用消除命令，多边形对象不会产生孔洞，删除则会出现孔洞。

8. 熨烫

“熨烫”命令适用于 3 种模式（点、边、面），该命令可以平滑不均匀的网格，熨烫工作通过在相邻的边之间的角度等于或大于阈值的区域中进行平滑，平滑的强度由百分比控制。

9. 线性切割

“线性切割” 命令适用于 3 种模式（点、边、面），线切割部分取代了以前的刀，但功能更强，单击并拖曳切割线（或使用鼠标多次单击创建一行）。切割线可以有任意数量的控制点，如图 4-42 所示。

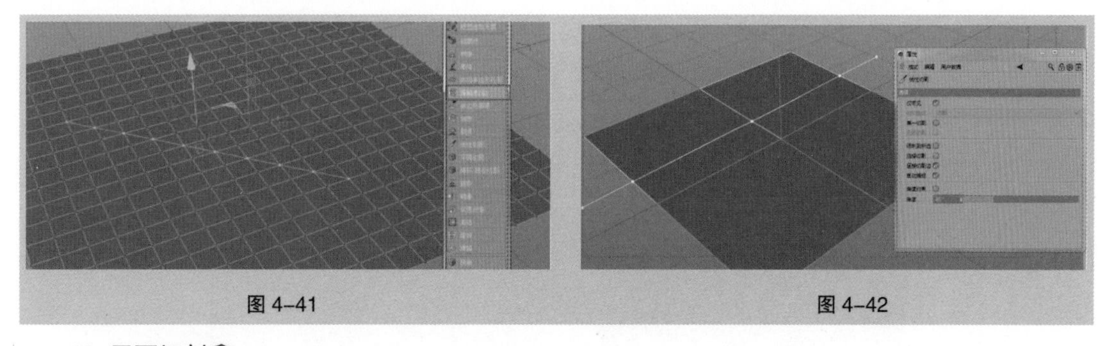

图 4-41　　图 4-42

10. 平面切割

平面切割工具可以沿着选择的模型表面进行切割，在视图中进行平面切割以后，可以自由移动和旋转切割平面。

11. 循环 / 路径切割

循环 / 路径切割工具通常用于对模型进行细分布线，该工具可以在循环封闭的表面进行切割，并在此基础上通过输入数值或者鼠标拖曳上方的滑块进行增加和减少循环切割效果，如图 4-43 所示。

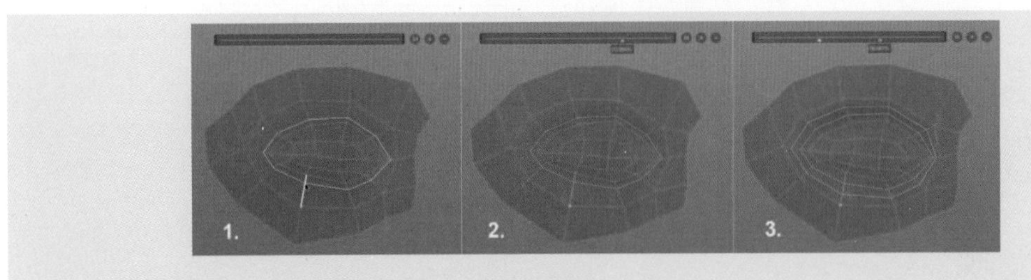

图 4-43

12. 磁铁

“磁铁”命令适用于 3 种模式（点、边、面），该命令类似于“笔刷”命令，执行该命令，能够以软选择的方式对多边形进行雕刻涂抹。

13. 镜像

“镜像”命令适用于点、面模式，想要精确复制对象，需要在属性面板“镜像”选项卡中设置好镜像的坐标系统和镜像平面，如图 4-44 所示。

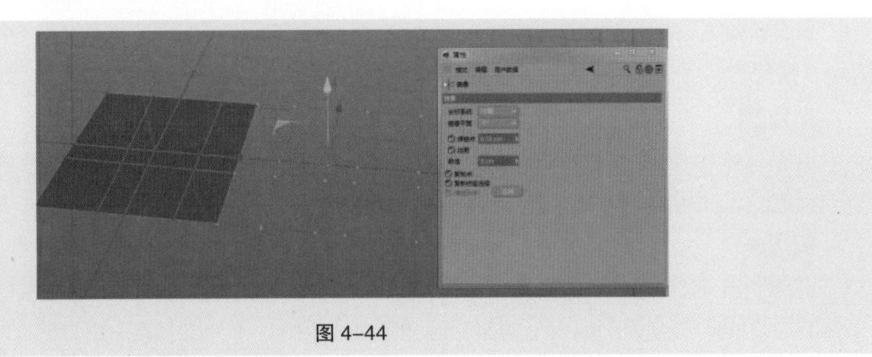

图 4-44

14. 设置点值

“设置点值”命令适用于 3 种模式（点、边、面），该命令可以设置点、边、面的位置。

15. 滑动

新版本的“滑动”工具支持多条边同时进行操作，对于边层级的滑动，增加了相关的参数控制，如图 4-45 所示。

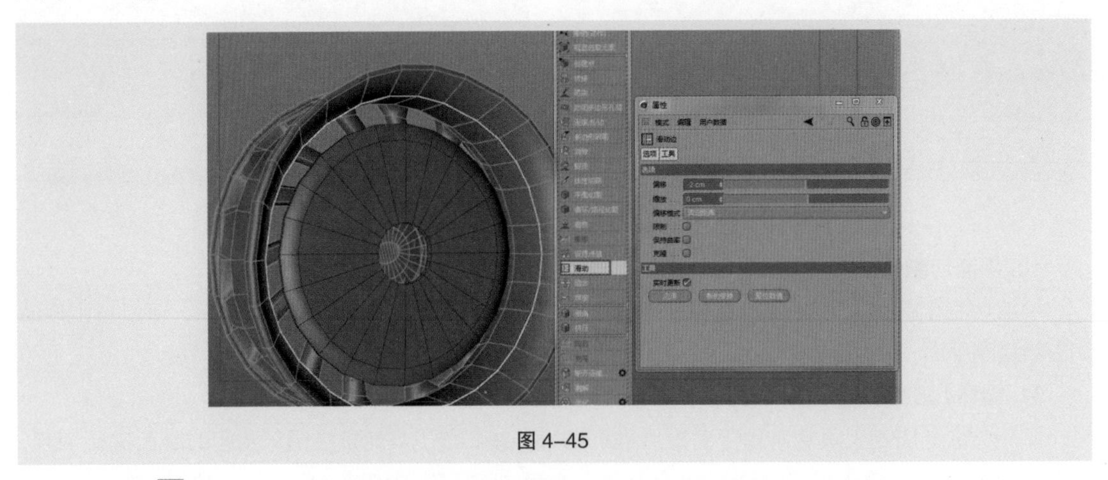

图 4-45

16. 缝合

“缝合”命令适用于 3 种模式（点、边、面），执行该命令，可以实现点与点、边与边、面与面的对接。

17. 焊接

“焊接” 命令适用于 3 种模式（点、边、面），执行该命令，可以将多个点、边、面焊接在一起。

18. 倒角

“倒角”命令适用于 3 种模式（点、边、面），对多边形模型的点、边、面进行倒角操作，如图 4–46 所示。

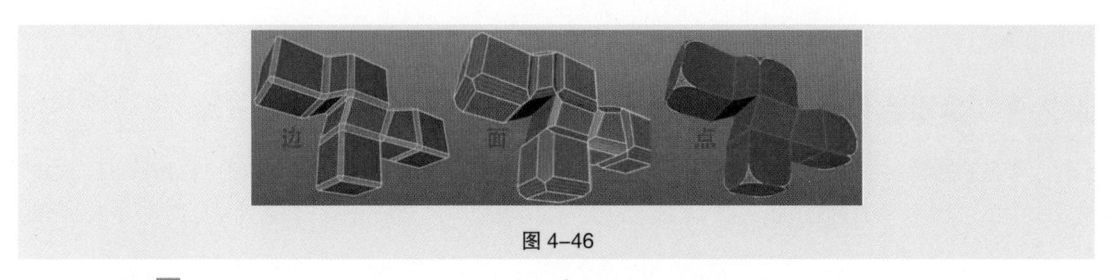

图 4–46

19. 挤压

“挤压”命令只适用于面模式，执行该命令选择的元素会被挤压。“挤压”命令更多时候是在面层级进行操作，挤压的程度可以通过属性面板进行调节，如图 4–47 所示。

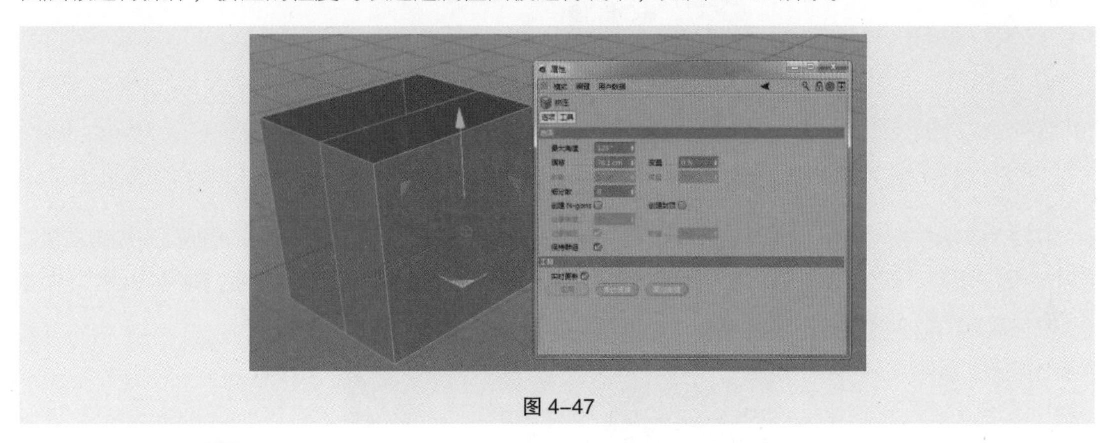
图 4–47

20. 内部挤压

“内部挤压”命令只适用于面模式，与“挤压”工具相似，“内部挤压”是在模型面上向内或向外挤压，如图 4–48 所示。

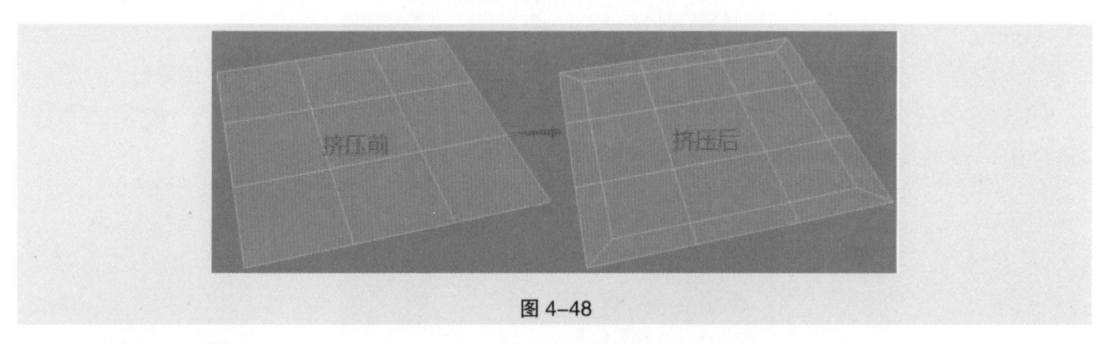

图 4–48

21. 矩阵挤压

“矩阵挤压”命令只适用于面模式，可以将模型对象的面按设定的角度和缩放进行挤压，如图 4–49 所示。

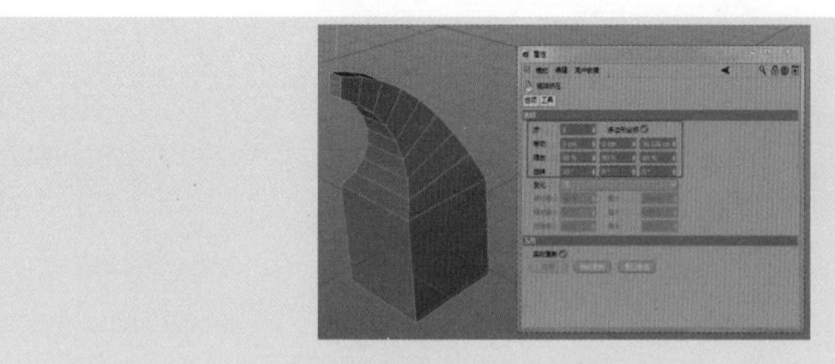

图 4-49

4.2.3 课堂案例——茶杯建模

（1）在主菜单中执行“创建”>“对象”>“圆柱”，在场景中创建一个“圆柱”对象，在属性面板“对象”选项卡中将“半径”设置为 80 cm，将“高度”设置为 200 cm，将“旋转分段”设置为 10，如图 4-50 所示。

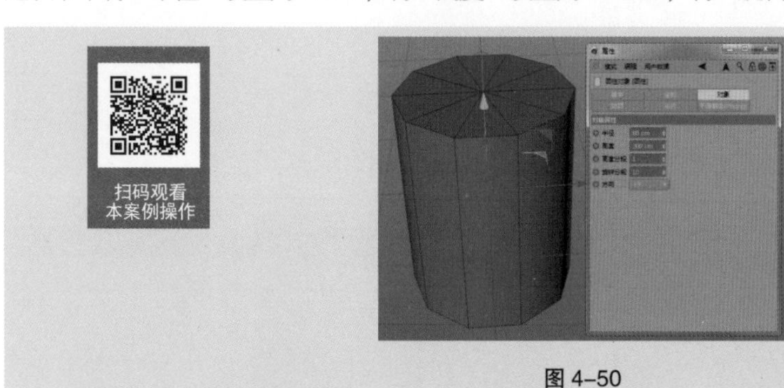

图 4-50

（2）单击左侧工具栏中的“转为可编辑对象”按钮，或按 C 键，将圆柱体转换成可编辑对象；单击左侧工具栏“多边形”工具，进入面编辑模式，按 Ctrl+A 组合键全选所有的面，执行“网格”>“命令”>“优化”，如图 4-51 所示。

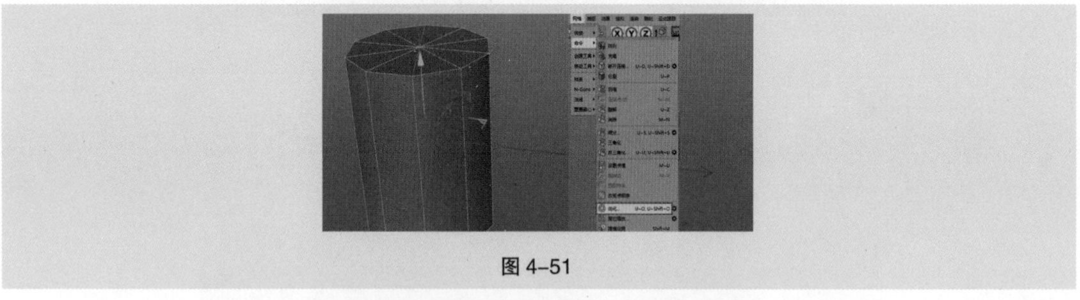

图 4-51

（3）选中圆柱体的上表面，在主菜单中执行“网格”>“创建工具”>“内部挤压”，在“内部挤压”属性面板“选项”选项卡中，将偏移值设置为 5 cm，如图 4-52 所示。

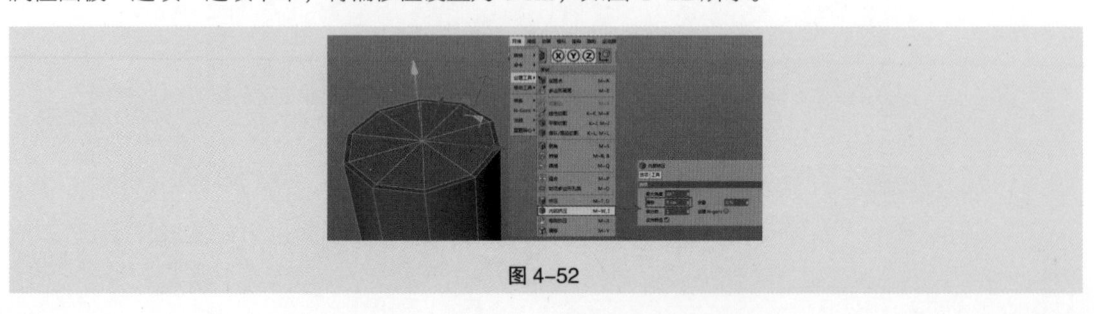

图 4-52

（4）保持面选中状态，在主菜单中执行“网格”>“创建工具”>“挤压”，在“挤压”属性面板“选项”选项卡中，将偏移值设置为 −188 cm，如图 4−53 所示。

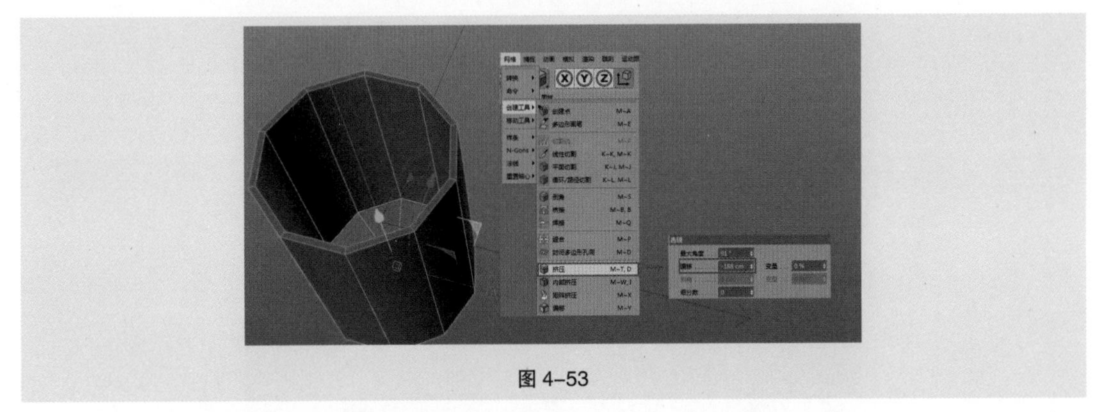

图 4−53

（5）在面编辑模式下，单击鼠标右键，在弹出的菜单中选择“循环 / 路径切割”工具，在模型顶部和底部的水平方向和垂直方向分别切割出两条线，如图 4−54 所示。

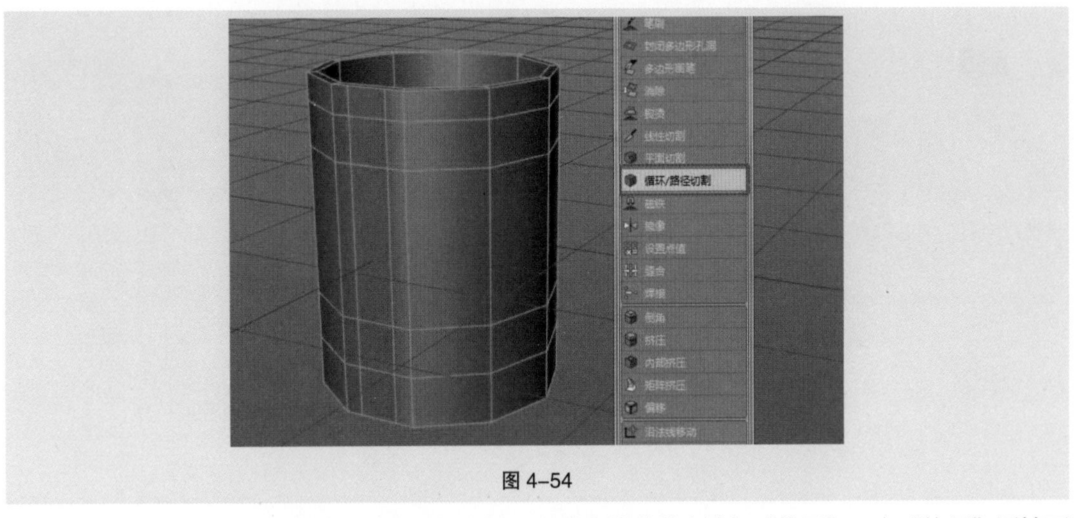

图 4−54

（6）选中模型上的两个面，单击鼠标右键，在弹出的菜单中选择“挤压”，在“挤压”属性面板“选项”选项卡中将偏移值设置为 30 cm，如图 4−55 所示。

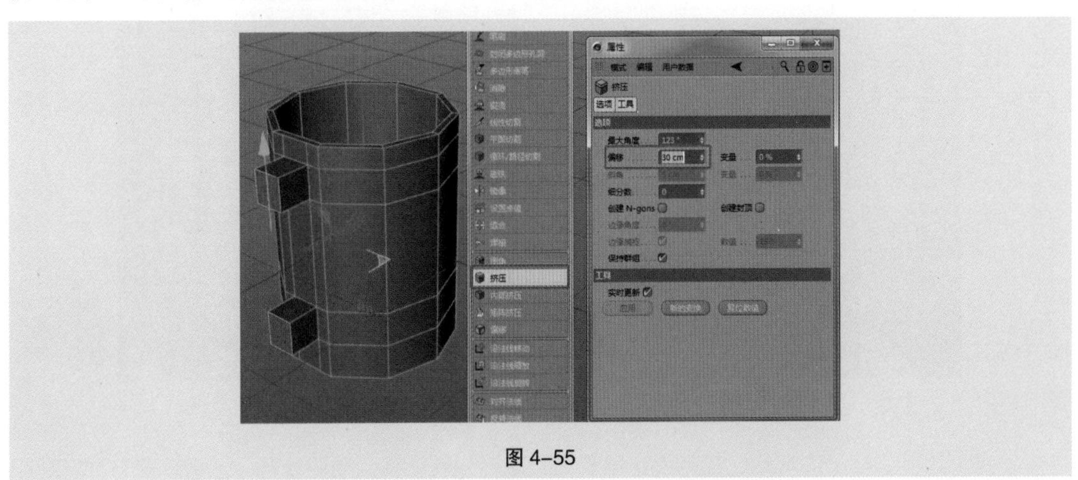

图 4−55

（7）保持两个面选中的状态，再一次执行“挤压”命令，在“挤压”属性面板“选项”选项卡中将“偏移”设置为 28 cm，如图 4-56 所示。

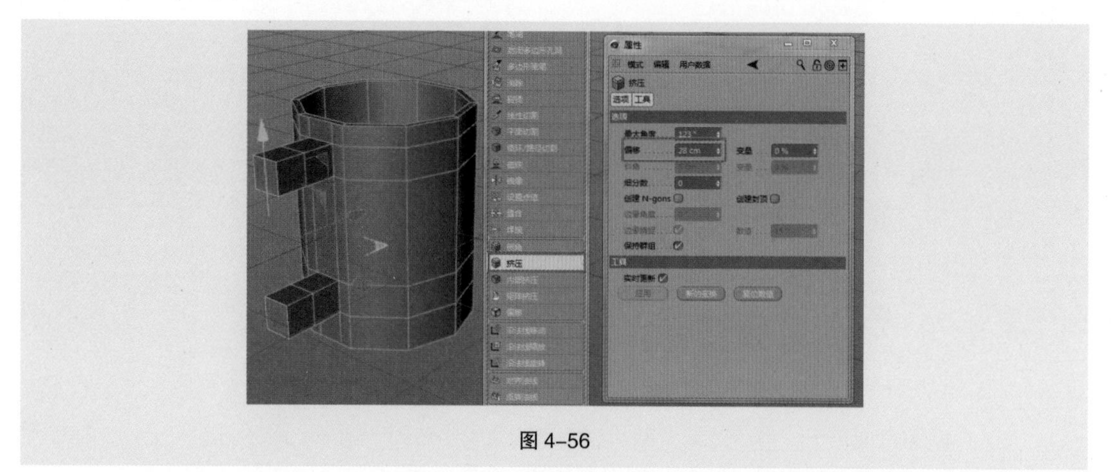

图 4-56

（8）选中图中的两个面，单击鼠标右键，在弹出的菜单中选择“挤压”，执行“挤压”命令，在“挤压”属性面板“选项”选项卡中将“偏移”设置为 30 cm，如图 4-57 所示。

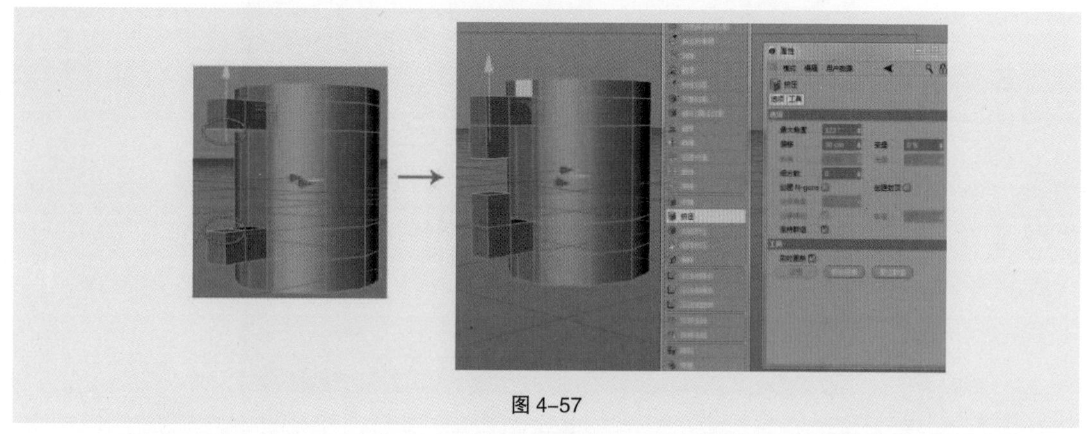

图 4-57

（9）将图中选中的两个面，按 Delete 键，将其删除，单击鼠标右键，在弹出的菜单中选择“焊接”，将对应的点焊接到一起，如图 4-58 所示。

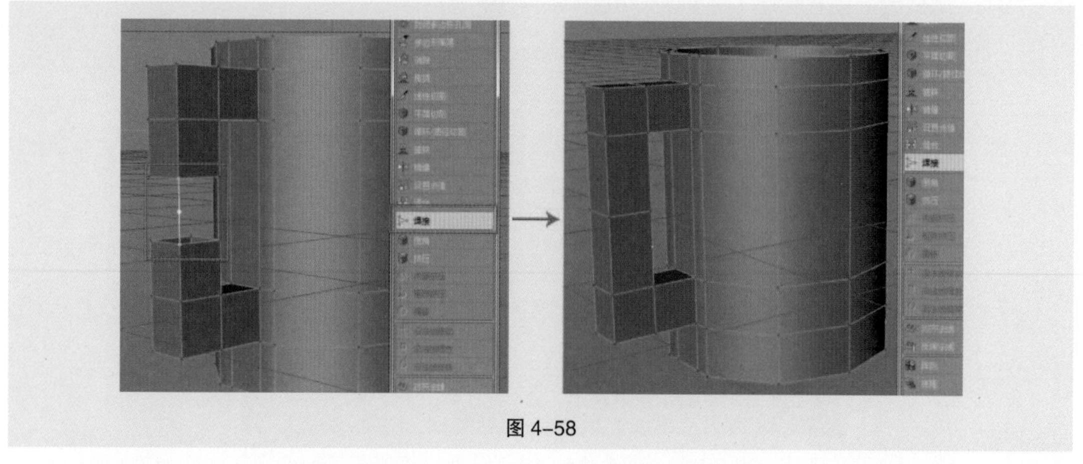

图 4-58

（10）至此，杯子的形状已经成形，但是边角过于生硬，我们需要让杯子圆滑一些。在左侧工具栏单击“边”按钮，进入“边”编辑模式，在主菜单中执行“选择”>“循环选择”，选中杯子上面的两圈边，单击鼠标右键，在弹出的菜单中选择“倒角”工具，在属性面板“工具选项”选项卡中将“偏移”设置为 1 cm，如图 4-59 所示。

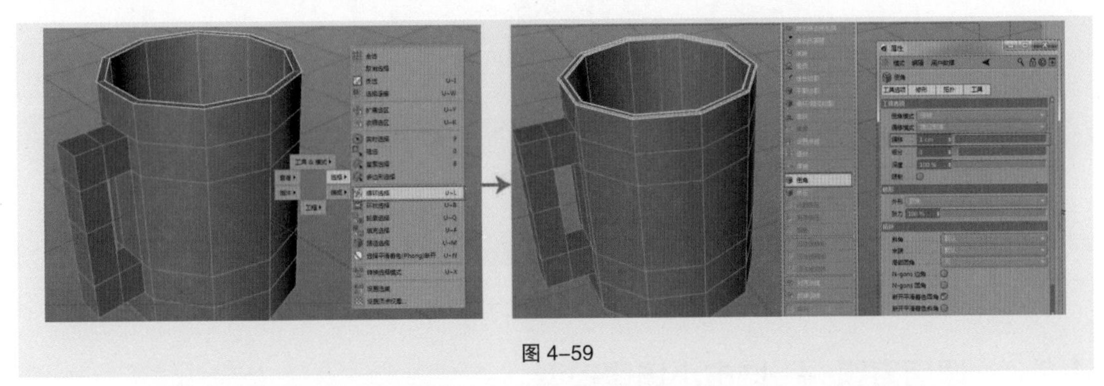

图 4-59

（11）同样的操作，选中杯子底部的线，并执行“倒角”命令，如图 4-60 所示。

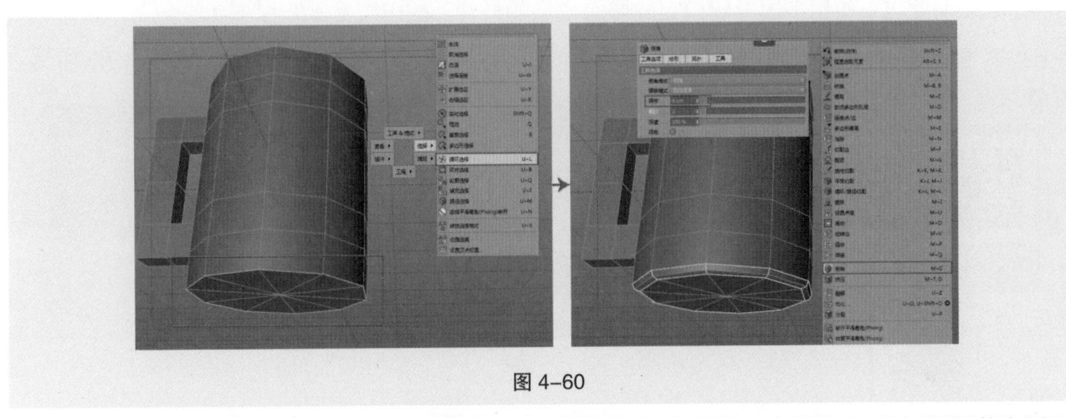

图 4-60

（12）在左侧工具栏单击“点”按钮，进入点编辑模式，在右视图中调整点，将杯把调整为圆形，如图 4-61 所示。

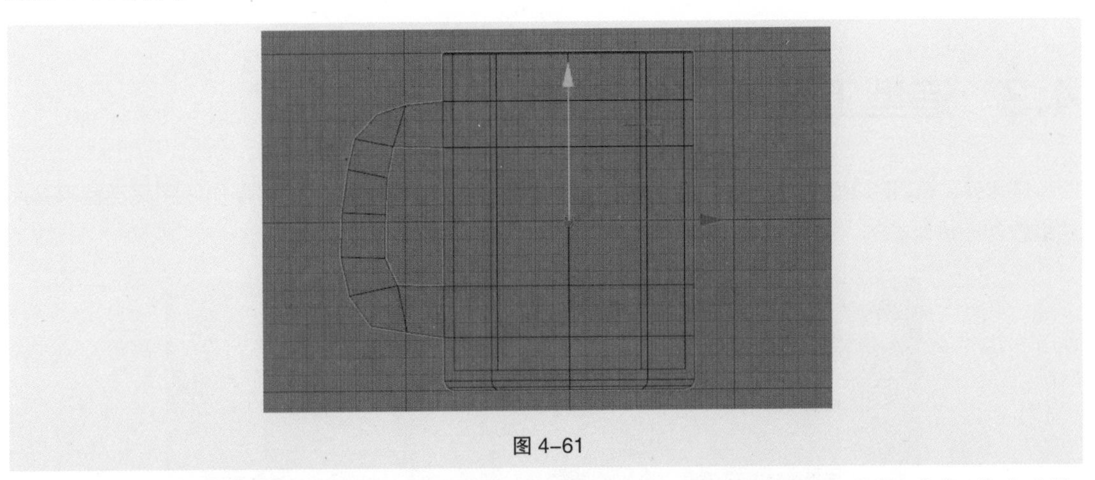

图 4-61

（13）在主菜单中执行“创建”>“生成器”>“细分曲面”，在场景中创建一个“细分曲面”生成器，在对象面板中将杯子模型设为“细分曲面”生成器的子对象，这样我们就得到了一个光滑的杯子模型，如图 4-62 所示。

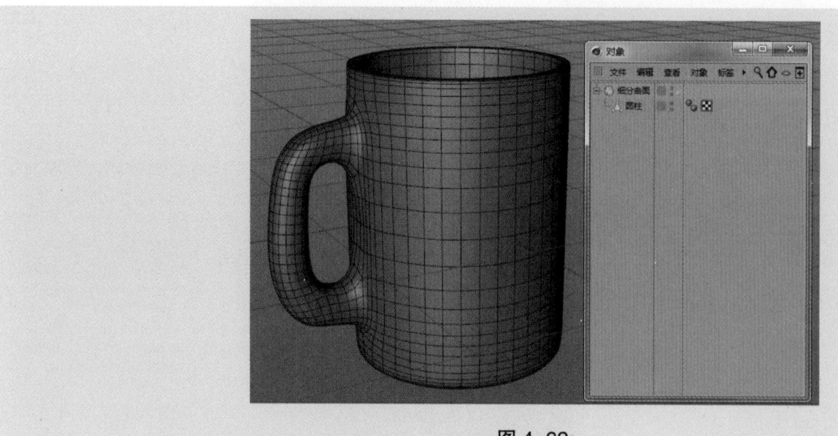

图 4-62

4.2.4 课后习题——城市小场景模型

习题知识要点：使用多边形建模完成楼房模型的搭建，使用“文本”样条曲线配合“挤压”生成器完成文字模型的制作，使用“扫描”生成器完成摩天轮模型的制作，最终效果如图 4-63 所示。

图 4-63

4.3 造型工具

Cinema 4D 的造型工具非常强大，可以组合出各种不同的效果，它的可操作性和灵活性是其他三维软件无法比拟的，如图 4-64 所示。

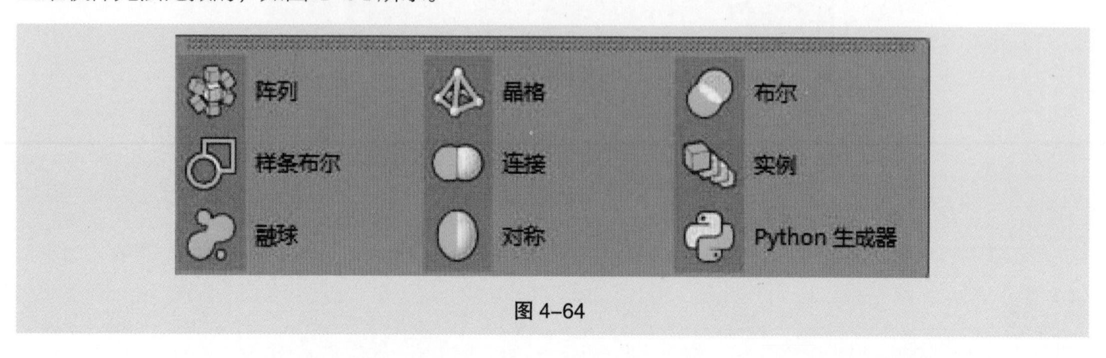

图 4-64

4.3.1 造型工具基础参数

1. 阵列

“阵列”工具可以创建对象的副本，并以球面形式或波形排列它们，波（振幅）可以被动画化，如图 4-65 所示。

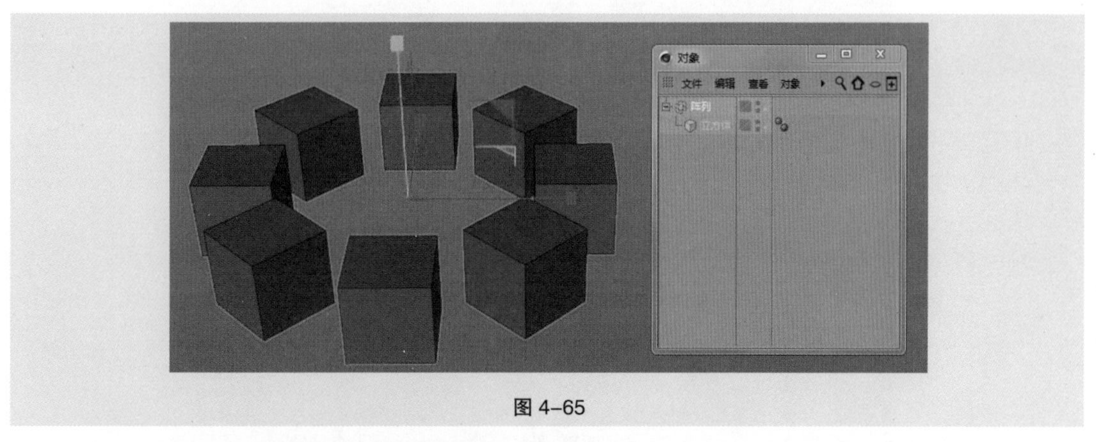

图 4-65

- 半径 / 副本：设置阵列对象的半径和阵列的数量。
- 振幅 / 频率：阵列波动的范围和快慢。
- 阵列频率：阵列中每个物体波动的范围，需要与振幅和频率结合使用。

2. 晶格

在对象模型上创建一个原子晶格结构，模型的边都用圆柱体代替，所有的点用球体代替，如图 4-66 所示。

- 圆柱半径 / 球体半径：设置模型边上的圆柱和点上的球体的半径值。
- 细分数：控制圆柱和球体的细分。
- 单个元素：勾选该选项后，当晶格对象转化成可编辑多边形时，晶格被分离成各自独立的对象。

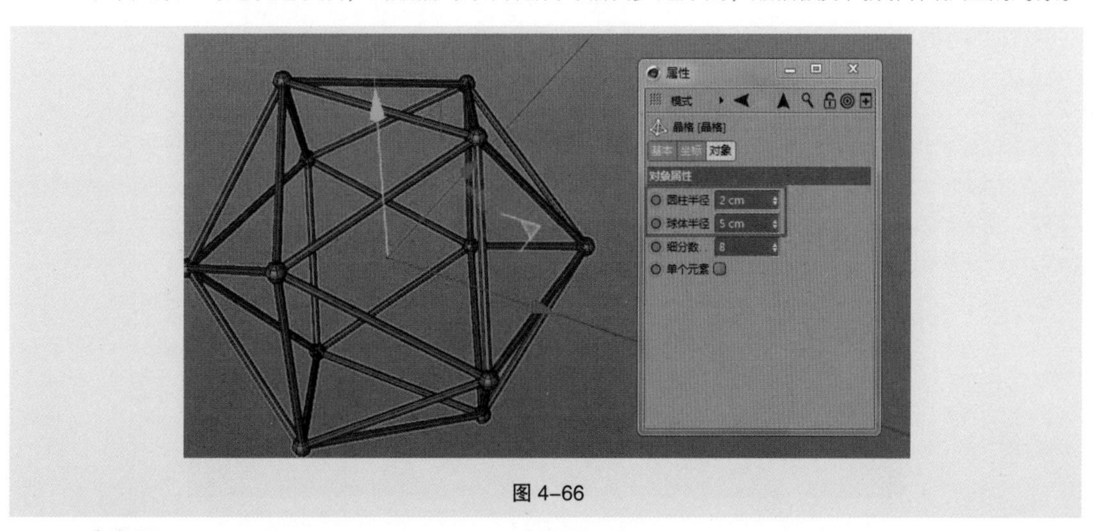

图 4-66

3. 布尔

“布尔”工具可以在模型之间实时地执行布尔运算操作，这意味着只要把参与布尔运算的两个对象作为子对象，就可以在视图中看到结果，默认的布尔模型是 A 减 B，如图 4-67 所示。

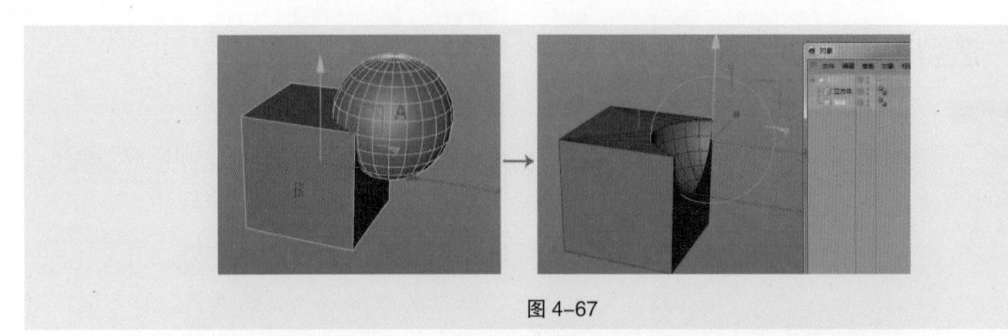

图 4-67

• 布尔类型：提供了“A 减 B”“A 加 B”“AB 交集”“AB 补集”4 种运算类型，对物体进行运算，从而得到新的物体，如图 4-68 所示。

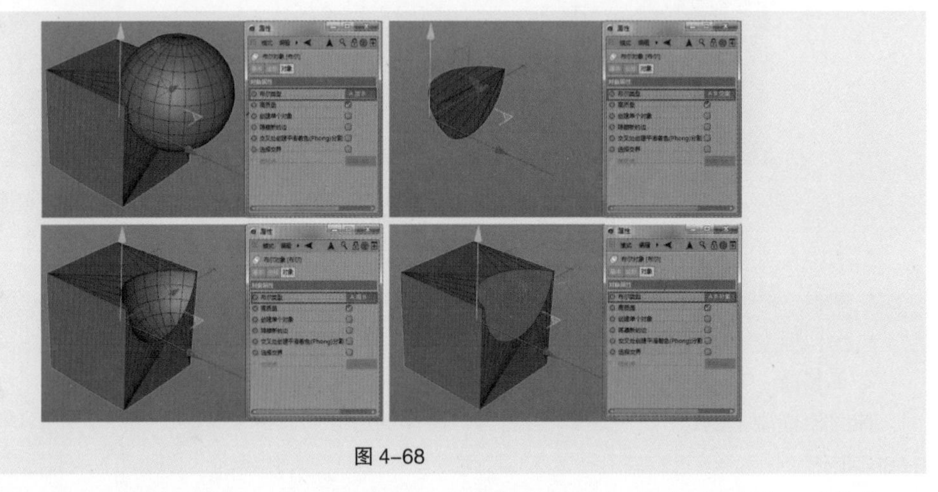
图 4-68

• 创建单个对象：勾选该选项后，当布尔对象转化为多边形对象时，物体被合并为一个整体。

4. 样条布尔

“样条布尔”工具主要是针对样条线的布尔运算，样条布尔层级中第一个对象是目标样条，其他所有样条都作用于目标样条进行切割，如图 4-69 所示。

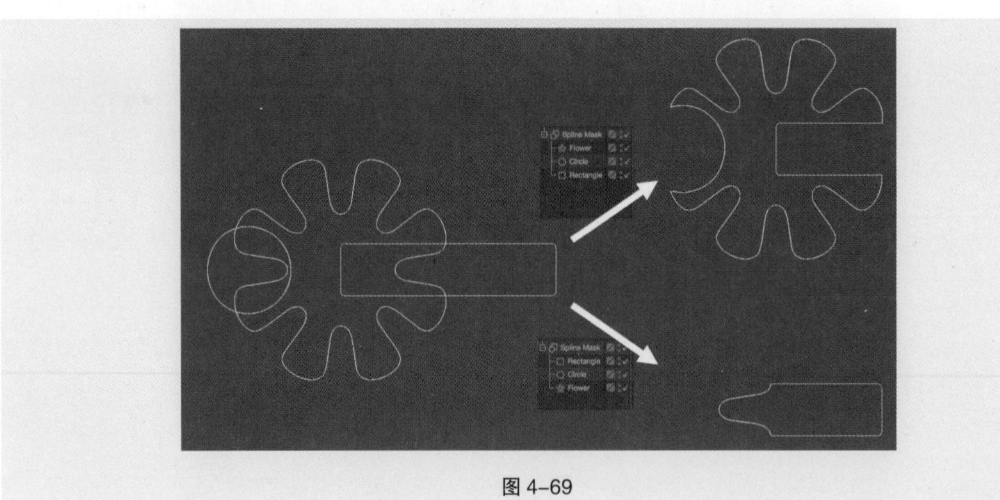

图 4-69

• 模型：提供了“A 加 B”“A 减 B”“B 减 A”“AB 交集”4 种模式，对样条曲线进行运算，从而得到新的样条曲线。

- 创建封盖：勾选该选项后，样条曲线会形成一个闭合的面，如图 4–70 所示。

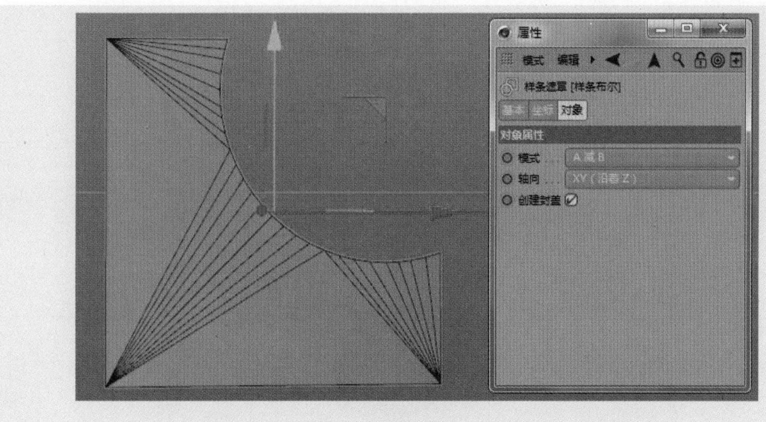

图 4–70

5. 连接

“连接”工具需要两个以上的物体才能运算，如连接两个立方体。

- 焊接：只有勾选该选项后，才能对两个物体进行连接。
- 公差：调整公差的数值，两个物体会自动连接，如图 4–71 所示。

图 4–71

- 平滑着色（Phong）模式：对接口处进行平滑处理。
- 居中轴心：勾选该项后，当物体连接后，其坐标移动至物体中心。

6. 实例

“实例”工具本身自己不产生几何体，因此实例要比传统的副本更节省内存空间，它可以创建一个与参考对象一样的模型，如图 4–72 所示。

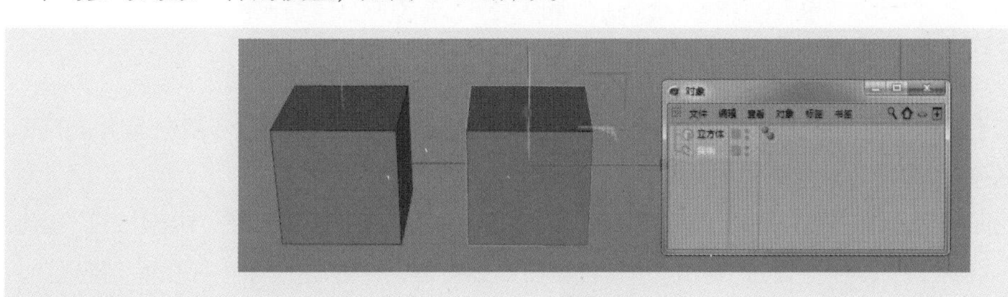

图 4–72

7. 融球

在场景中创建一个融球，再创建4个球体，将球体作为融球的子级，就得到了融球效果，如图4-73所示。

图 4-73

8. 对称

“对称”工具只能作用于几何体，使用该工具可以将几何体设定好的轴进行镜向复制，新复制出来的几何体将继承原几何体的所有属性。

- 镜像平面：包括“ZY”“XY”“XZ”平面。
- 焊接点 / 公差：勾选焊接点以后，公差被激活，调节公差数值，两个物体会连接到一起。

4.3.2 课堂案例——创建卡通闹钟模型

扫码观看
本案例操作 1

扫码观看
本案例操作 2

（1）在主菜单中执行“创建”>“对象”>“圆柱”，在场景中创建一个“圆柱”对象，在属性面板“对象”选项卡中将“半径”设置为 100 cm，将“高度”设置为 100 cm，在左侧工具栏单击“转为可编辑对象”按钮，将“圆柱”对象转换为可编辑对象，如图 4-74 所示。

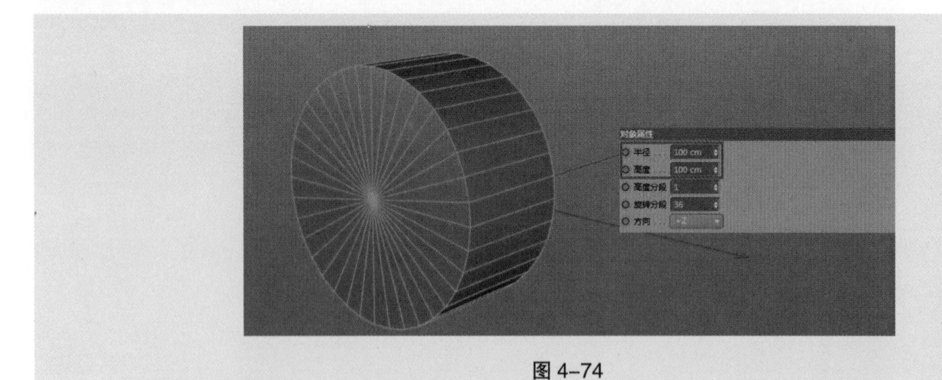

图 4-74

（2）在左侧工具栏单击“多边形”按钮，进入面编辑模式，按 Ctrl+A 组合键全选所有的面，单击鼠标右键，在弹出的菜单中选择“优化”。

（3）选中后面的面，单击鼠标右键，在弹出的菜单中选择“内部挤压”，在“内部挤压”属性面板“选项”选项卡中将“偏移”设置为 -4 cm，再单击鼠标右键，在弹出的菜单中选择“挤压”，在“挤压”属性面板“选项”选项卡中将“偏移”设置为 6 cm，如图 4-75 所示。

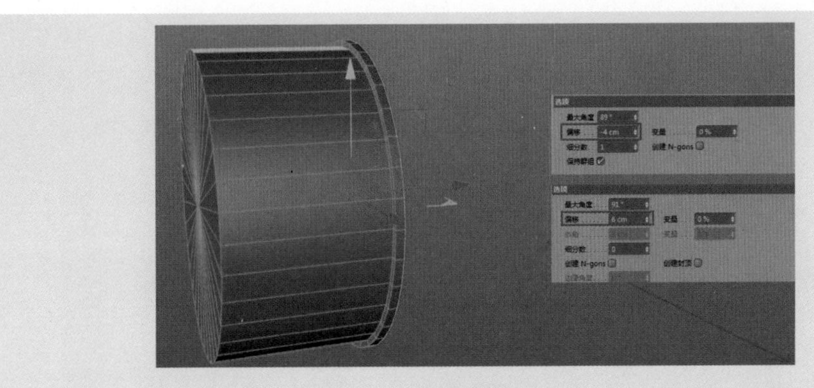

图 4–75

（4）选中前面的面，单击鼠标右键，在弹出的菜单中选择“挤压”，在“挤压”属性面板“选项”选项卡中将“偏移”设置为 10 cm，继续单击鼠标右键，在弹出的菜单中选择“内部挤压”，在“内部挤压”属性面板“选项”选项卡中将“偏移”设置为 6 cm，如图 4–76 所示。

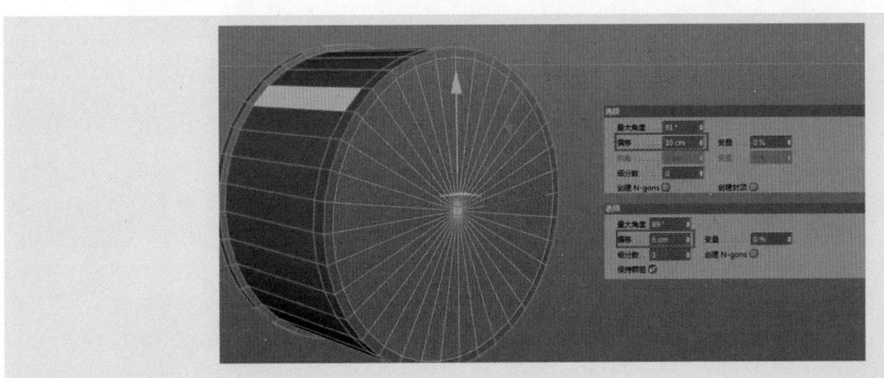

图 4–76

（5）保持上一步操作中的面为选中状态，单击右键，在弹出的菜单中选择“挤压”，在“挤压”属性面板“选项”选项卡中将“偏移”设置为 −10 cm，继续执行“内部挤压”命令，在“内部挤压”属性面板“选项”选项卡中将“偏移”设置为 2.5 cm；再次执行“挤压”命令，在“挤压”属性面板“选项”选项卡中将“偏移”设置为 15 cm，执行“内部挤压”，在“内部挤压”属性面板“选项”选项卡中将“偏移”设置为 2.5 cm；又一次执行“挤压”命令，在“挤压”属性面板“选项”选项卡中将“偏移”设置为 −5 cm，如图 4–77 所示。

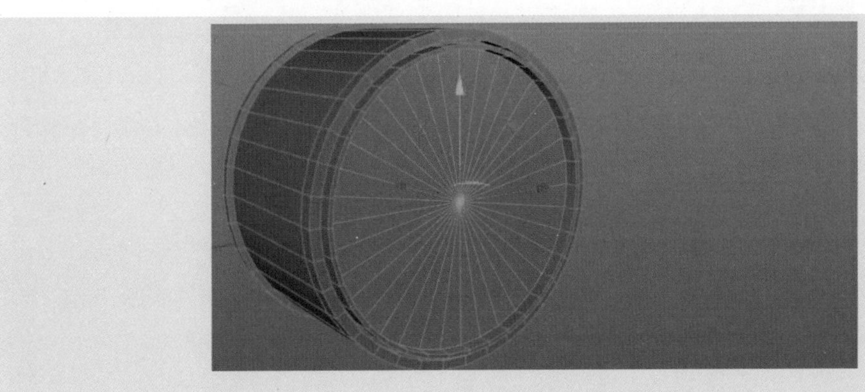

图 4–77

（6）在左侧工具栏单击“边”按钮，进入“边”编辑模式，在主菜单中执行“选择”>“循环选择”，选中后面的两圈边，单击鼠标右键，在弹出的菜单中选择“倒角”，在“倒角”属性面板“工具选项”选项卡中将“偏移”设置为 1.6 cm，将“细分”设置为 4，如图 4-78 所示。

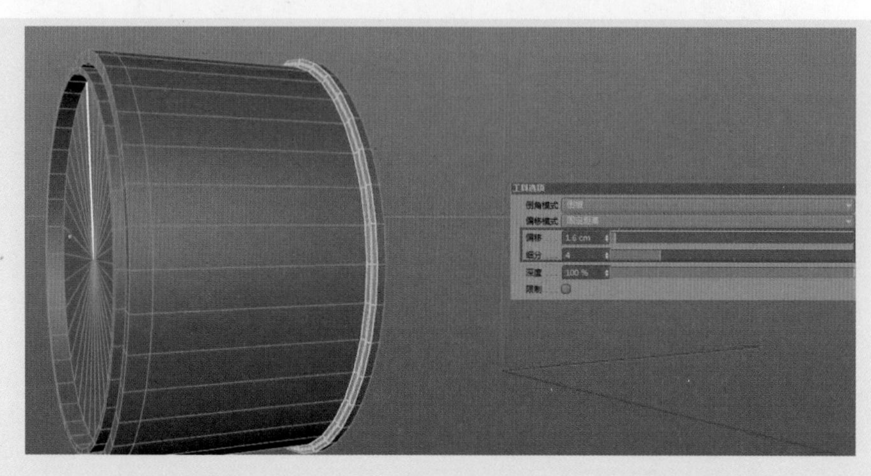

图 4-78

（7）在主菜单中执行“选择”>“循环选择”，选中前面外侧的一圈边，单击右键，在弹出的菜单中选择“倒角”，在“倒角”属性面板“工具选项”选项卡中将“偏移”设为 5.8 cm，将“细分”设置为 4；选中前面内环外侧的一圈边，执行“倒角”命令，在“倒角”属性面板“工具选项”选项卡中将“偏移”设置为 1.8 cm，如图 4-79 所示。

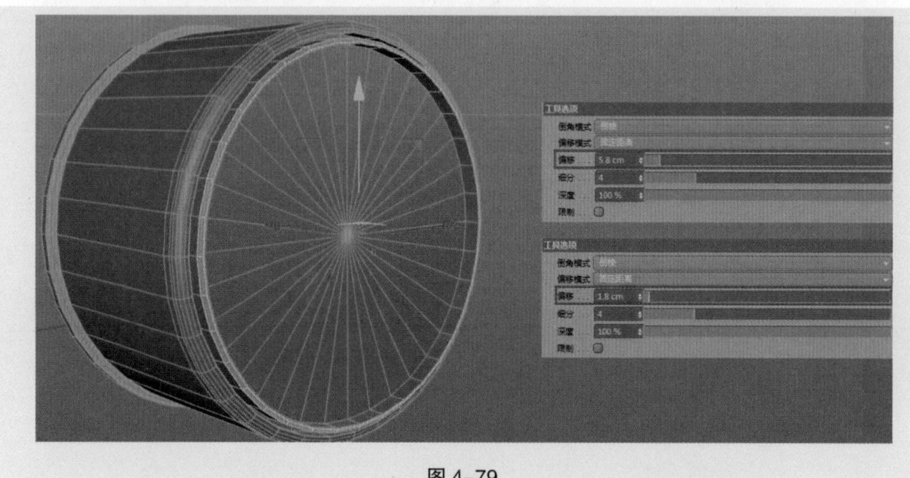

图 4-79

（8）在主菜单中执行“创建”>“对象”>“立方体”，在场景中创建一个立方体，在属性面板“对象”选项卡中设置尺寸，X 为 5 cm，Y 为 2 cm，Z 为 15 cm；在“坐标”选项卡中设置坐标，X 为 4.697 cm，Y 为 427.633 cm，Z 为 220.789 cm。在主菜单中执行“创建”>“造型”>“阵列”，在场景中创建一个“阵列”工具，将立方体设为“阵列”工具的子对象，在“阵列”属性面板“对象”选项卡中将“半径”设置为 75 cm，将“副本”设置为 12，如图 4-80 所示，在“坐标”选项卡中设置坐标，X 为 182 cm，Y 为 108 cm，Z 为 -382 cm。

图 4-80

（9）下面开始制作时针和分针，在主菜单中执行“创建”>“样条”>“矩形”，在场景中创建一个“矩形”样条，单击左侧工具栏“转为可编辑对象”按钮。单击左侧工具栏的“点”按钮，单击右键，在弹出的窗口中选择“创建点”，在“矩形”样条上创建一个点，并调整各点的位置。在主菜单中执行“创建”>“生成器”>“挤压”，在场景中创建一个“挤压”生成器，将“矩形”对象设为“挤压”生成器的子对象。在“挤压”生成器属性面板“对象”选项卡中，将“移动”中的 3 个方向数值设为 0 cm、0 cm、2 cm；在“封顶”选项卡中将“顶端”和“末端”设置为“圆角封顶”，将“步幅”设置为 5，“半径”设置为 0.3 cm，如图 4-81 所示。

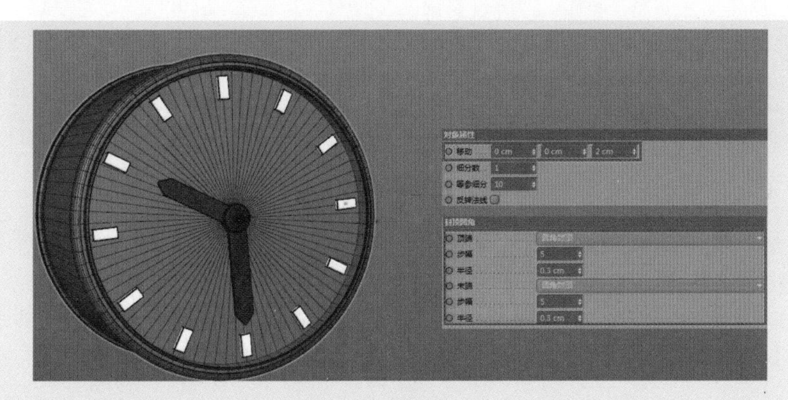

图 4-81

（10）在主菜单中执行“创建”>“对象”>“胶囊”，在场景中创建一个“胶囊”对象，在“胶囊”属性面板“对象”选项卡中将“半径”设置为 40 cm。在左侧工具栏单击“转为可编辑对象”按钮，进入面编辑模式，选中胶囊下半部分的面，按键盘上的 Delete 键将其删除，按 Ctrl+A 组合键全选所有的面，单击鼠标右键，在弹出的菜单中选择“挤压”，在“挤压”属性面板中勾选“创建封顶”，并将“偏移”设置为 2.5 cm。单击左侧工具栏“边”按钮，进入边编辑模式，在主菜单执行“选择”>“循环选择”，选中底部的两圈线，单击右键，在弹出的菜单中选择“倒角”，在“倒角”属性面板中将“偏移”设置为 0.4 cm，将“细分”设置为 4。在主菜单中执行“创建”>“对象”>“圆柱”，在场景中创建一个“圆柱”对象，在“圆柱”属性面板“对象”选项卡中，将“半径”设置为 4.6 cm，“高度”设置为 77 cm，将“圆柱”对象设为“胶囊”的子对象。在主菜单执行“网格”>“重置轴心”>“对齐到父级”，选中“胶囊”父物体，在属性面板“坐标”选项卡中设置坐标，X 为 83 cm，Y 为 101 cm，Z 为 26 cm，设置旋转角度，H 为 0°，P 为 0°，B 为 37.341°，如图 4-82 所示。

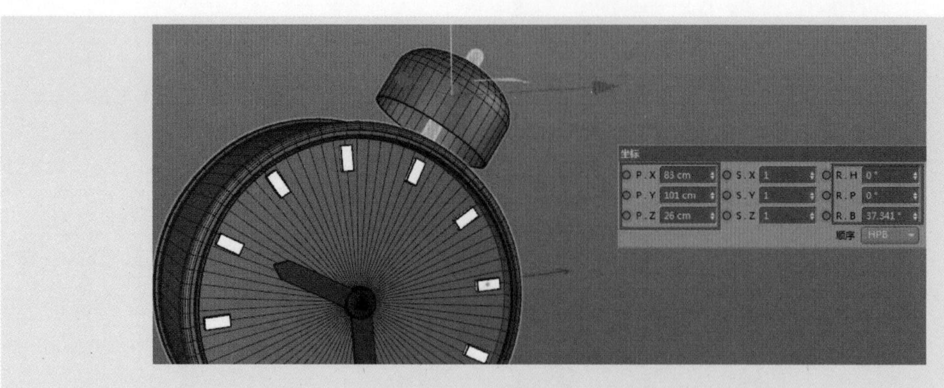

图 4-82

（11）在主菜单中执行“创建”>“造型”>“对称”，在场景中创建一个“对称”工具，“胶囊”对象作为“对称”工具的子对象，并调整位置至合适的角度，如图 4-83 所示。

图 4-83

（12）在主菜单中执行“创建”>“对象”>“圆锥”，在场景中创建一个“圆锥”对象，在属性面板“对象”选项卡中将“底部半径”设置为 11 cm，将“高度”设置为 62 cm；在主菜单中执行“创建”>“对象”>“球体”，在场景中创建一个“球体”对象，在属性面板中将“半径”设置为 6 cm，将“球体”对象设为“圆锥”对象的子对象，放置在图 4-84 所示位置。

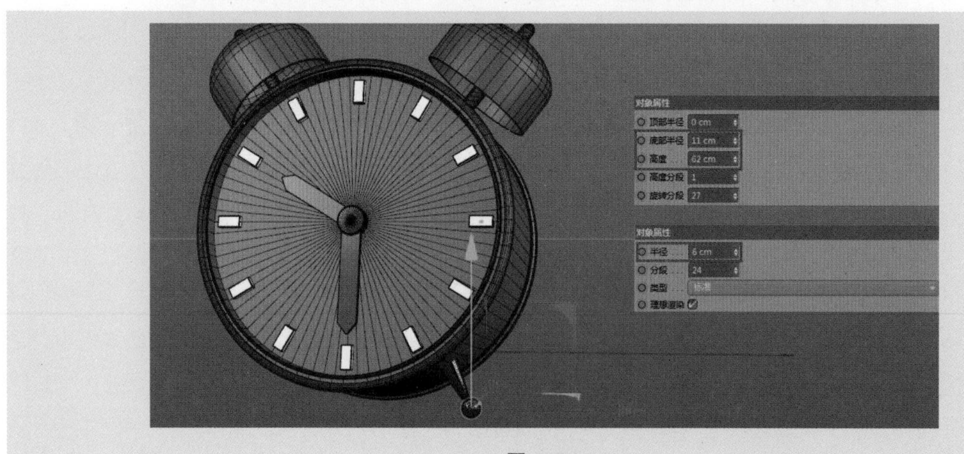

图 4-84

（13）在主菜单中执行“创建”>“造型”>“对称”，在场景中创建一个“对称”工具，将“圆锥”作为“对称”工具的子对象，并调节“圆锥”的位置，如图 4-85 所示。

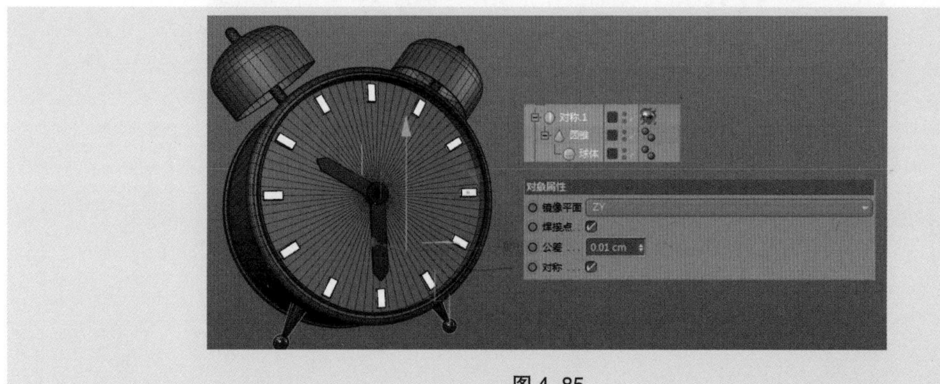

图 4-85

（14）在主菜单中执行“创建” > “对象” > “圆柱”，在场景中创建一个“圆柱”对象，在“圆柱”属性面板“对象”选项卡中将“半径”设置为 2 cm，将“高度”设置为 24 cm，如图 4-86 所示。

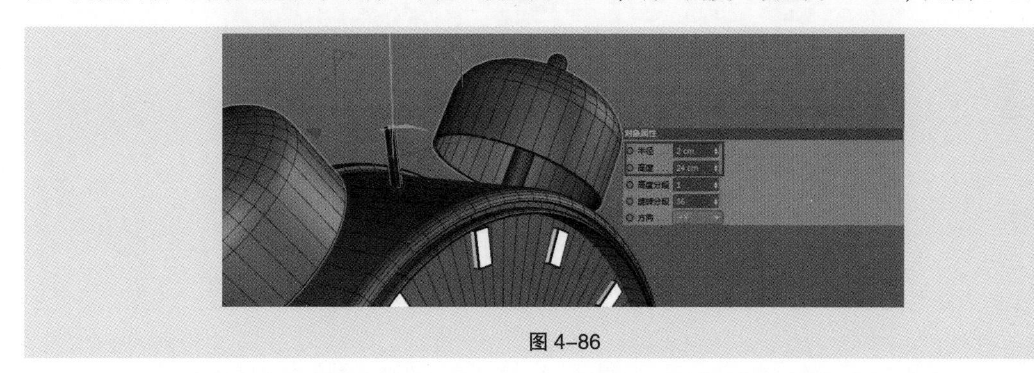

图 4-86

（15）在主菜单中执行“创建” > “对象” > “圆柱”，在场景中创建一个“圆柱”对象，在属性面板“对象”选项卡中将“半径”设置为 6 cm，“高度”设置为 28 cm，“高度分段”设置为 3；在“封顶”选项卡中勾选“圆角”复选框，将“半径”设置为 1 cm，如图 4-87 所示。

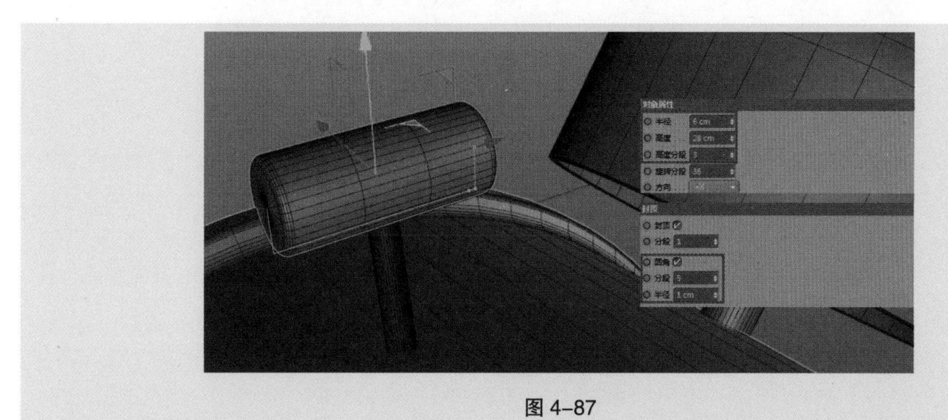

图 4-87

（16）单击左侧工具栏“转为可编辑对象”按钮，将圆柱转为可编辑对象，单击左侧工具栏“多边形”按钮，进入面编辑模式，在主菜单中执行“选择” > “循环选择”，选中中间的一圈面，使用缩放工具将其缩小，单击鼠标右键，在弹出的菜单中选择“挤压”，在“挤压”属性面板中将“偏移”设置为 -0.4 cm，如图 4-88 所示。

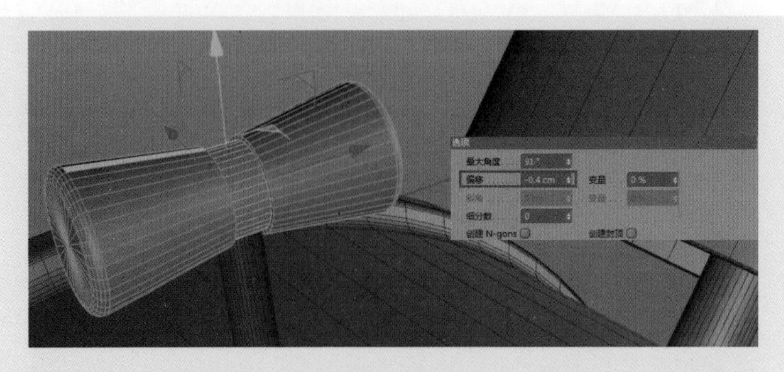

图 4-88

（17）在主菜单中执行“创建”>“样条”>“画笔”，在正视图中使用“画笔”工具绘制一条样条曲线，如图 4-89 所示。

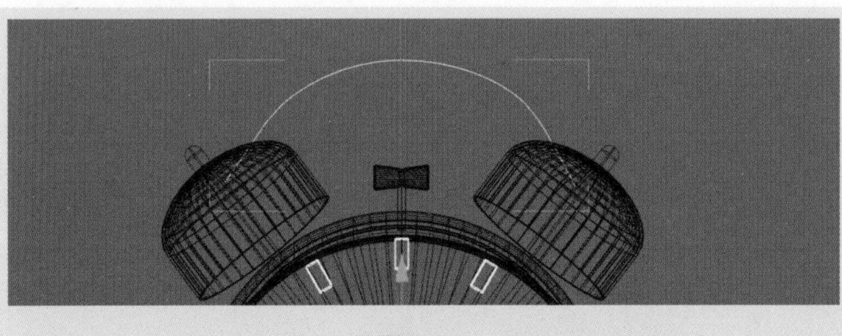

图 4-89

（18）在主菜单中执行“创建”>“样条”>“圆环”，在场景中创建一个“圆环”样条曲线，在“圆环”样条曲线属性面板“对象”选项卡中将“半径”设置为 2 cm；在主菜单中执行“创建”>“生成器”>“扫描”，将前面两步操作中创建的“样条”和“圆环”作为“扫描”生成器的子对象，如图 4-90 所示。

图 4-90

（19）最终渲染效果如图 4-91 所示。

图 4-91

4.3.3 课后习题——创建滑板场景

习题知识要点：使用“画笔”工具绘制样条曲线，并使用生成器挤压出滑板场模型，使用造型工具完成场景搭建，最终效果如图 4-92 所示。

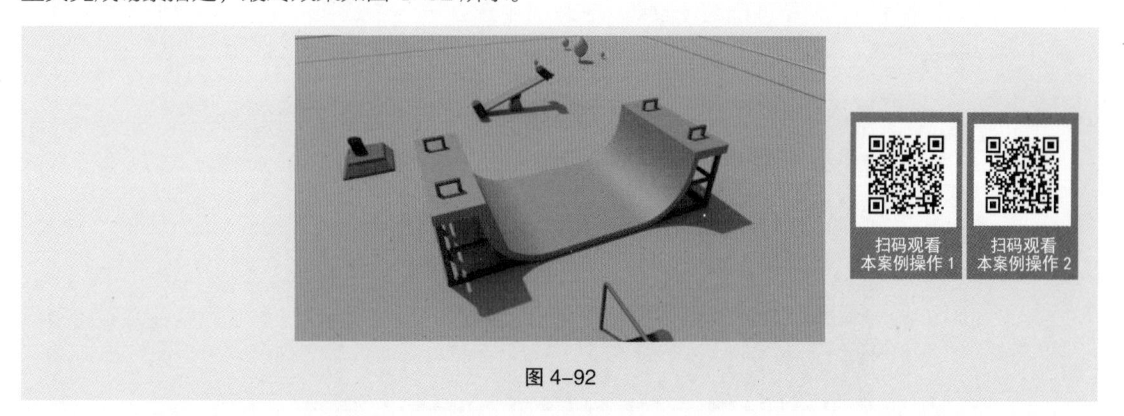

图 4-92

4.4 变形工具

变形工具是通过给几何体添加各种变形效果，从而生成用户需要的模型。Cinema 4D 的变形工具相比其他三维软件出错率更小，速度也更快。

Cinema 4D 的变形器有扭曲、膨胀、斜切、锥化、螺旋、FFD、网格、挤压 & 伸展、融解、爆炸、爆炸 FX、破碎、修正、颤动、变形、收缩包裹、球化、表面、包裹、样条、导轨、样条约束、摄像机、碰撞、置换、公式、风力、减面、平滑、倒角等 30 个。

4.4.1 变形工具基础参数

1. 扭曲

“扭曲”变形器用于对场景中的对象进行扭曲变形，在场景中建立一个扭曲对象和一个立方体，提供分段数，如果想让扭曲对象对立方体产生效果，就必须将扭曲变形器作为立方体的子层级，如图 4-93 所示。

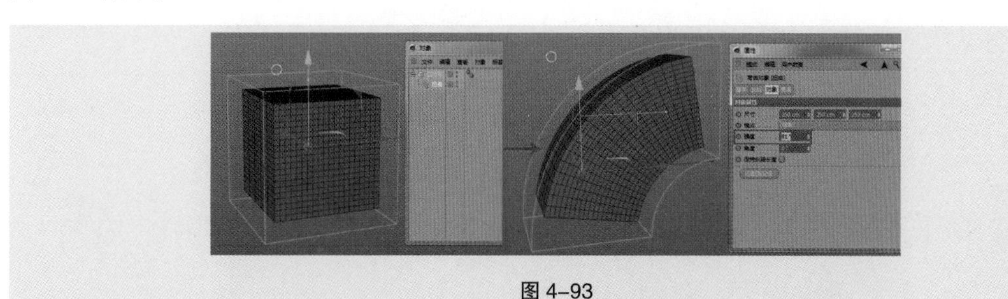

图 4-93

- 尺寸：设置扭曲变形器在 X、Y、Z 三个轴向上的尺寸。
- 匹配到父级：当变形器作为模型的子层级时，执行“匹配到父级”，可自动与父级大小位置进行匹配。
- 模式：设置模型对象扭曲模式，分别有“限制”“框内”“无限”三种。

- 角度：控制扭曲的角度变化。
- 保持纵轴长度：勾选该选项后，将始终保持模型对象原有的纵轴长度不变。

2. 膨胀

“膨胀”变形器可以使模型凸起或收缩，在场景中建立一个膨胀变形器，再建立一个立方体，如图 4-94 所示。

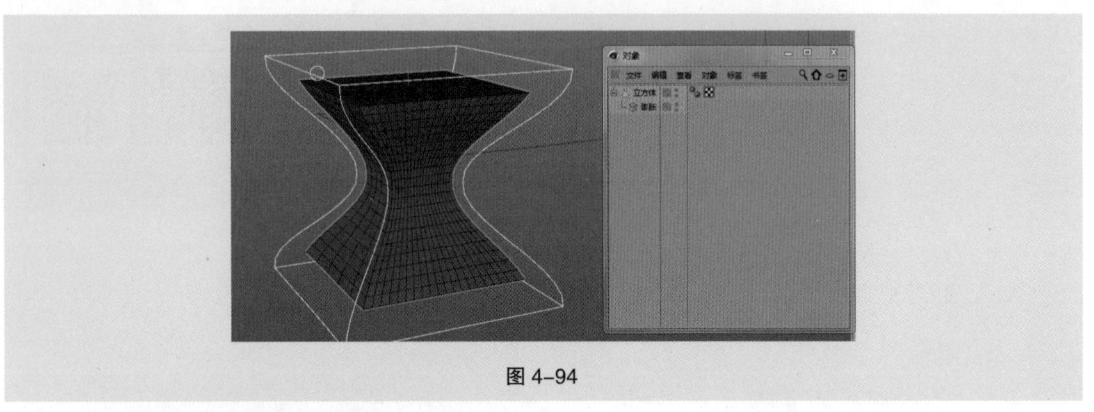

图 4-94

- 尺寸：通过输入数值更改变形器的尺寸。
- 弯曲：设置膨胀的弯曲程度。

3. 斜切

“斜切”变形器用于对场景中的模型进行斜切变形，如图 4-95 所示。

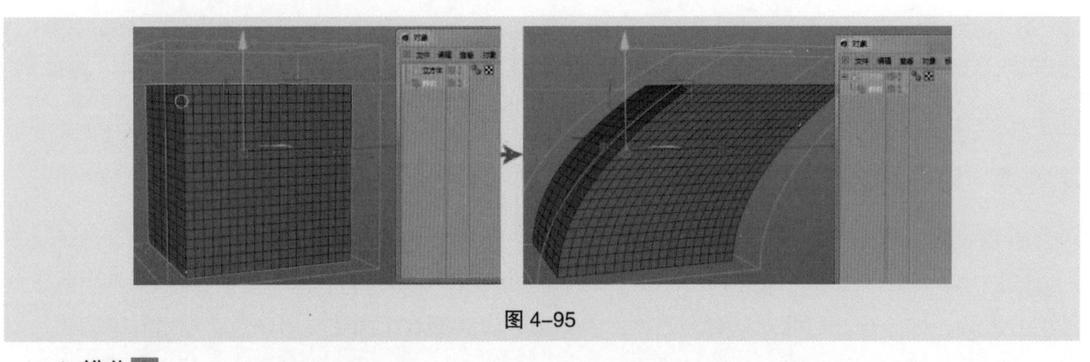

图 4-95

4. 锥化

“锥化”变形器用于对场景中的对象进行锥化变形，如图 4-96 所示。

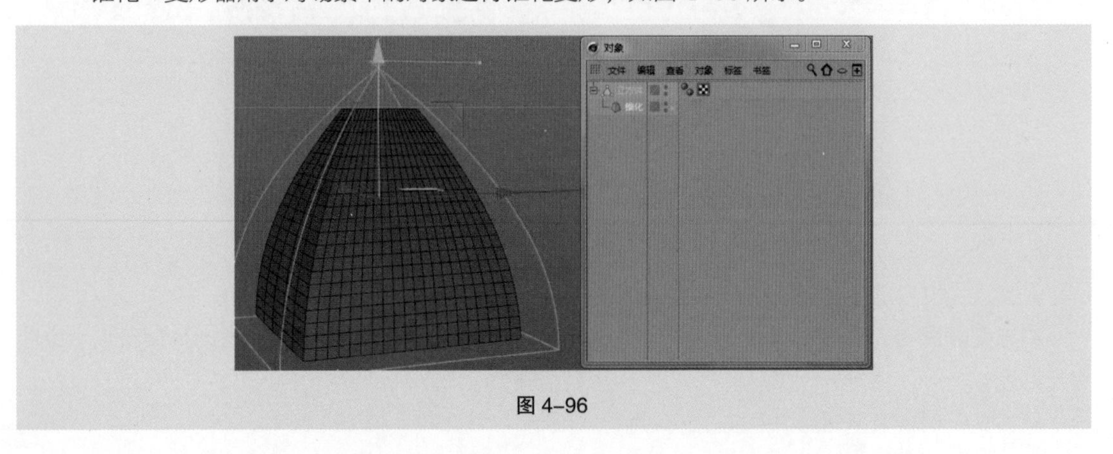

图 4-96

5. 螺旋

“螺旋”变形器用于对场景中的对象进行螺旋变形，如图 4-97 所示。

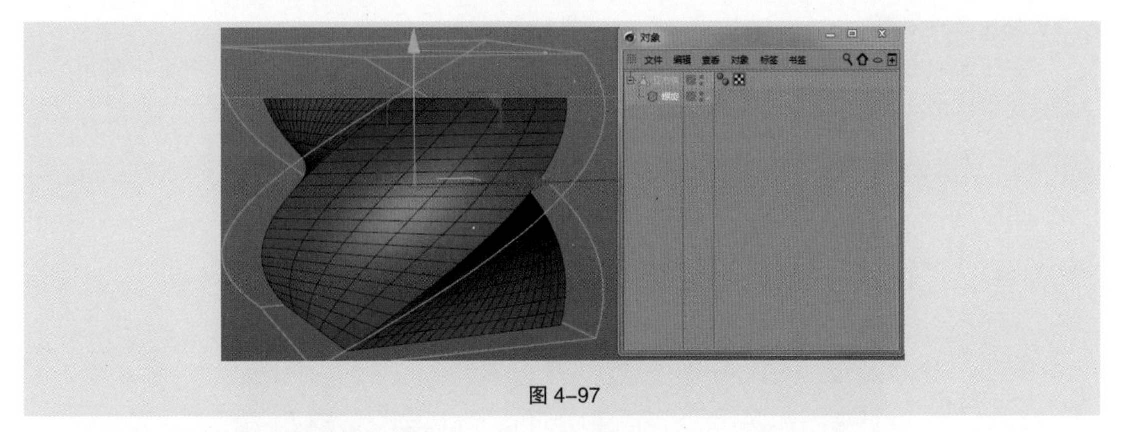

图 4-97

- 角度：该参数控制螺旋旋转的角度。

6. FFD

“FFD”变形器通过调整变形器的控制点，对物体的外形进行调整，如图 4-98 所示。

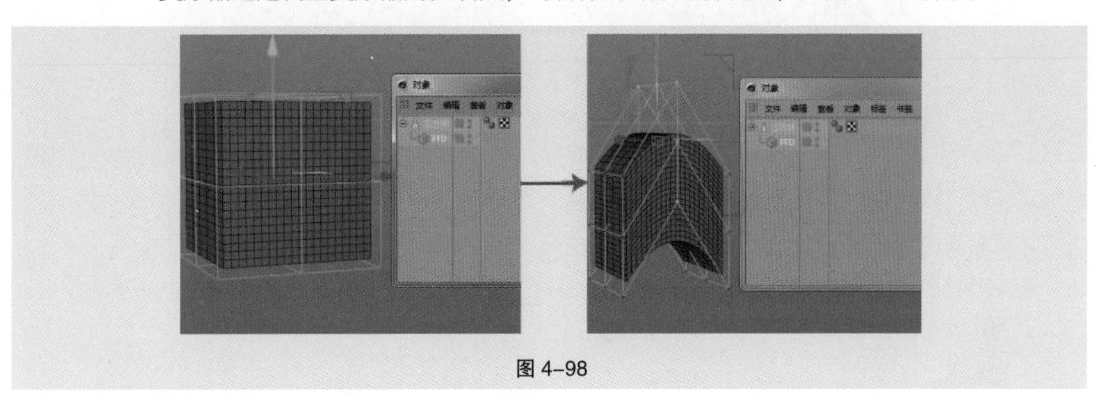

图 4-98

- 水平网点 / 垂直网点 / 纵深网点：分别设置“FFD”变形器 X、Y、Z 三个轴向上控制点的数量。

7. 网格

“网格”变形器用于对场景中的对象进行网格变形，该变形器与“FFD”变形器原理相似，只是“网格”变形器是使用一个模型对象作为变形器，如图 4-99 所示，场景中建立一个立方体作为网格变形器，通过调节立方体的点对球体产生影响。

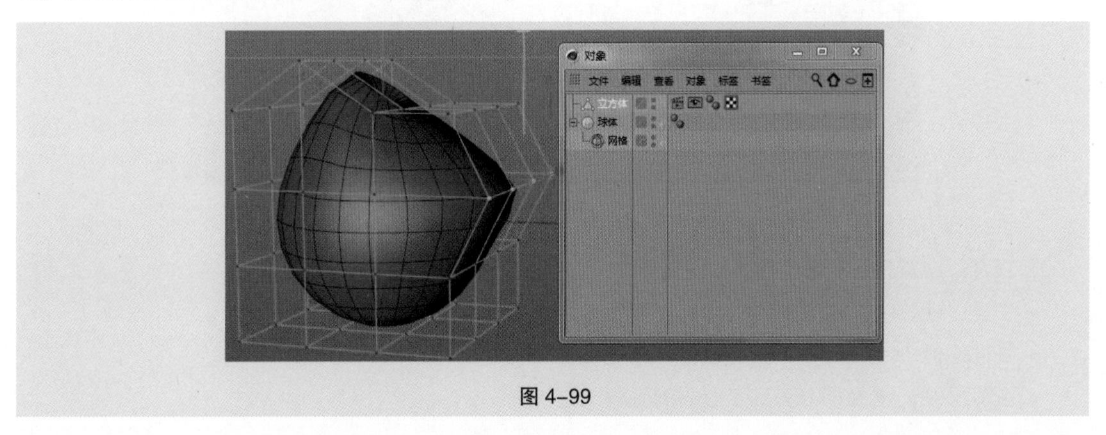

图 4-99

- 网笼：设置用来作为变形器的模型。
- 初始化：添加变形网格以后，要单击“初始化”才能对模型起作用。

8. 挤压 & 伸展

“挤压 & 伸展”变形器用于对场景中的对象进行挤压 & 伸展变形，通过调节挤压 & 伸展的因子参数来使立方体产生变形，如图 4-100 所示。

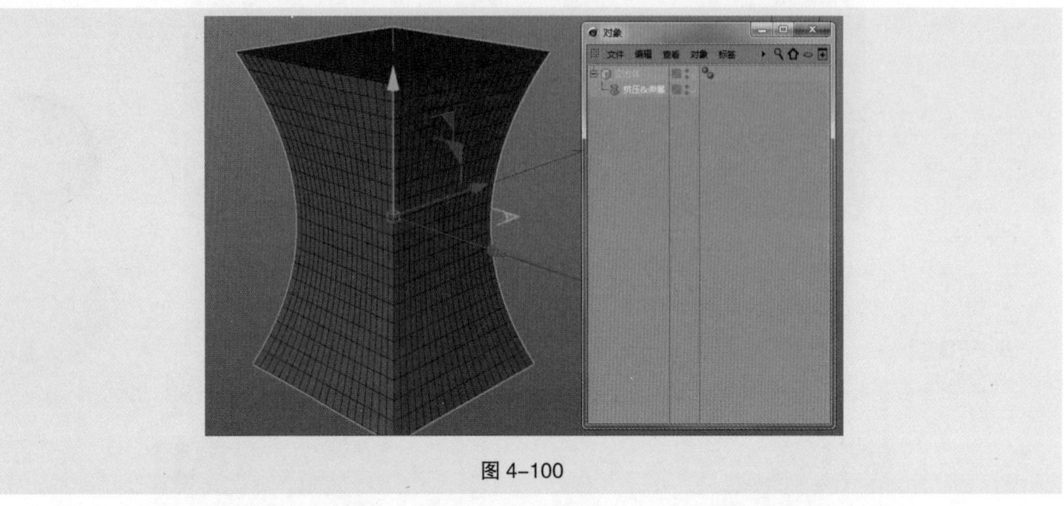

图 4-100

- 因子：挤压 & 伸展的变形程度，只有先调整此参数，其他参数才会起作用。
- 顶部 / 中部 / 底部：这 3 个参数分别控制模型对象顶部、中部、底部的挤压 & 伸展形态。
- 方向：设置挤压 & 伸展模型对象沿 X 轴的方向扩展。
- 膨胀：设置挤压 & 伸展模型对象的膨胀变化。
- 平滑起点 / 平滑终点：这两个参数分别设置挤压 & 伸展模型对象时，起点和终点的平滑程度。
- 弯曲：包括“平方”“立方”“四次方”“自定义”和“样条”5 种类型。

9. 融解

“融解”变形器用于对场景中的对象进行融解变形，在场景中创建一个融解变形器，再创建一个立方体，将“融解”变形器作为立方体的子级，就可以将“融解”变形器作用于立方体，如图 4-101 所示。

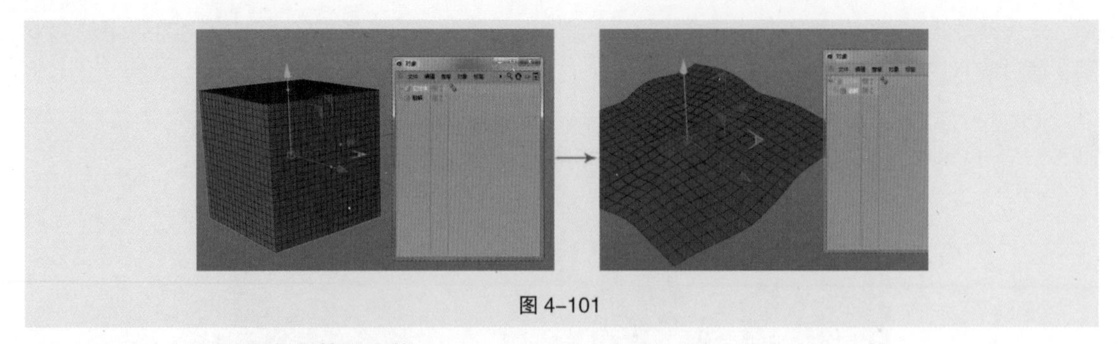

图 4-101

- 强度：设置融解变形的强度值。
- 半径：设置融解对象的半径。
- 垂直随机 / 半径随机：设置融解对象垂直方向的变化和影响半径的随机值。
- 融解尺寸：设置“融解”变形器的融解尺寸。

• 噪波缩放：设置“融解”变形器噪波的大小。

10. 爆炸

“爆炸”变形器可以使场景中的对象产生爆炸效果，在场景中创建一个“爆炸”变形器，将其作为对象物体的子级，通过调节数值产生爆炸效果，如图 4-102 所示。

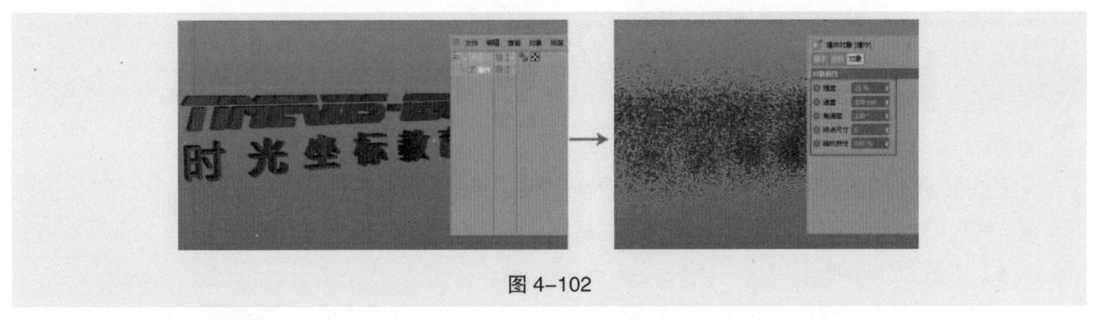

图 4-102

• 强度：设置爆炸变形的强度值。
• 速度：设置爆炸碎片向外或是向内扩散的速度。数值越大，碎片扩散的距离越远。
• 角速度：设置碎片的旋转角度。
• 终点尺寸：设置碎片的大小。
• 随机特性：定义速度和角速度可以变化的百分比。

11. 爆炸 FX

“爆炸 FX”变形器相比“爆炸”变形器，具有更多的调节参数，可自定义属性较多。使用“爆炸 FX”变形器，可以快速创建逼真的爆炸动画效果。在场景中创建一个爆炸 FX，使其成为对象物体的子级，通过移动视图中的圆形变形器，就可以使对象物体产生爆炸效果，如图 4-103 所示。

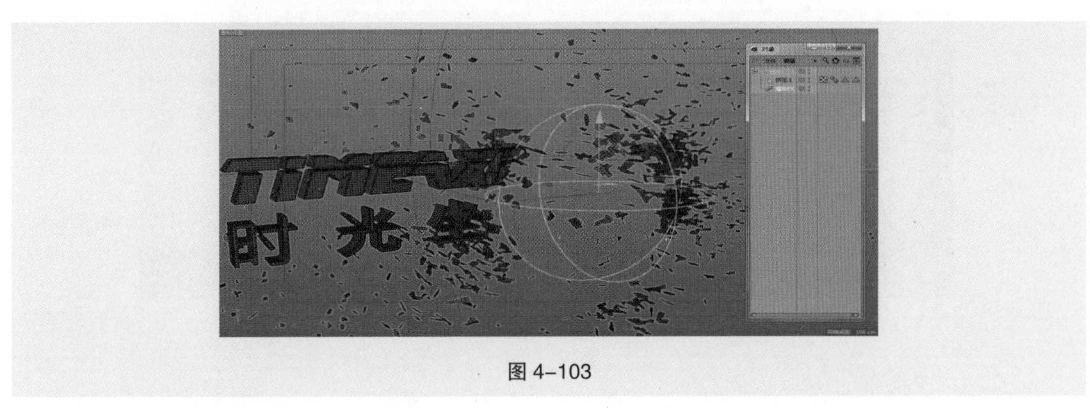

图 4-103

（1）“对象”选项卡。

• 时间：控制爆炸的范围，也可以直接在视图里拖曳绿色线框的控制点来改变爆炸范围。

（2）“爆炸”选项卡。

• 强度：设置爆炸强度值。
• 衰减：设置爆炸强度的衰减。该值为 0 时，强度不变；大于 0 时，爆炸强度从中心向外逐渐变弱。
• 变化：强度的随机变化值。
• 方向：控制爆炸的方向。
• 线性：当方向设为单一某个轴向时，该选项被激活，勾选此项可以使所有爆炸碎片的受力相同。
• 冲击时间：值越大，爆炸越剧烈。

- 冲击速度：该值与爆炸时间共同控制爆炸范围。
- 变化：物体表面以外爆炸范围的变化值。

（3）“簇”选项卡。

- 厚度：设置爆炸碎片的厚度。
- 厚度（%）：设置爆炸碎片厚度的随机值。
- 密度：设置爆炸碎片的密度值。密度值为 0 时，则没有重量。
- 变化：密度的随机值。
- 簇方式：设置爆炸碎片的类型。
- 最少边数 / 最多边数：设置产生的爆炸碎片的最少边数和最多边数。
- 消隐：激活该选项后，爆炸碎片在爆炸过程中会随着时间变小，直到消失。

（4）“重力”选项卡。

- 加速度：重力加速度，默认为 9.8。
- 变化：重力加速度的变化值。
- 方向：重力作用于爆炸碎片的方向。
- 范围：重力加速度的范围，也可在视图中直接调节蓝色线框的控制手柄。
- 变化：重力加速度范围的变化值。

12. 破碎

“破碎”变形器可以使场景中的对象产生破碎的效果，在场景中创建一个破碎变形器，再创建一个立方体，将破碎变形器作为立方体的子级，将破碎变形器移动到立方体的底部，通过调节数值便可以产生破碎效果，如图 4-104 所示。

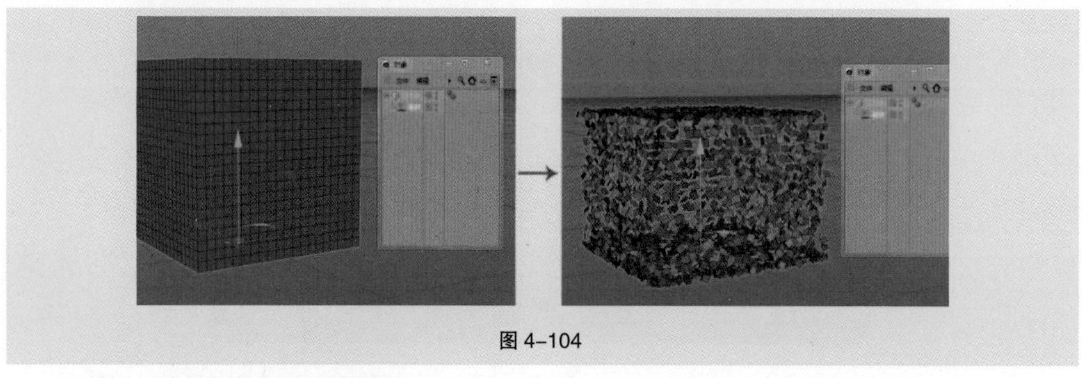

图 4-104

- 强度：控制破碎的起始和结束。
- 角速度：碎片的旋转角度。
- 终点尺寸：破碎结束时碎片的大小。
- 随机特性：破碎形态的随机值。

13. 样条约束

“样条约束”变形器是一个使用频率较高的变形器。在主菜单中执行“创建”>“变形器”>“样条约束”，在场景中创建一个“样条约束”变形器；在主菜单中执行“创建”>“对象”>“胶囊”，在场景中创建一个“胶囊”对象；在主菜单中继续执行“创建”>“样条”>“螺旋”，在场景中创建一个“螺旋”样条曲线，将“样条约束”变形器作为“胶囊”对象的子级，并将螺旋拖曳到“样条约束”变形器属性面板的“样条”栏，如图 4-105 所示。

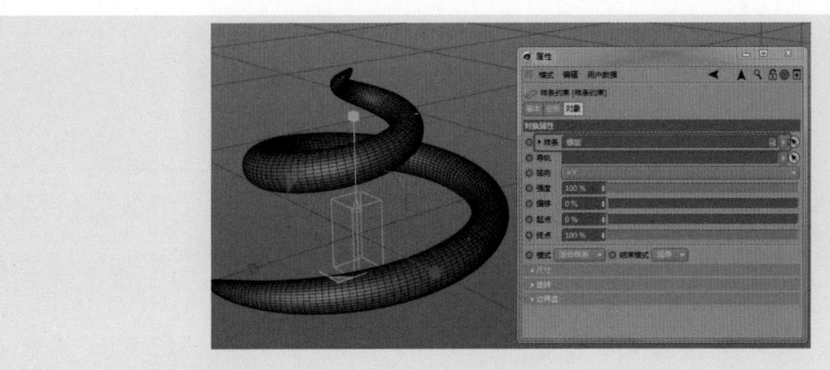

图 4-105

- 轴向：对象模型在样条线上的轴向。
- 强度：对象模型受“样条约束”变形器的影响程度。如果值为 0，则不受样条约束器的影响。
- 偏移：对象模型在样条上的偏移值。
- 起点：设置对象模型在样条上起点和终点的位置。
- 模式：有“适合样条”和“保持长度”两种模式。“适合样条”是将模型对象拉伸至样条一样的长度；“保持长度”不会改变模型对象的外形。

尺寸：尺寸卷展栏里可以控制模型对象起点和终点的大小。

4.4.2 课堂案例——科幻仪器模型

（1）在主菜单中执行“创建”>“对象”>“立方体”，在场景中创建一个“立方体”对象，在“立方体”对象属性面板“对象”选项卡中设置尺寸，X为470 cm，Y为20 cm，Z为200 cm，在“坐标”选项卡中设置坐标，X为-25 cm，Y为-300 cm，Z为1 cm，如图 4-106 所示，单击左侧工具栏“转为可编辑对象”按钮，将立方体转换为可编辑模型。

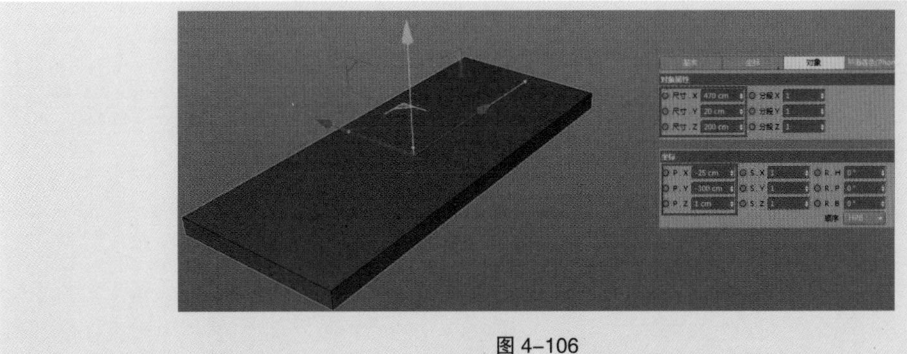

图 4-106

（2）单击左侧工具栏“多边形”按钮，进入面编辑模式，选中“立方体”模型上面的面，单击鼠标右键，在弹出的菜单中选择“内部挤压”，在“内部挤压”属性面板“选项”选项卡中将“偏移”设置为 4 cm，再次单击右键，在弹出的菜单中选择“挤压”，在“挤压”属性面板“选项”选项卡中将“偏移”设置为 5 cm，如图 4-107 所示。

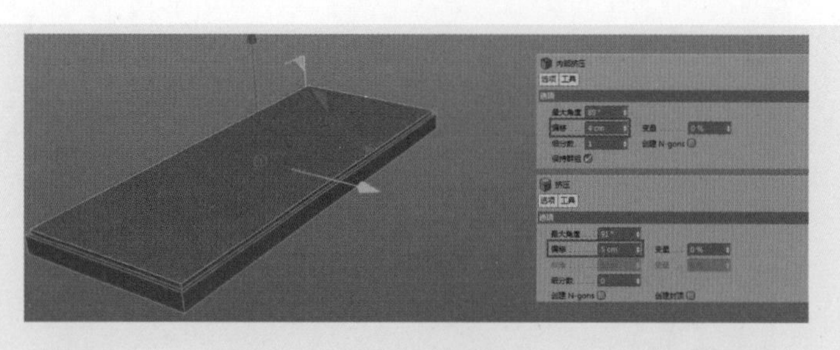

图 4-107

（3）单击鼠标右键，在弹出的窗口中选择“线性切割”，在“线性切割”属性面板“选项”选项卡中将“仅可见”复选框取消勾选，按 Shift 键在立方体两边各切割出一条新的边，如图 4-108 所示。

图 4-108

（4）选中立方体下面的两个面，单击右键，在弹出的窗口中选择“挤压”，在“挤压”属性面板“选项”选项卡中将“偏移”设置为 7 cm，如图 4-109 所示。

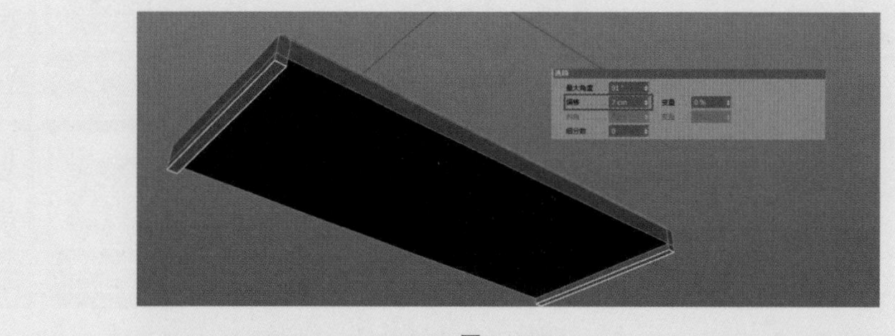

图 4-109

（5）单击左侧工具栏“边”按钮，在主菜单中执行“选择” > “循环选择”，选中立方体上方和侧面的边，单击右键，在弹出的窗口中选择“倒角”，在“倒角”属性面板“工具选项”选项卡中将“偏移”设置为 0.2 cm，将“细分”设置为 3，如图 4-110 所示。

图 4-110

（6）在主菜单中执行“创建”>“对象”>“圆柱”，在场景中创建一个“圆柱”对象，在“圆柱”对象属性面板中将“半径”设置为 5.6 cm，将“高度”设置为 136 cm，单击左侧工具栏“转为可编辑对象”按钮，将“圆柱”对象转换为可编辑模型。单击左侧工具栏“多边形”按钮，按 Ctrl+A 组合键全选所有的面，单击右键，在弹出的菜单中选择“优化”，选中底部的面，使用缩放工具将底部的面缩小。单击右键，在弹出的菜单中选择“循环 / 路径切割”，在顶部加一条线。在左侧工具栏中单击“边”按钮，进入“边”编辑模式，在主菜单中执行“选择”>“循环选择”，选中新加的一圈边，单击右键，在弹出的菜单中选择“倒角”，在“倒角”属性面板“工具选项”选项卡中将“偏移”设置为 2.5 cm，在左侧工具栏单击“多边形”按钮，进入面编辑模式，使用“循环选择”工具选中上一步通过“倒角”产生的面，执行“挤压”命令，在“挤压”属性面板“选项”选项卡中将“偏移”设置为 -1.1 cm，如图 4-111 所示。

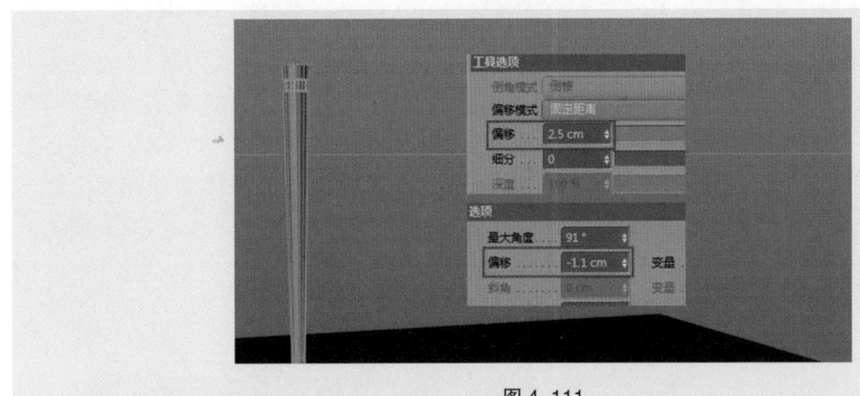

图 4-111

（7）选中“圆柱 1”，拖曳鼠标复制出 2 个新的模型，分别命名为“圆柱 2”“圆柱 3”。设置“圆柱 1”的坐标，X 为 -62 cm，Y 为 -16 cm，Z 为 -30 cm；设置“圆柱 2”的坐标，X 为 50 cm，Y 为 -16 cm，Z 为 -40 cm；设置“圆柱 3”的坐标，X 为 16 cm，Y 为 -16 cm，Z 为 67 cm。

（8）在主菜单中执行“创建”>“对象”>“管理”，在场景中创建一个“管道”对象。在“管道”对象属性面板“对象”选项卡中将“内部半径”设置为 60 cm，将“外部半径”设置为 65 cm，将“旋转分段”设置为 16；在“坐标”选项卡中设置坐标，X 为 -106 cm，Y 为 -150 cm，Z 为 5 cm，设置旋转角度 H 为 -38°，P 为 0°，B 为 0°。在左侧工具栏单击“转为可编辑对象”按钮，按 Ctrl+A 组合键全选所有的面，单击右键，在弹出的菜单中选择“优化”，在左侧工具栏中单击“边”，进入“边”编辑模式，选中“管道”外侧的 3 条边，如图 4-112 所示，单击右键，在弹出的菜单中选择“倒角”，在“倒角”属性面板“工具选项”选项卡中将“偏移”设置为 5 cm。

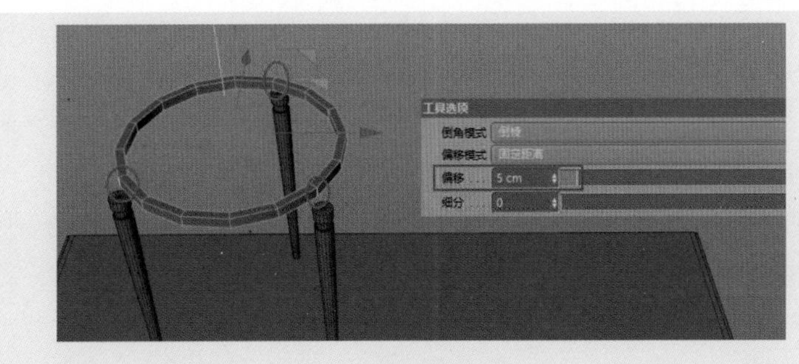

图 4-112

（9）在左侧工具栏中单击“多边形”按钮，进入面编辑模式，选中上一步操作中通过“倒角”产生的 3 个面，单击右键，在弹出的菜单中选择“挤压”，在“挤压”属性面板“选型”选项卡中将“偏移”设置为 7 cm；选中每一个挤出部分的上、下两条边，单击右键，在弹出的菜单中选择“连接点 / 边”，将上下两条边之间产生一条新的边，选中 3 个边，使用缩放工具，往外缩放，如图 4-113 所示。

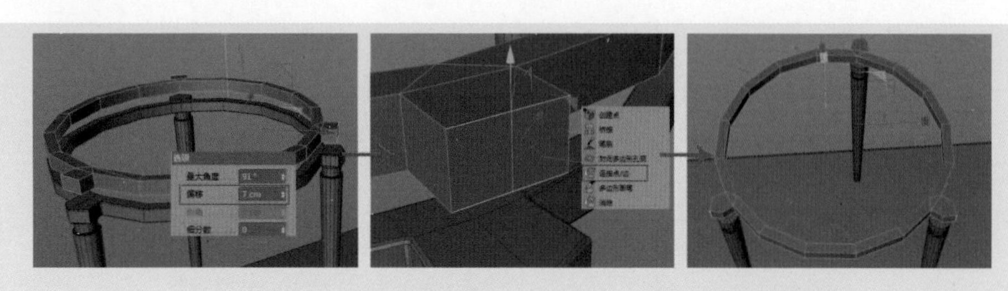

图 4-113

（10）在左侧工具栏中单击“边”按钮，进入“边”编辑模式，在主菜单中执行“选择”>“循环选择”，选中上下两圈边，按住 Shift 键加选三个挤出部位底部的两条边，单击右键，在弹出的菜单中选择“倒角”，在“倒角”属性面板“工具选项”选项卡中将“偏移”设置为 0.25 cm，将“细分”设置为 1。在主菜单中执行“创建”>“生成器”>“细分曲面”，在场景中创建一个“细分曲面”生成器，将“管道 1”设为“细分曲面”的子对象，如图 4-114 所示。

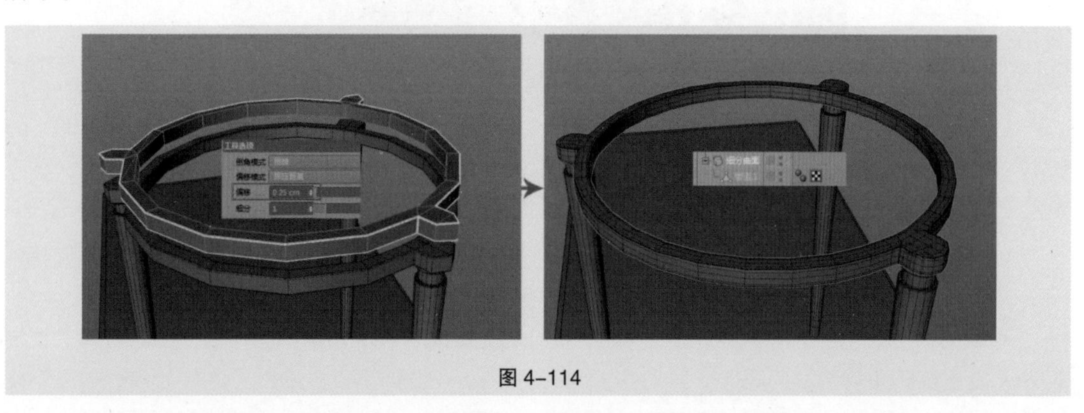

图 4-114

（11）在主菜单中执行“创建”>“对象”>“圆柱”，在场景中创建一个“圆柱”对象。在“圆柱”对象属性面板“对象”选项卡中将“半径”设置为 5 cm，将“高度”设置为 570 cm；在“坐标”选项卡中设置坐标，X 为 140 cm，Y 为 5 cm，Z 为 1 cm。在主菜单中执行“创建”>“对象”>“立方体”，在场景中创建一个“立方体”对象。在“立方体”对象属性面板“对象”选项卡中设置尺寸，X 为 37 cm，Y 为 16 cm，Z 为 1.7 cm，将“分段 X”设置为 4，“分段 Y”设置为 2，“分段 Z”设置为 2。在左侧工具栏中单击“转为可编辑对象”按钮，将“立方体”对象转换为可编辑模型，在左侧工具栏中单击“点”按钮，调节“立方体”的点，效果如图 4-115 所示。在主菜单中执行“创建”>“造型”>“对称”，在场景中创建一个“对称”工具，将“立方体”对象设为“对称”的子对象，通过调节“立方体”*Z* 轴的位置改变对称的距离。

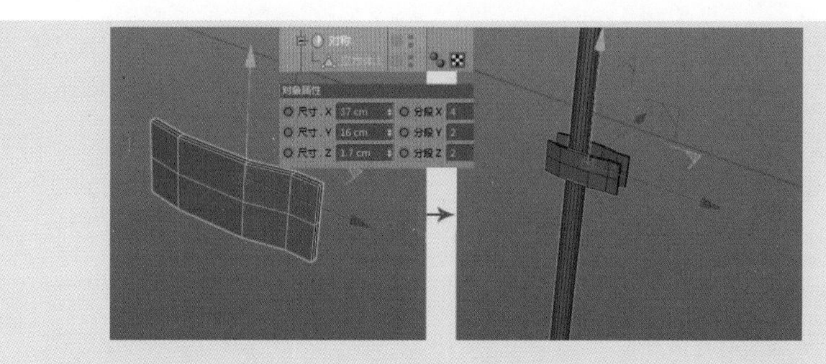

图 4-115

（12）在主菜单中执行“创建”>“对象”>“立方体”，在场景中创建一个“立方体”对象，在“立方体”对象属性面板“对象”选项卡中设置尺寸，X为3 cm，Y为14 cm，Z为4 cm，将“分段Y”设置为3。在左侧工具中单击“转为可编辑对象”按钮，将“立方体”对象转换成可编辑模型，在左侧工具栏中单击“边”按钮，进入“边”编辑模式，选中“立方体”外侧的两条边，单击鼠标右键，在弹出的菜单中选择“倒角”，在“倒角”属性面板中将“偏移”设置为1.4 cm，并调节点的位置，在主菜中执行“创建”>“对象”>“圆柱”，在场景中创建一个“圆柱”对象，在“圆柱”对象属性面板“对象”选项卡中将“半径”设置为1.7 cm，将“高度”设置为20 cm，最终效果如图4-116所示。

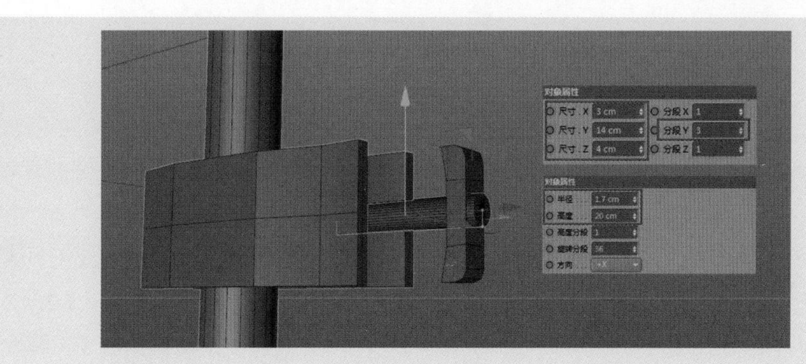

图 4-116

（13）在主菜单中执行“创建”>“对象”>“圆环”，在场景中创建一个“圆环”，在“圆环”对象属性面板“对象”选项卡中将“圆环半径”设置为29 cm，“圆环分段”设置为12，“导管半径”设置为6 cm，“导管分段”设置为8。在左侧工具栏中单击“转为可编辑对象”按钮，将“圆环”对象转换为可编辑模型，在左侧工具栏中单击“边”按钮，进入“边”编辑模式，执行“选择”>“循环选择”，选中“圆环”模型的一圈边，单击鼠标右键，在弹出的菜单中选择“倒角”，在“倒角”属性面板“工具选项”选项卡中将“偏移”设置为4.5 cm，选中通过上一步“倒角”产生的面，按Delete键将其删除，选中孔四周的边，按住Ctrl键拖曳鼠标，复制出新的面，如图4-117所示。

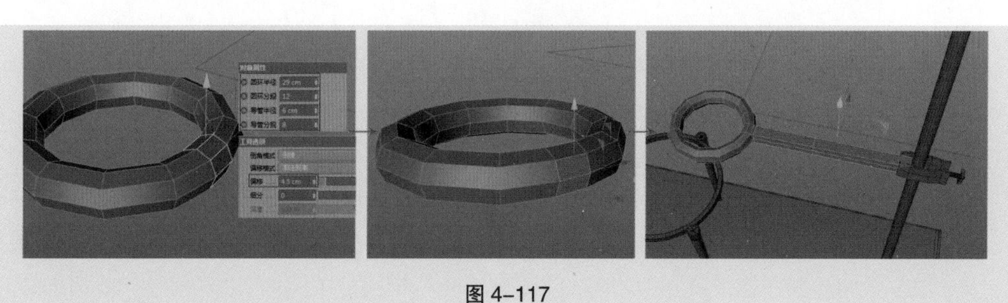

图 4-117

（14）在视图中选择“管道”“对称”“圆柱”“立方体”，按 Alt+G 组合键，使用这 4 个对象创建群组对象，命名为“支架”。选中“支架”按住 Ctrl 键沿 *Y* 轴向上拖曳鼠标，复制出一个新的群组对象，命名为“支架 1”，在“坐标”选项卡中设置坐标，X 为 142 cm，Y 为 30 cm，Z 为 0 cm。以此类推，再复制出两个群组对象，分别命名为“支架 2”“支架 3”。设置“支架 2”的坐标，X 为 142 cm，Y 为 185 cm，Z 为 0 cm；设置“支架 3”的坐标，X 为 142 cm，Y 为 236 cm，Z 为 0 cm，如图 4–118 所示。

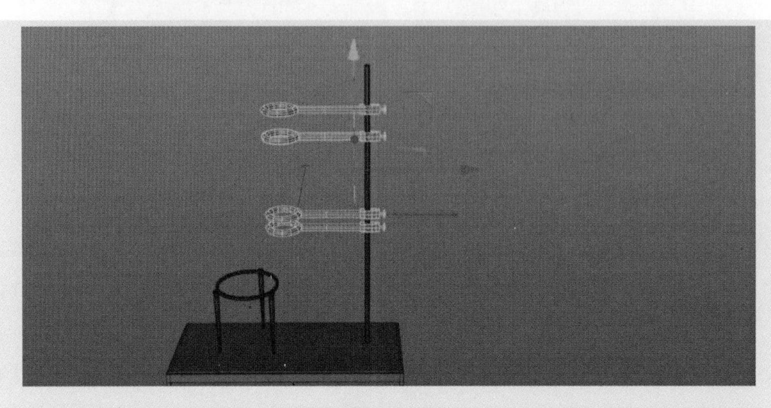

图 4–118

（15）在主菜单中执行“创建” > “对象” > “胶囊”，在场景中创建一个“胶囊”对象，在“胶囊”对象属性面板“对象”选项卡中将“半径”设置为 33 cm，将“旋转分段”设置为 12。在左侧工具栏单击“转为可编辑对象”按钮，将“胶囊”对象转换为可编辑模型。在左侧工具栏单击“多边形”按钮，进入面编辑模式，选中顶部的面，按 Delete 键将其删除。执行“选择” > “循环选择”，选中孔周围的一圈边，按住 Ctrl 键沿 *Y* 轴向上拖曳鼠标，复制出新的面，使用缩放工具将面向外扩大，重复前两步操作继续复制新的面，并调整外形。选中“胶囊”模型底部的面，按住 Ctrl 键沿 *Y* 轴向下拖曳鼠标，复制出新的面，使用“循环 / 路径切割”工具加线，配合缩放工具调整外形，最终得到一个圆滑的模型，如图 4–119 所示。

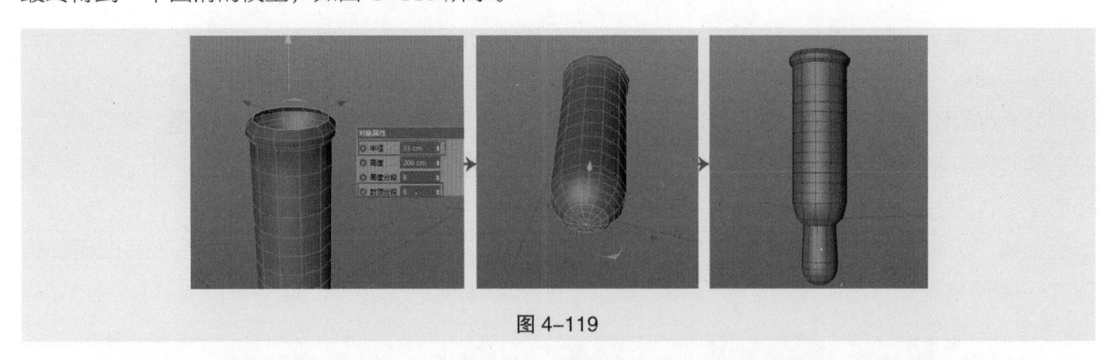

图 4–119

（16）在主菜单中执行“创建” > “对象” > “胶囊”，在场景中创建一个“胶囊”对象，在“胶囊”对象属性面板“对象”选项卡中将“半径”设置为 33 cm，将“旋转分段”设置为 12。在左侧工具栏单击“转为可编辑对象”按钮，将“胶囊”对象转换为可编辑模型，在左侧工具栏单击“多边形”按钮，进入面编辑模式，选中顶部的面，按 Delete 键将其删除。执行“选择” > “循环选择”，选中孔洞的一圈边，按住 Ctrl 键沿 *Y* 轴向上拖曳鼠标，复制出新的面，使用缩放工具将面向外扩大，重复前两步操作继续复制新的面，并调整外形。在主菜单中执行“创建” > “变形器” > “扭曲”，在场景中创建一个“扭曲”变形器，在“扭曲”变形器属性面板“对象”选项卡中设置“尺寸”，X 为 112 cm，Y 为 160 cm，Z 为 111 cm，在“坐标”选项卡中设置坐标，X 为 29 cm，Y 为 −112 cm，Z 为 0 cm，P 为 180°，将“扭曲”变形器设为“胶囊”模型的子对象，在“扭曲”变形器“对象”选项卡中将“强度”设置为 −180°，效果如图 4−120 所示。

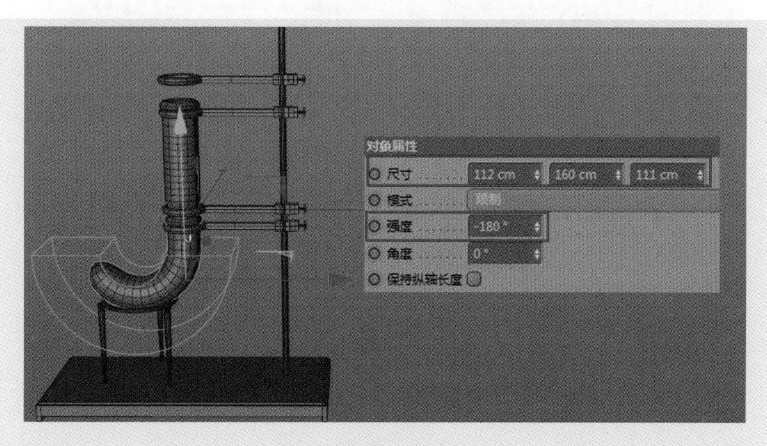

图 4−120

（17）在主菜单中执行“创建”>“对象”>“球体”，在场景中创建一个“球体”对象，在“球体”对象属性面板“对象”选项卡中将“半径”设置为 45 cm，在“坐标”选项卡中设置坐标，X 为 −28 cm，Y 为 249 cm，Z 为 1 cm。在主菜单中执行“创建”>“对象”>“圆柱”，在场景中创建一个“圆柱”对象，在“圆柱”对象属性面板“对象”选项卡中将“半径”设置为 30 cm，将“高度”设置为 200 cm，将“高度分段”设置为 22，在“坐标”选项卡中设置坐标，X 为 63 cm，Y 为 −175 cm，Z 为 1 cm。在主菜单执行“创建”>“变形器”>“膨胀”，在场景中创建一个“膨胀”变形器，将“膨胀”变形器设为圆柱的子对象，在“膨胀”变形器属性面板“对象”选项卡中，单击“匹配到父级”，设置“尺寸”，X 为 60 cm，Y 为 200 cm，Z 为 60 cm，将“强度”设置为 −70%，如图 4−121 所示。

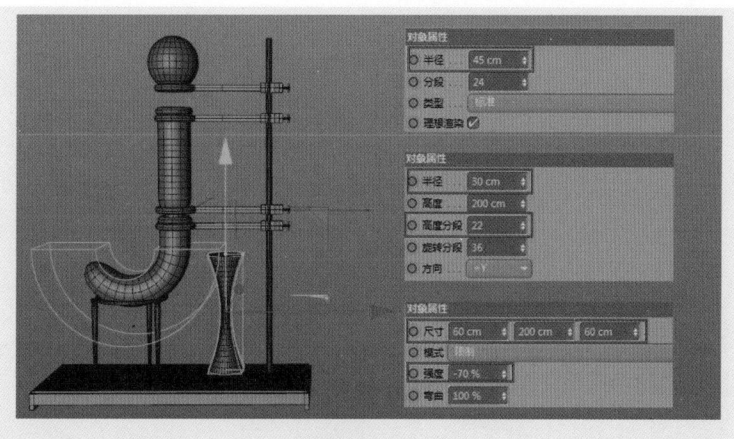

图 4−121

（18）在主菜单中执行“创建”>“样条”>“画笔”，使用“画笔”工具在场景中分别绘制两条样条曲线，分别命名为“样条”和“样条 1”。在主菜单执行“创建”>“生成器”>“扫描”，创建两个“扫描”生成器，分别命名为“电线”和“电线 1”。在主菜单执行“创建”>“样条”>“圆环”，在场景中创建两个“圆环”对象，分别命名为“圆环”和“圆环 1”。在“圆环”对象属性面板“对象”

选项卡中将“半径”设置为 1.5 cm。选中“样条”和“圆环”，将其设为“电线”生成器的子对象；选中“样条 1”和“圆环 1”，将其设为“电线 1”的子对象，如图 4-122 所示。

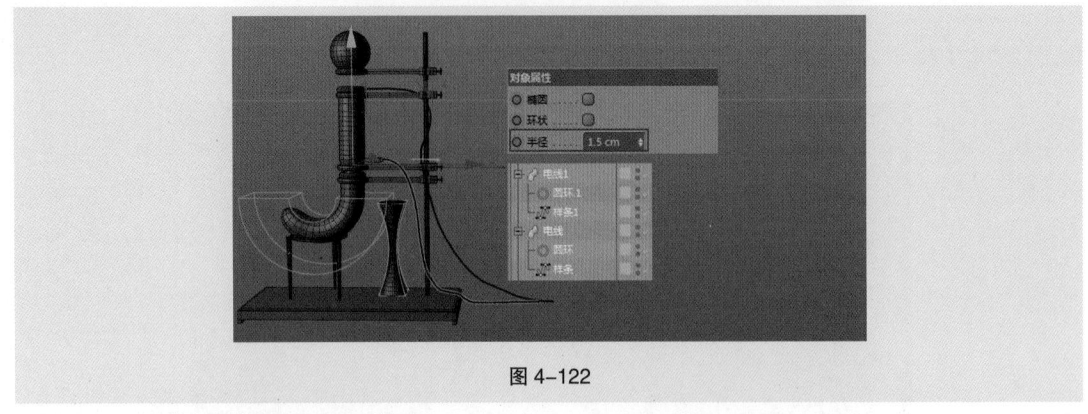

图 4-122

（19）最终效果如图 4-123 所示。

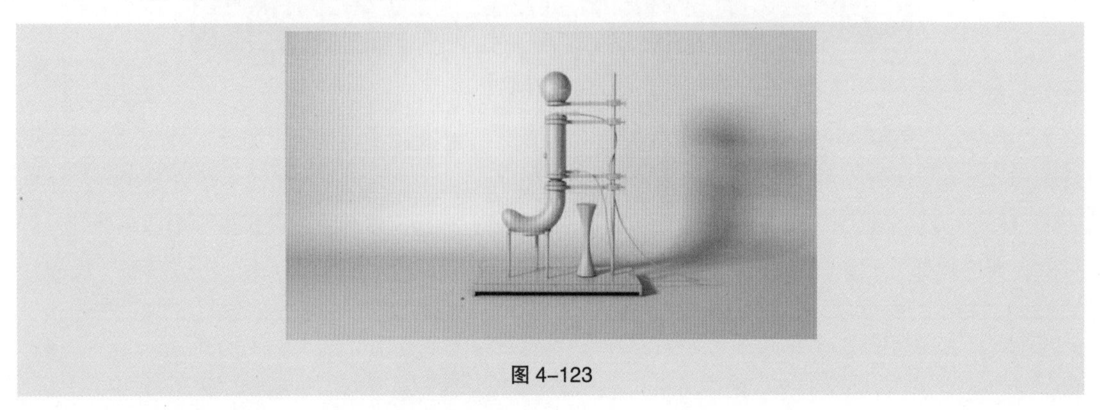

图 4-123

4.4.3 课后习题——变形器综合运用

习题知识要点：通过“挤压”工具创建数字 1 模型，并设置封顶细分类型为“四边形”，使用“螺旋”“斜切”“锥化”变形器完成数字 1 的最终形态制作；使用“样条约束”变形器创建彩带效果。最终效果如图 4-124 所示。

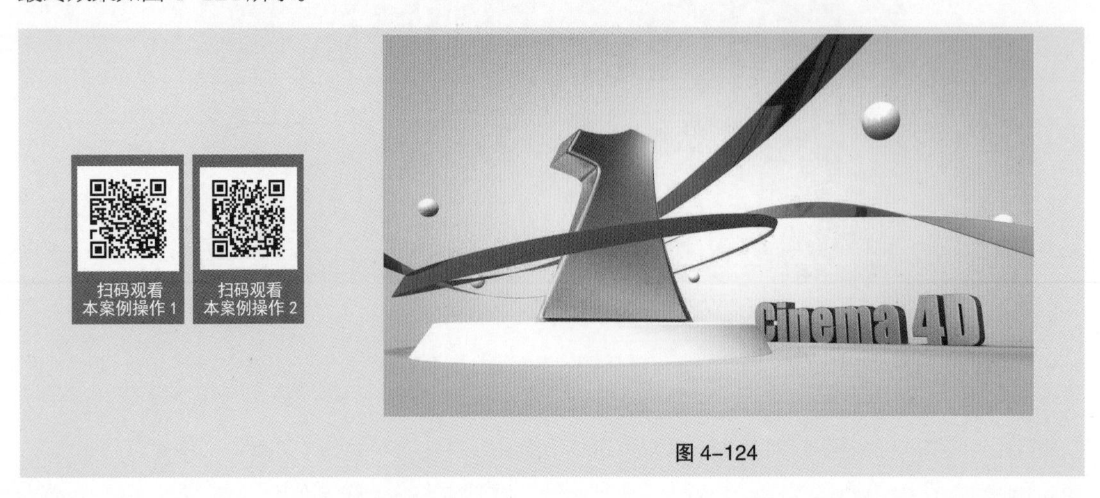

图 4-124

05

第5章 材质

本章导读

本章对 Cinema 4D 的材质进行讲解。通过对本章的学习，读者可以了解三维软件中质感的表现，掌握 Cinema 4D 材质编辑器的使用方法以及几种典型材质的调节方法。

学习目标

- 了解材质与质感。
- 掌握材质管理器的使用技巧。
- 掌握材质编辑器的使用技巧。
- 掌握典型材质的调节方法。
- 掌握材质标签的使用技巧。

技能目标

材质

- 掌握“金属材质”的制作方法。
- 掌握“玻璃材质”的制作方法。
- 掌握“面料材质”的制作方法。
- 掌握“材质综合表现”的制作方法。

5.1 材质表现

材质表现通俗地说就是物体看起来是什么质地。材质可以看成是材料和质感的结合，在渲染过程中，它是表面各可视属性的结合，这些可视属性包括色彩、纹理、光滑度、透明度、反射率、折射率、发光度等。我们的日常生活中充满了各种各样的材质，如图 5-1 所示。

图 5-1

5.1.1 光照

光照对物体的材质和质感影响非常大，离开了光，物体的质感就无法体现。在没有光照的环境里，物体不能漫反射，材质无法分辨，而在正常的光照下，物体的质感就可以正常地表现出来，所以光照对材质的表现至关重要。另外，彩色光照也会使物体表现的颜色难以辨认，而在白色光照环境下，则容易辨认，如图 5-2 所示。

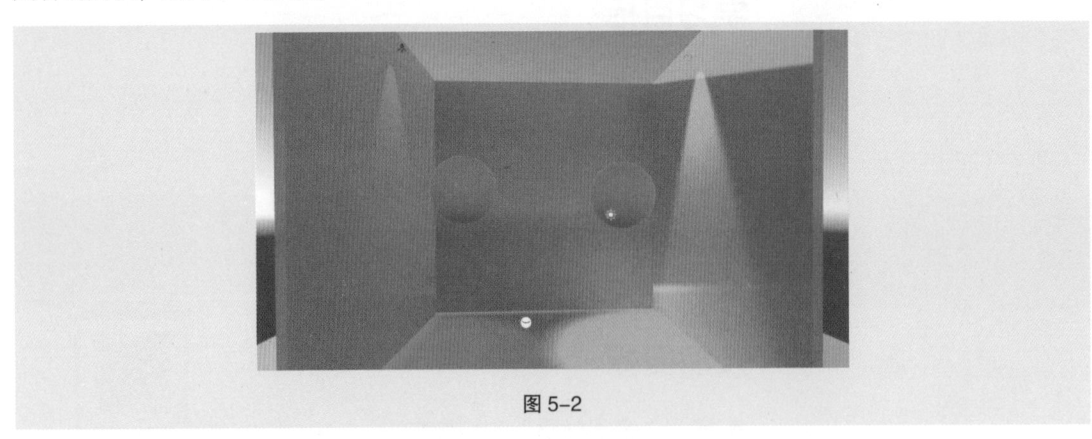

图 5-2

5.1.2 颜色与纹理

通常物体呈现的颜色是漫反射带来的，这些光线进入人的眼睛，使我们能识别物体的颜色及纹理。在三维软件中，我们可以根据需要去设定模型的颜色和纹理。

5.1.3 光滑与反射

物体表面是否光滑，可以观察出来。光滑的物体表面会出现明显的高光，如玻璃、金属、车漆等；

而表面粗糙的物体，高光则不明显。

光在传播到不同物质时，在分界面上改变传播方向又返回原来物质中的现象称为光的反射。光遇到水面、玻璃以及其他许多物体的表面都会发生反射。

光滑的物体能反射出光源形成高光区，物体表面越光滑，对光源的反射就越清晰，例如镜子。在三维软件中，我们可以通过给材质添加反射，使模型看起来具有光滑的表面，如图 5–3 所示。

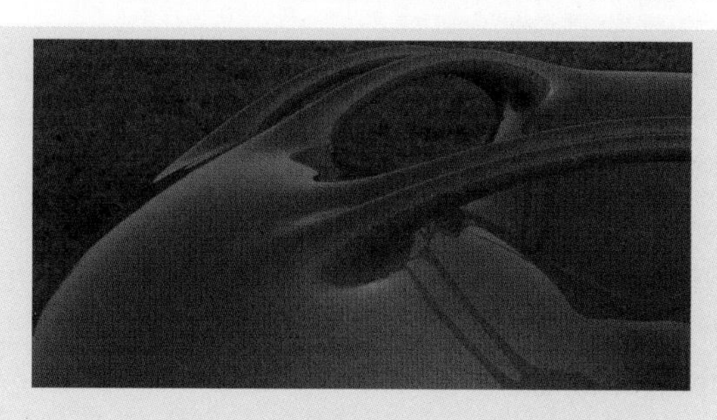

图 5–3

5.1.4 折射和透明

光从一种透明介质斜射入另一种透明介质时，由于物体密度不同，传播方向一般会发生变化，这种现象叫光的折射。不同透明物体的折射率也不相同，例如当一条木棒插在水里面时，单用肉眼看会以为木棒进入水中时弯曲了，是光进入水里面时产生折射，才带来这种效果。

在三维软件中，可以通过给材质透明通道添加折射来模拟折射效果，例如水和玻璃材质等，如图 5–4 所示。

图 5–4

5.2 材质管理器

“材质管理器”位于 Cinema 4D 界面的下方，如图 5–5 所示，使用“材质管理器”可以创建任何类型的材质，并且可以通过“材质管理器”来对材质进行分类、命名以及预览。

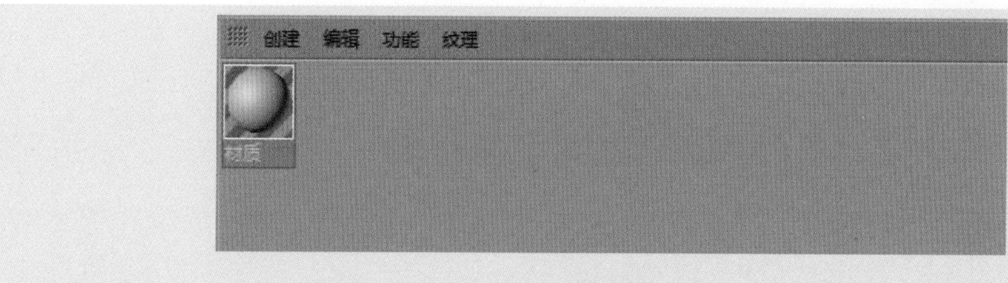

图 5–5

5.2.1 创建菜单

“创建”菜单包含以下命令。

• 新材质：可以创建一个新的材质，默认是 Cinema 4D 的标准材质，也是最常用的材质。还可以通过在“材质管理器”窗口处双击或者按 Ctrl+N 组合键来创建新材质，如图 5-6 所示。

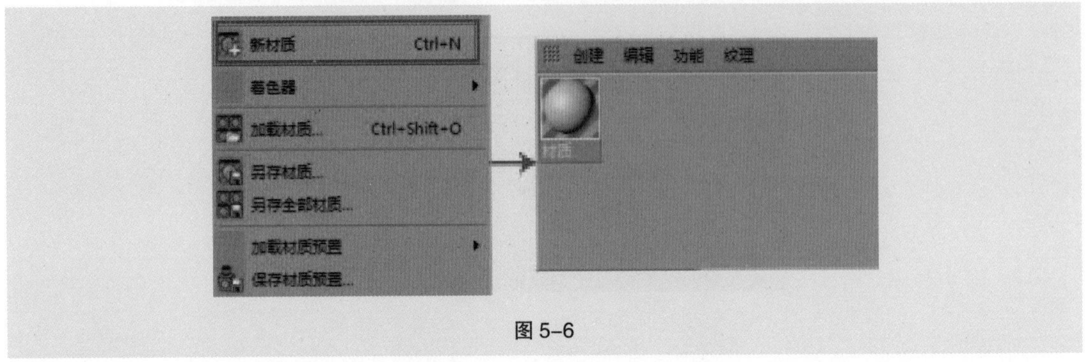

图 5-6

• 着色器：Cinema 4D 除了标准材质以外，还提供了多种着色器，可以直接选择需要的着色器。Cinema 4D 大部分的着色器都是通道着色器，即可以加载到材质通道中的着色器，例如“颜色”和“凹凸”通道等。另外 Cinema 4D 还提供了许多本身就是材质的着色器，如图 5-7 所示。

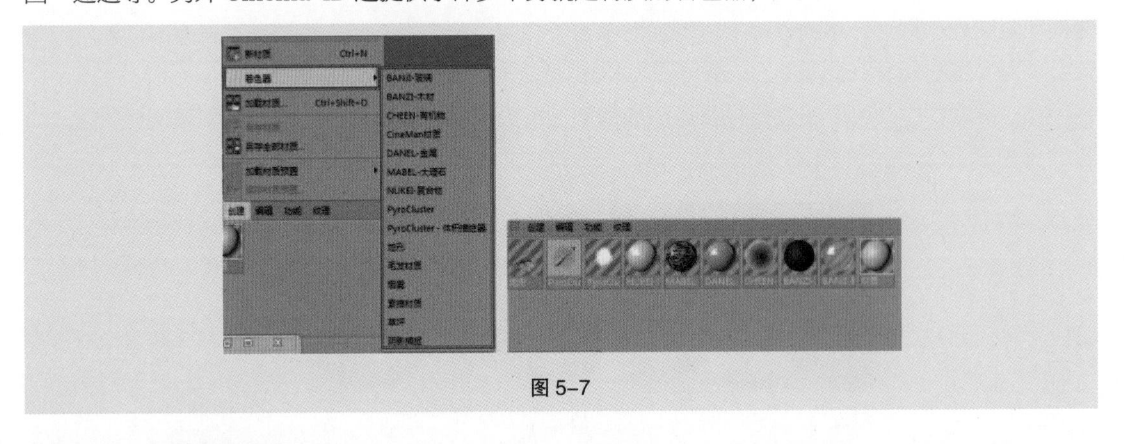

图 5-7

5.2.2 编辑菜单

“编辑”菜单包含以下命令。

• 剪切：将选中的材质剪切到剪切板，或者按 Ctrl+X 组合键。

• 复制：将选中的材质复制，或者按 Ctrl+C 组合键，也可以在“材质管理器”中选中材质，按住 Ctrl 键拖曳鼠标复制材质。

• 粘贴：将通过“剪切”和“复制”到剪切板中的材质进行粘贴，可以在不同场景之间进行“粘贴”操作。

• 删除：删除选中的材质，或者按 Delete 键。

• 全部选择 / 取消选择：全选或者取消选择“材质管理器”中的材质。

5.2.3 功能菜单

“功能”菜单包含以下命令。

- 编辑：在“材质管理器”中选择相应的材质球，执行“编辑”命令，将会打开材质编辑器，在材质编辑器中可以修改材质的属性参数。也可以通过在“材质管理器”中双击材质球来打开材质编辑器。
- 应用：将“材质管理器”中选择的材质应用到场景中选择的模型。也可以通过拖曳鼠标，将材质添加到场景模型上。如果场景中的模型此前已经有材质了，那么新材质将覆盖原来的材质。
- 重命名：对选中的材质球进行重命名。也可以通过在“材质管理器”中双击材质名字来更改材质的名字。
- 选择活动对象材质：在“材质管理器”中选择场景中激活对象使用的材质。
- 查找第一个活动对象：在“材质管理器”中显示第一个选择的材质。
- 选择纹理标签 / 对象：在场景中显示所有使用“材质管理器”中选定材质的对象。
- 渲染材质 / 渲染全部：使用这两个命令可以重新渲染“材质管理器”中选中的或者全部材质的缩略图。在大多数情况下我们不需要手动去渲染材质缩略图，因为在创建材质时，缩略图是自动更新的，但是当保存场景时，Cinema 4D 会压缩缩略图以减小场景文件的大小，当下一次打开场景文件时，某些缩略图可能会存在错误，此时就需要通过使用“渲染材质”或者“渲染全部”来渲染材质以得到正确的缩略图。另外，当导入外部数据格式（如 DXF、3D Studio R4 等），也需要使用该命令。
- 图层：Cinema 4D 的图层系统同样适用于材质，如果通过“图层管理器”将材质指定给对象管理器中的图层，则相应的图层名称也将显示在“材质管理器”中。当场景中有多个图层，可以通过“图层”命令来将材质加入到相应的图层中，如图 5-8 所示。

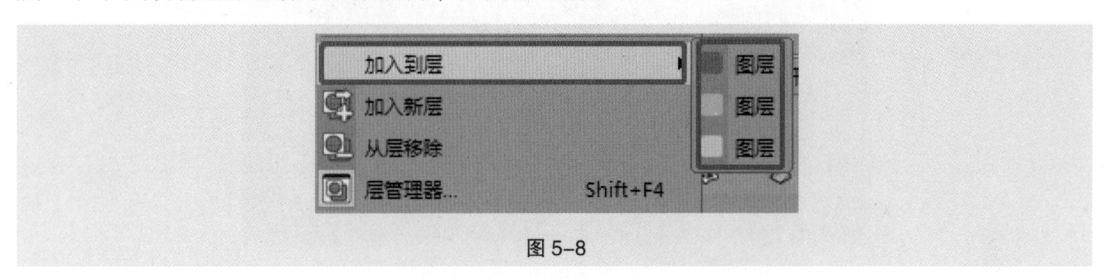

图 5-8

- 加入新层：将选中的材质加入到一个新的图层中，如图 5-9 所示。

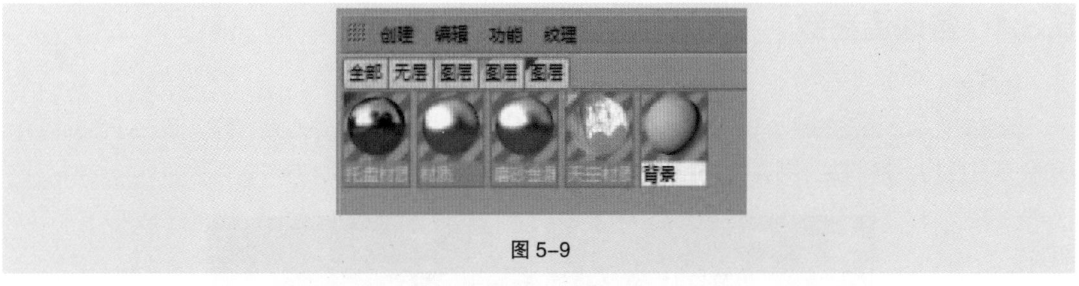

图 5-9

- 层管理器：单击“层管理器”可以打开“层”面板，如图 5-10 所示。

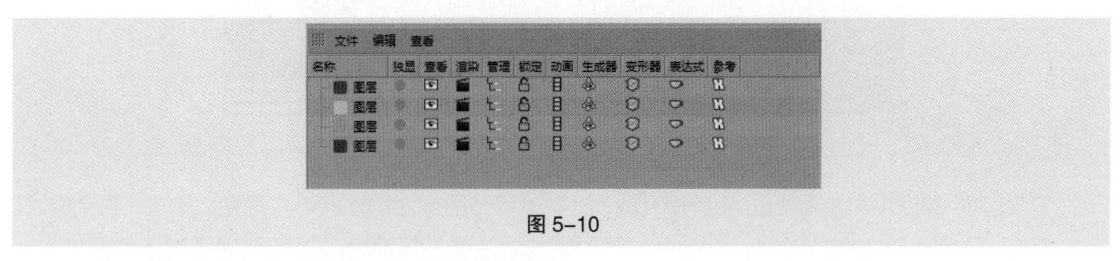

图 5-10

- 删除未使用材质：删除所有没有使用的材质。

5.3 材质编辑器

在“材质管理器”中双击材质球就可以打开材质编辑器。材质编辑器分为两部分，左侧为材质预览区和材质通道，右侧为通道属性，如图 5-11 所示。

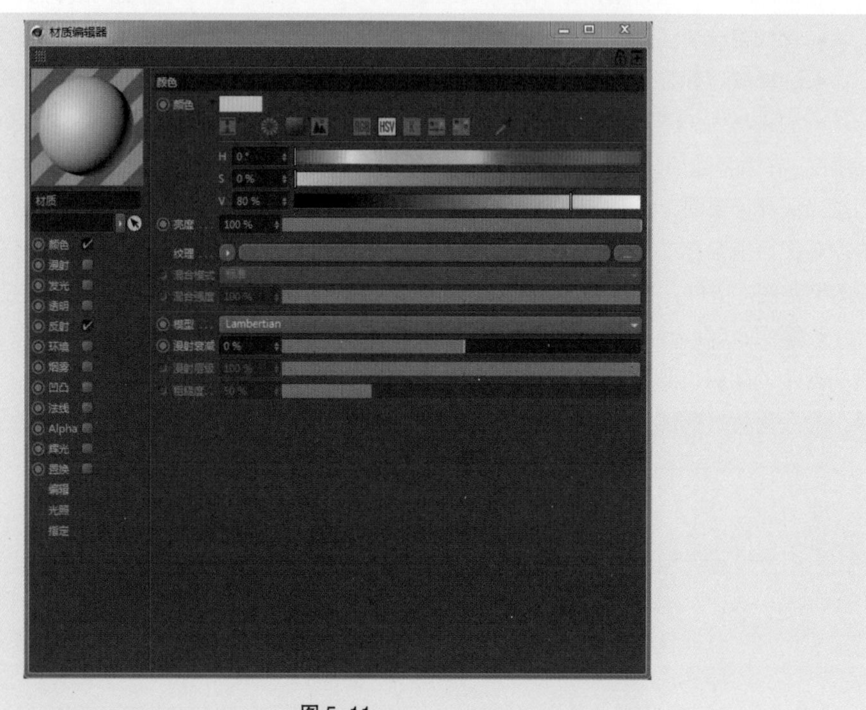

图 5-11

5.3.1 各通道参数

1. 颜色

颜色指物体本身的颜色，RGB 和 HSV 是颜色的两种模式。RGB 是对红、绿、蓝三基色的调节，HSV 是对色相、饱和度、明度的调节。两种方式都可以调整颜色，如图 5-12 所示。

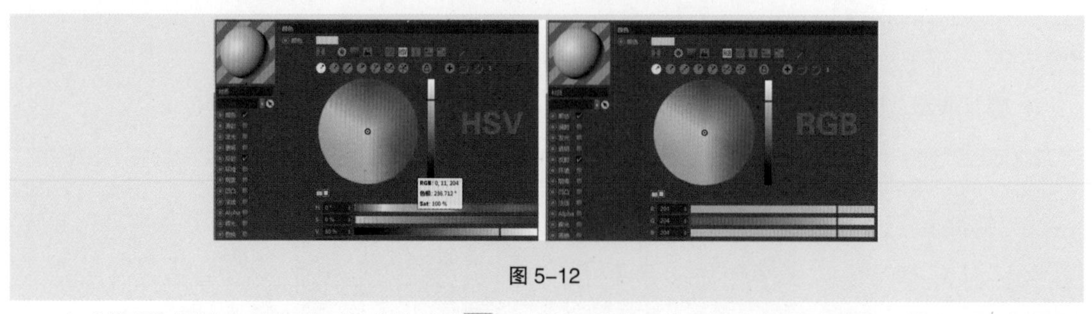

图 5-12

在“纹理”属性中单击后面的菜单箭头，可以加载贴图作为物体的外表颜色。单击“混合模式”下拉菜单，会弹出混合模式选项，可选择不同的模式对图像进行混合。“混合强度”选项可通过输入数据或调节滑块来控制贴图的混强度。

“纹理”属性是每个材质通道都有的属性。单击纹理参数的箭头，在弹出的菜单会列出 Cinema 4D 为我们提供的纹理。

（1）清除：清除所有纹理效果。

（2）加载图像：加载任意图像来实现对材质通道的影响。

（3）创建纹理：执行该命令将弹出“新建纹理”窗口，用于自定义创建纹理。

（4）噪波：是一种程序着色器。执行该命令后，单击纹理预览图，进入“噪波”属性设置面板，如图 5-13 所示。

图 5-13

（5）渐变：执行该命令后，单击纹理预览图进入“渐变”属性设置面板。可以通过滑动、移动或双击颜色条来更改渐变颜色，还可以设置渐变的类型、湍流等，如图 5-14 所示。

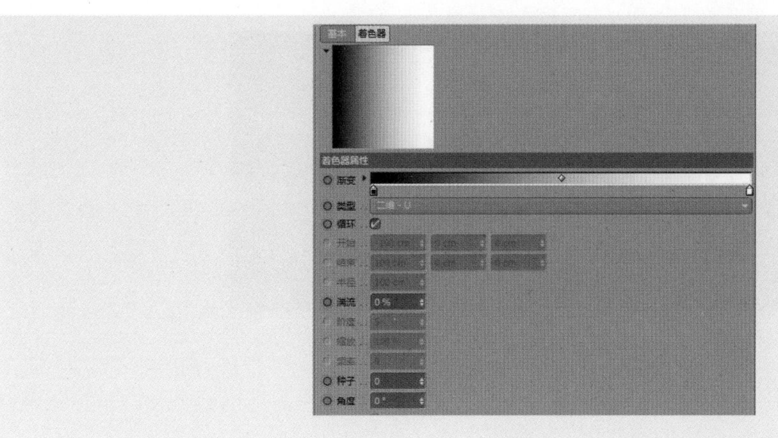

图 5-14

（6）菲涅耳（Fresnel）：以物理学家菲涅尔命名的物理光学现象，即“菲涅耳效应”。具体的理论是：当物体透明且表面光滑时，物体表面的法线和观察视线所成的角度越接近 90 度，则物体的反射越强，透明度越低；所成角度越接近 0 度，则物体反射越弱，透明度越高，如图 5-15 所示。

图 5-15

（7）图层：进入“图层”属性设置面板，单击“图像”按钮，会弹出图像加载对话框，选择图像即加载一个图层，可多次加载图像为多个图层，如图 5-16 所示。

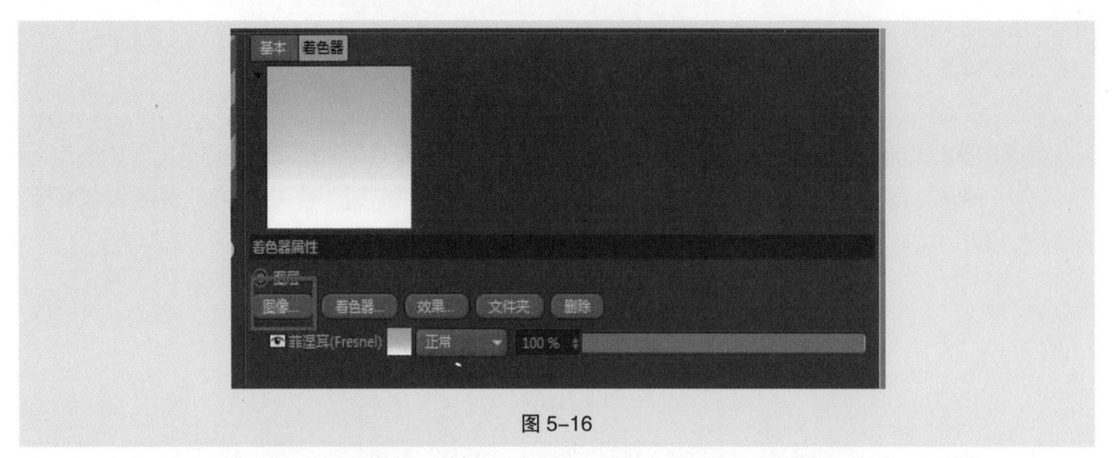

图 5-16

单击“着色器”按钮，可加载其他纹理为图层。单击“效果”按钮可加入效果调整层，对当前层以下的层进行整体调节，如图 5-17 所示。

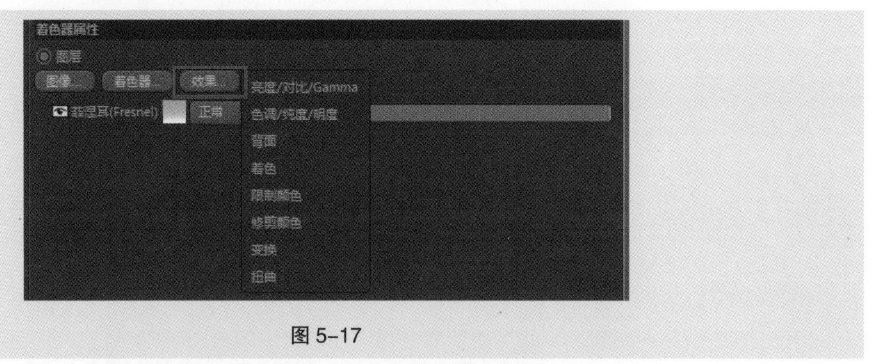

图 5-17

单击“文件夹”按钮可添加一个文件夹图层，其他图层可拖拽加入文件夹图层中进行整体编辑和管理。单击“删除”，可删除相应的图层。

（8）着色：进入着色属性面板，单击“纹理”按钮可再次加入各种纹理效果。渐变滑块调节的颜色控制所加纹理的颜色，如图 5-18 所示。

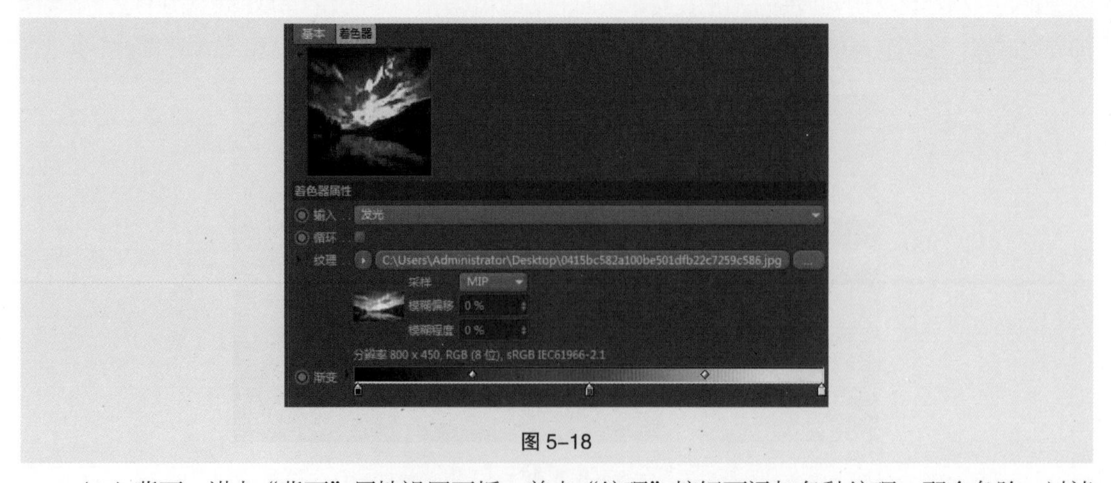

图 5-18

（9）背面：进入“背面”属性设置面板，单击“纹理”按钮可添加各种纹理，配合色阶、过滤宽度来调节纹理的效果。

（10）融合：进入“融合”属性设置面板，打开模式选择的下拉按钮，展开多个选项，可选择不同的融合模式。“混合选项”可输入数据或滑动滑块控制融合的百分比，单击“混合通道”按钮和“基本通道”按钮可加载纹理，将两个或多个纹理融合成新的纹理。

（11）过滤：进入“过滤”属性设置面板，单击“纹理”按钮可加载纹理，并可以在属性栏中调节纹理的色调、明度、对比等，如图 5-19 所示。

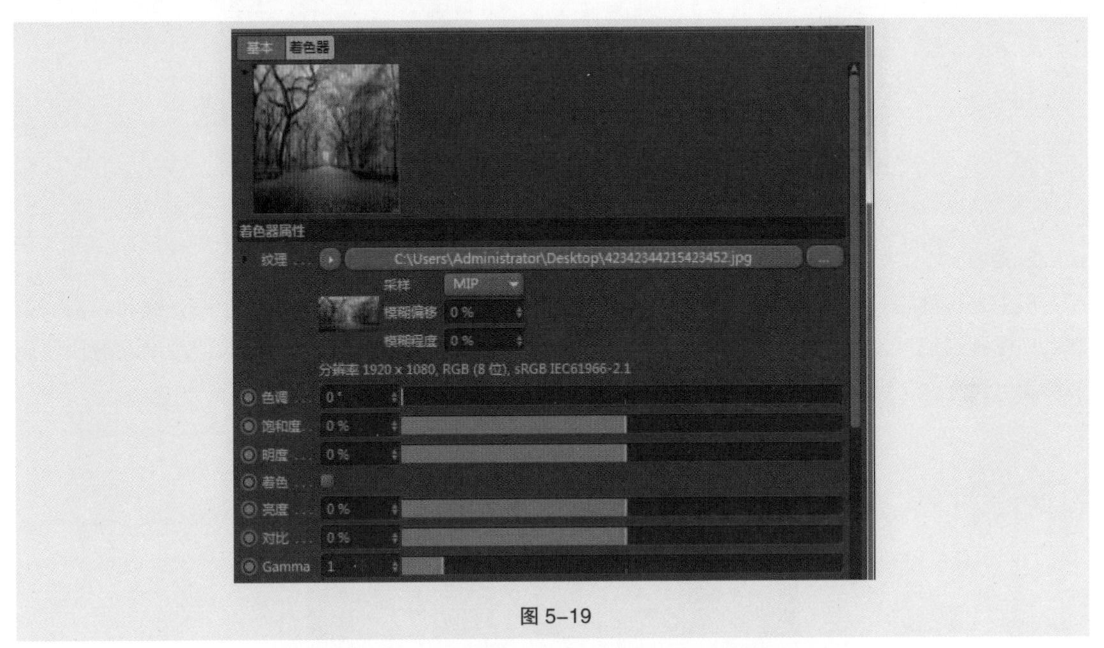

图 5-19

（12）MoGraph：此纹理分为多个着色器，此类着色器只作用于Mograph物体，如图5-20所示。

（13）效果：有多重效果可供选择，常用效果有各向异性、投射和环境吸收等，可以根据需要选择相应的效果，如图 5-21 所示。

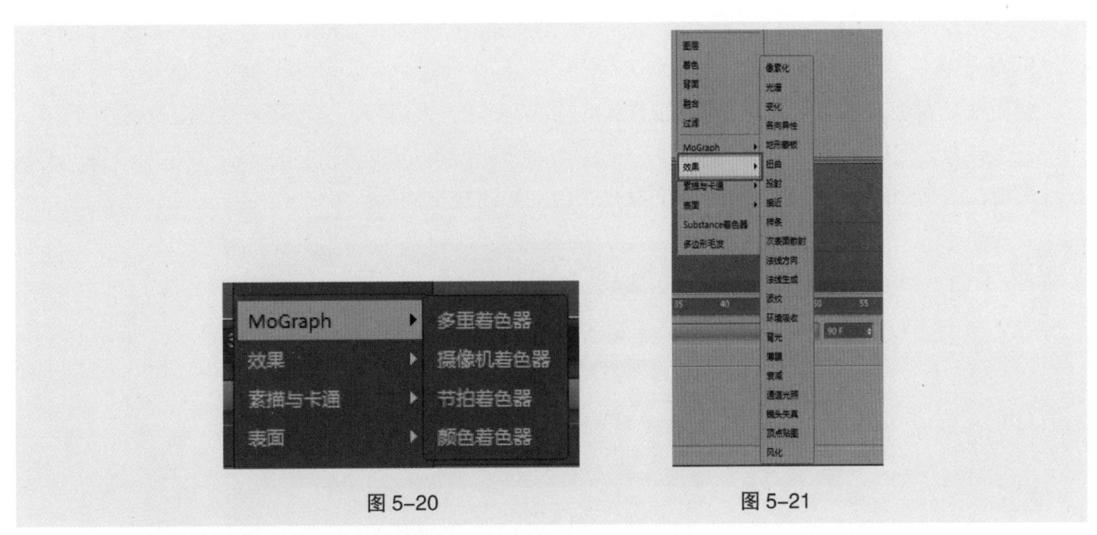

图 5-20　　图 5-21

（14）素描与卡通：分为几种素描方式，如图 5-22 所示。

（15）表面：提供多种物体仿真纹理，如图 5-23 所示。

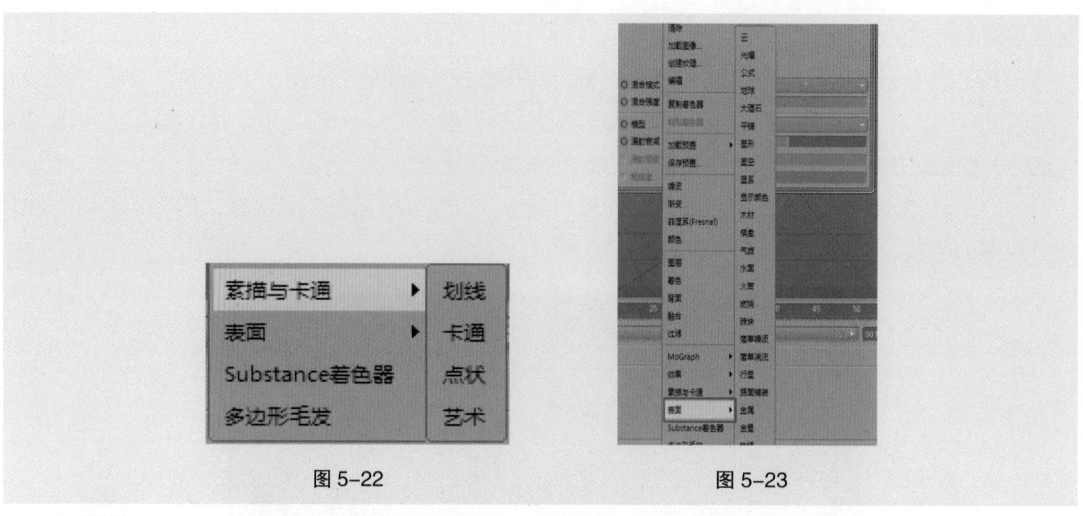

图 5-22　　　　图 5-23

2. 漫射

漫射是投射在粗糙表面上的光，向各个方向反射的现象。物体呈现出的颜色跟光线有着密切的联系，漫射通道能定义物体射光线的强弱。打开“漫射”属性面板，直接输入数值或滑动滑块可调节漫反射亮度，“纹理”选项可加入各种纹理来影响漫射，如图 5-24 所示。

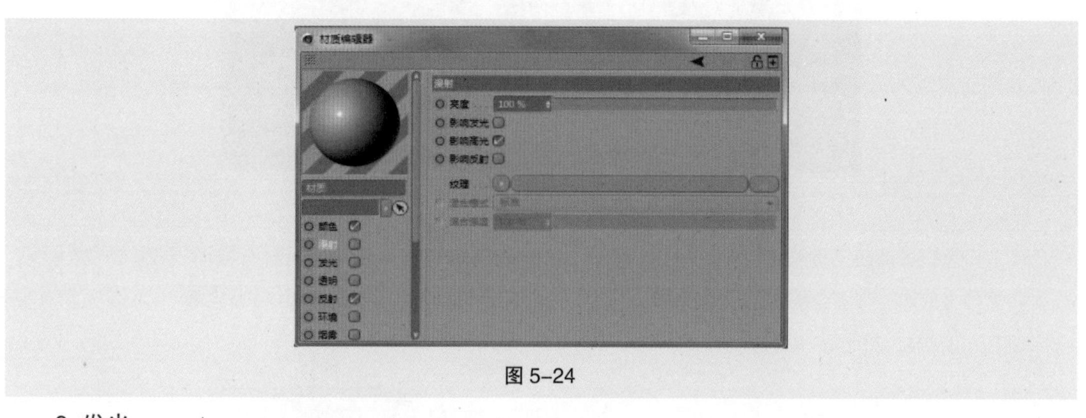

图 5-24

3. 发光

材质发光属性，常用来表现自发光的物体，如荧光灯、火焰等。它不能产生真正的发光效果，不能充当光源，但如果使用 GI 渲染器，并开启全局照明选项，物体就会产生真正的发光效果。进入属性面板，调整颜色参数可以改变物体的发光颜色，如图 5-25 所示。

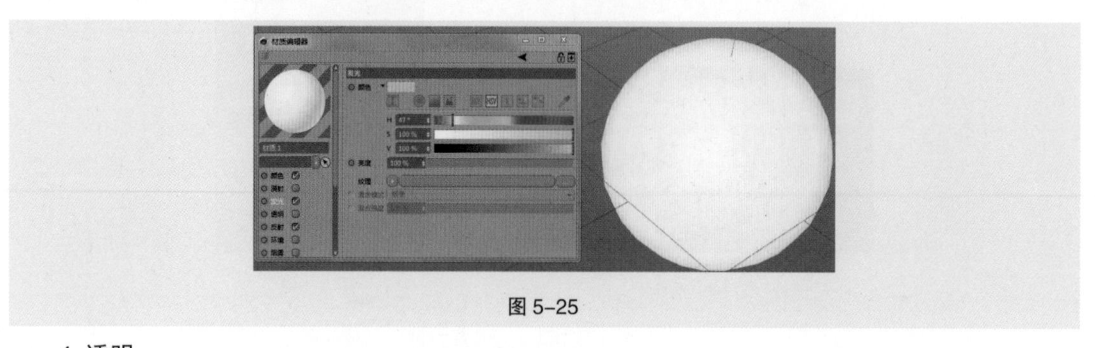

图 5-25

4. 透明

物体的透明度可由颜色的明度信息和亮度信息来定义，纯透明的物体不需要颜色通道，如果想表现彩色的透明物体，可通过吸收颜色来改变颜色。折射率是调整物体折射强度，直接输入数值即可，也可以通过折射率预设来选择，常用的物体折射率如图 5-26 所示。

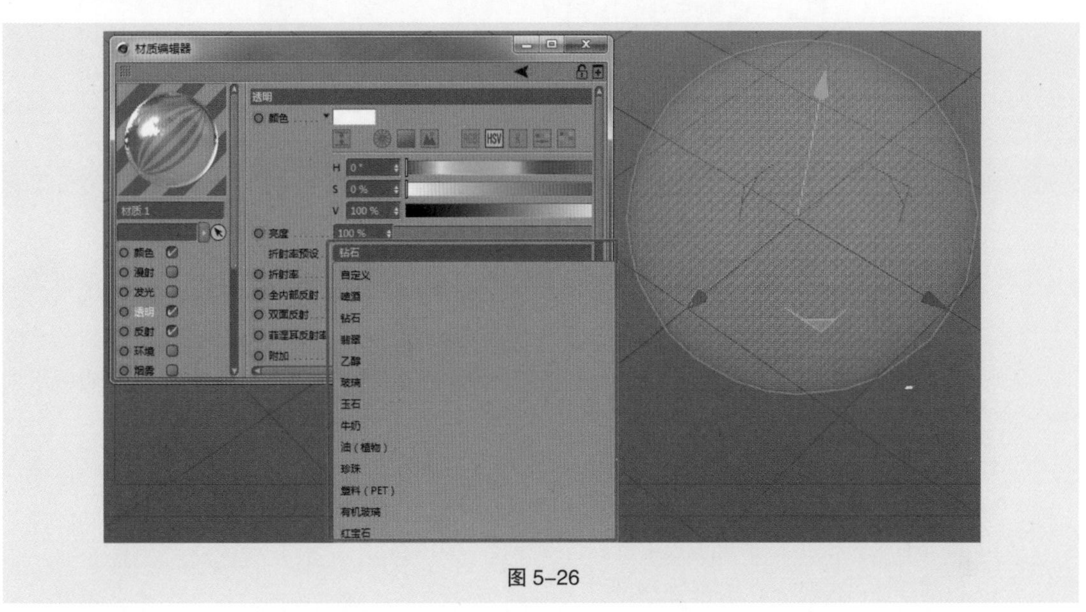

图 5-26

5. 反射

新版本 Cinema 4D 增加了很多新功能，改变最大的就是材质里的反射通道。现在的反射通道不仅功能结构与过去不同，而且渲染速度有了很大的提升，效果变化非常显著，并且增加了很多参数以创建物体表现反射的细节。

新反射通道的特点如下。

（1）反射通道和高光通道合并在一起（原来的反射和高光还保留）。

（2）合在一起的反射、高光可以分层管理，单独控制。

（3）每一层可以单独控制很多属性（凹凸贴图、法线贴图、菲涅耳等）。

（4）增加了多种反射类型（Beckmann、GGX、Phong、Ward、各向异性、Irawan）。

（5）在渲染速度方面，实现同类效果，如图 5-27 所示，比过去有很大提升。

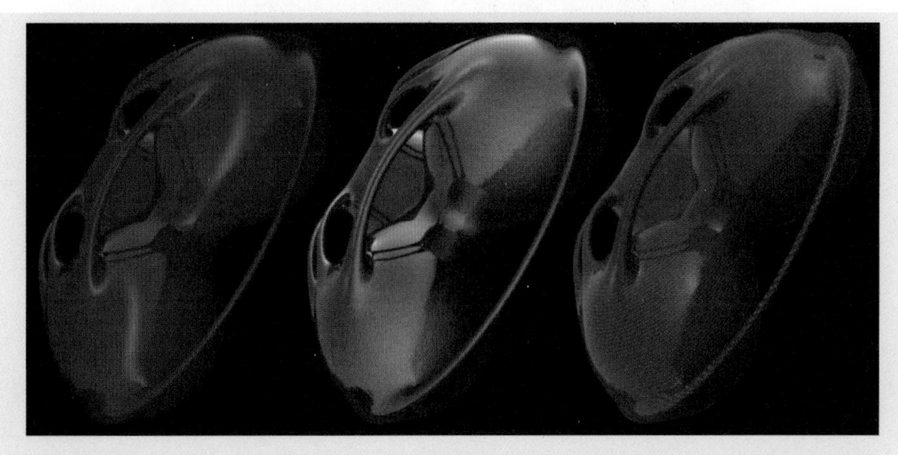

图 5-27

按照现实物体反射的多样性和物理模型描述，Cinema 4D 提供了以下反射类型，如图 5-28 所示。

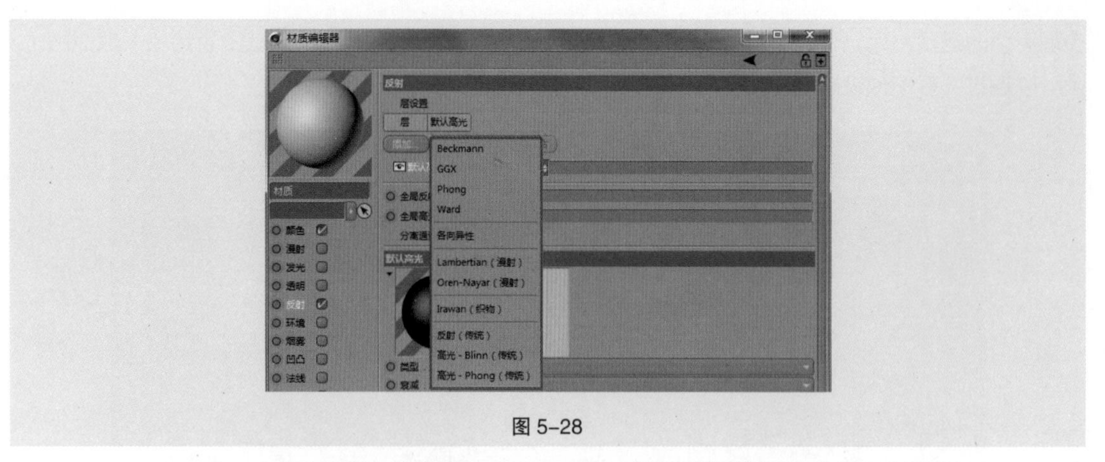

图 5-28

（1）Beckmann：默认类型，这是 Cinema 4D 用于模拟常规物体表面的反射类型，适用于大部分情况。

（2）GGX：这是一种适合表现金属质感的反射类型。

（3）Phong：这是一种适合表现表面高光和光线渐变的类型。

（4）Ward：适合表现软表面的反射情况，如橡胶、塑料等。

（5）各向异性：表现特定方向的反射光，如拉丝金属。

（6）Irawan（织物）：更特殊的各向异性，专用于表现布料的反射类型。

反射的选项有以下几种。

（1）衰减：这个选项是用来控制“颜色通道”和当前反射层里的“层颜色”相混合计算的。在真实世界中，物体的颜色影响物体表面的反射，这个参数模拟的就是这种影响。

（2）粗糙度：在真实世界中不存在绝对光滑的物体，这个选项是控制物体表面粗糙程度的，如图 5-29 所示。

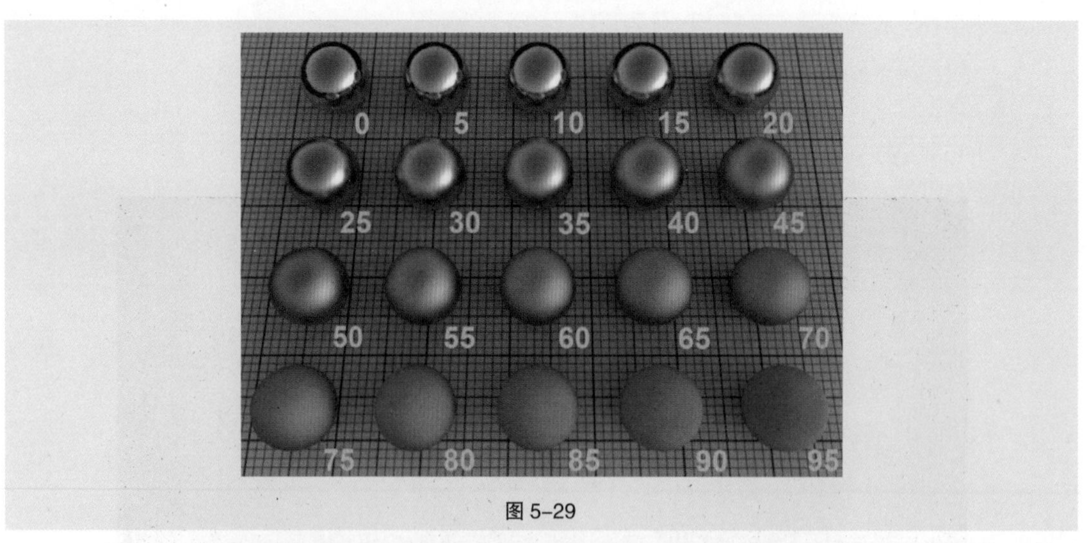

图 5-29

（3）反射强度：反射强度是反射光线的强度，默认值为 100%，为完全反射，相当于镜子效果。

（4）高光强度：物体反射和光源之间的影响程度。Cinema 4D 里的反射通道是基于现实物理设定的。

（5）凹凸强度：通过一张黑白纹理来控制当前层的凹凸强度。

（6）颜色：定义当前层的物体反射面的颜色，默认为白色。

（7）亮度：数值越高，当前层越亮。亮度为 0% 时，当前层为黑色。

（8）纹理：使用一张纹理贴图来设置当前层反射面的颜色。

（9）混合模式：控制本层的颜色和纹理之间的混合。

（10）混合强度：控制本层颜色和纹理之间透明或亮度方面的比例。

（11）层遮罩：可以通过一张黑白纹理贴图来控制模型表面反射的区域。

6. 环境

使用环境通道虚拟一个环境当作模型的反射来源，这样渲染速度比添加真实的反射要快很多。在属性面板中，纹理选项可加载各种纹理来当作模型的反射贴图，也就是我们通常所说的假反射，如图 5-30 所示。

图 5-30

7. 烟雾

烟雾通道可以配合环境对象使用，将材质赋予环境对象，可使环境有烟雾的效果。烟雾的颜色和亮度可以调节，距离参数可模拟模型在烟雾环境中的可见距离。

8. 凹凸

通过黑白纹理贴图来控制模型表面的凹凸程度，此凹凸效果只是视觉上的模拟，凹凸程度通过强度值控制，正值是凸出效果，负值为凹陷效果，如图 5-31 所示。

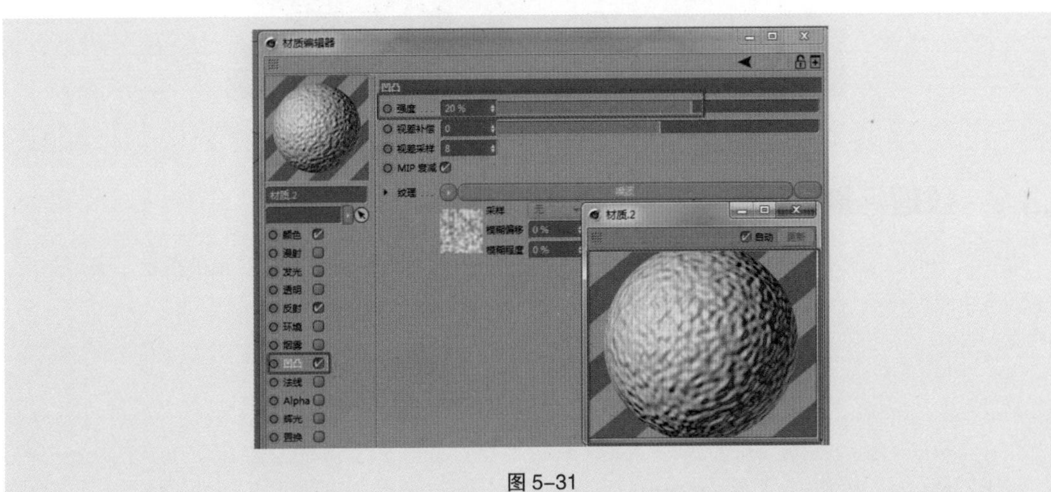

图 5-31

9. 法线

在通道属性面板的纹理中加载法线贴图，可使低模显示为高模效果。法线贴图是从高精度模型上烘焙生成的带有 3D 纹理信息的特殊纹理，如图 5-32 所示。

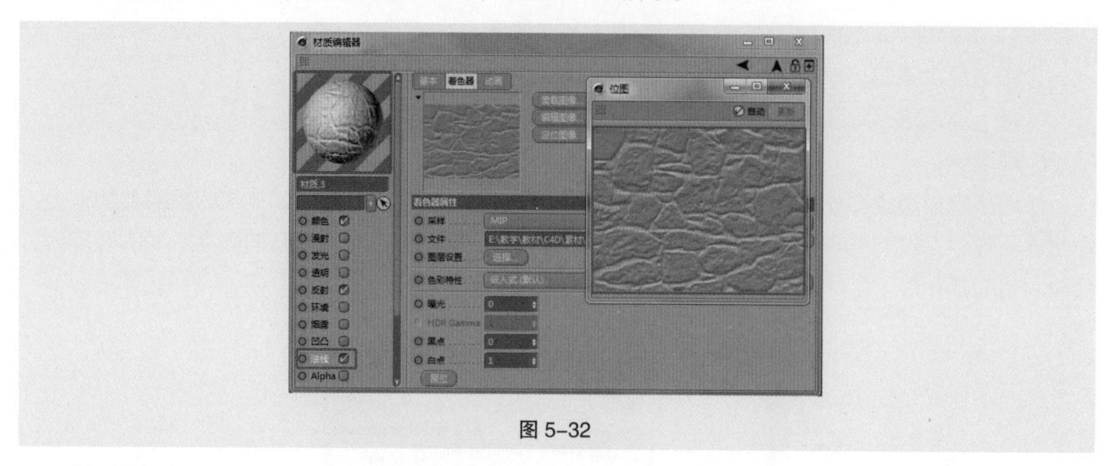

图 5-32

10. Alpha

在 Alpha 通道中，通过一张黑白纹理贴图使模型表面产生透明效果，白色为显示，黑色为透明。

11. 辉光

辉光通道能使模型产生发光效果，进入属性面板，可调节辉光外部强度和半径等。

12. 置换

置换通道是一种真正产生凹凸效果的通道，比凹凸通道产生更多的细节。进入属性面板，可调节置换的强度、类型等参数，如图 5-33 所示。

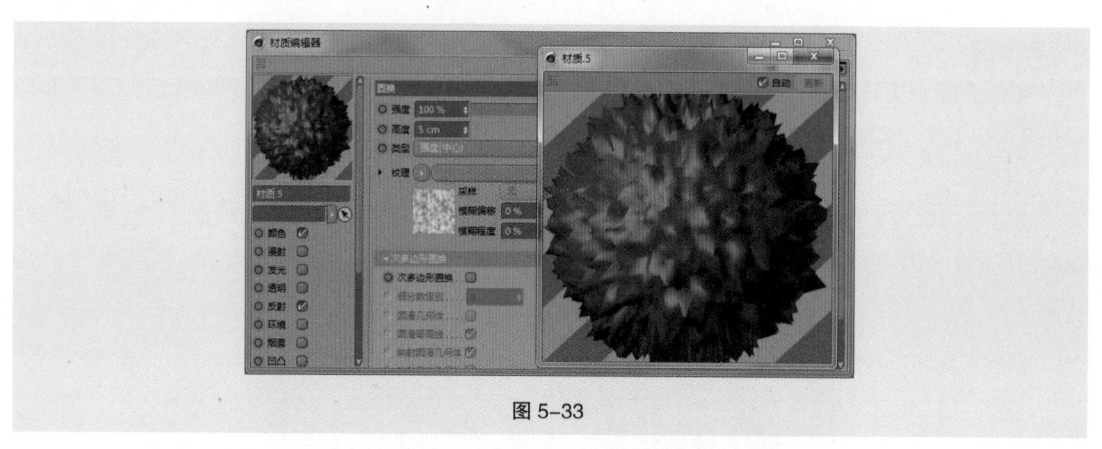

图 5-33

5.3.2 纹理标签

当场景中的对象被指定材质，在对象面板中将会出现纹理标签，如果一个对象被指定了多个材质，会出现多个纹理标签，如图 5-34 所示。

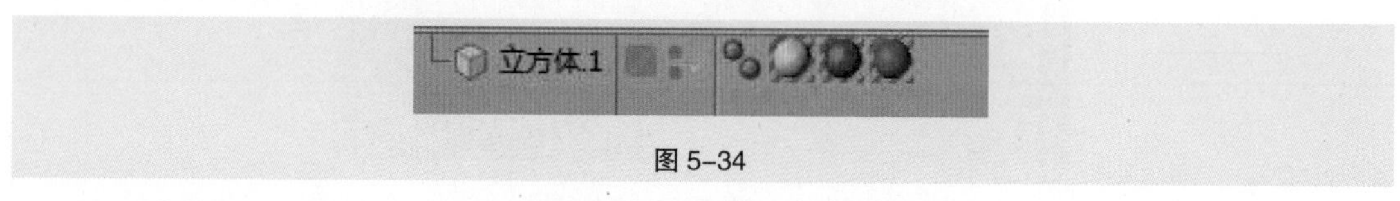

图 5-34

单击纹理标签，可以打开“标签属性”面板，如图 5-35 所示。

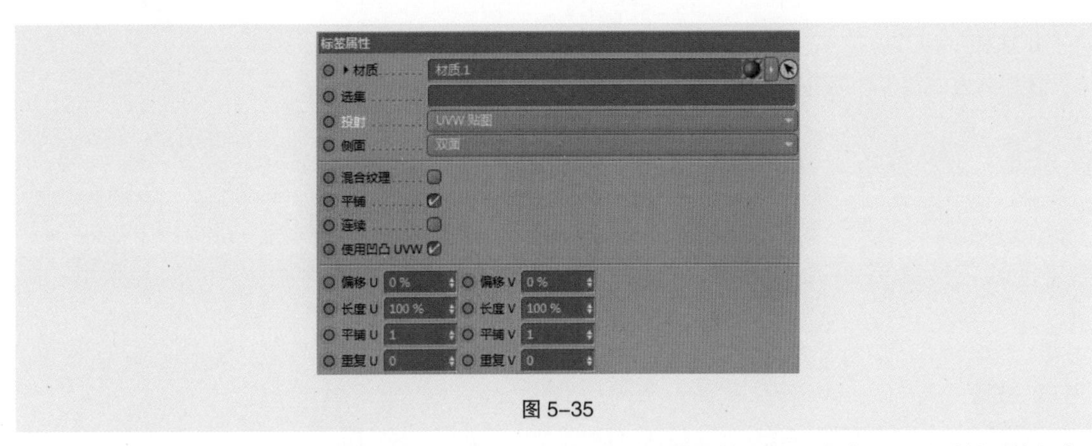

图 5-35

（1）材质：单击“材质”左边的小三角，可以展开材质的属性面板，在这里可以对材质的颜色、亮度、反射、凹凸等参数进行调节。

（2）选集：当创建了多边形选集后，可以把多边形选集拖曳到此处，这样只有多边形选集中的面才会指定该材质，通过这种方式可以为同一个对象指定不同的材质。

（3）侧面：设置材质纹理贴图投射在对象上的方向，包含“双面”“正面”“背面”3 个选项，可以通过在一个对象上指定两个材质，分别通过“正面”和“背面”来实现双面材质效果。

（4）混合纹理：当一个对象被指定了多个材质以后，新指定的材质会覆盖之前指定的材质，如果新指定的材质是带有透明通道的材质，勾选“混合纹理”，透明区域将会透出之前指定的材质，如图 5-36 所示。

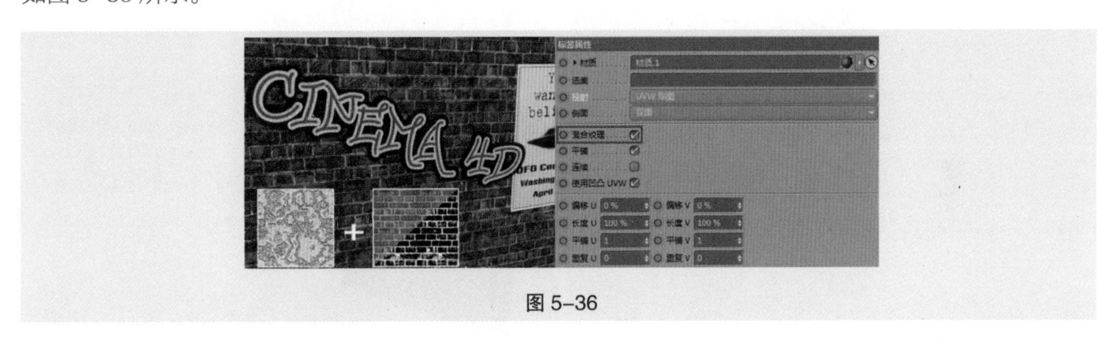

图 5-36

5.3.3 UVW 贴图坐标

当材质内包含了纹理贴图时，可以通过“投射”参数来设置纹理贴图以何种方式投射到对象模型上。单击“投射”，弹出的下拉菜单中列出了 Cinema 4D 提供的 9 种投射方式，如图 5-37 所示。

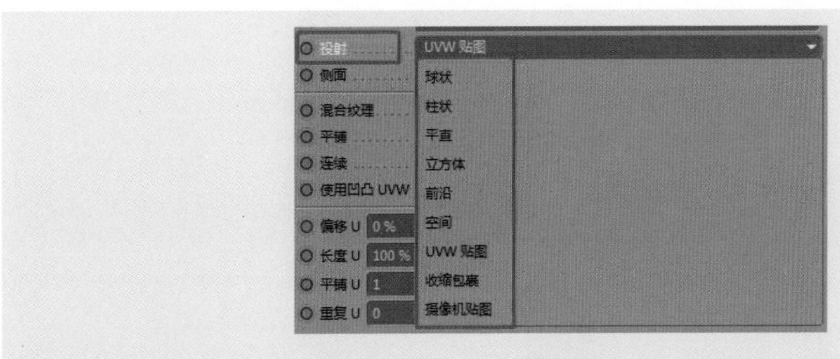

图 5-37

1. 球状

该投射方式是将纹理贴图以球状投射到对象模型上，如图 5-38 所示。

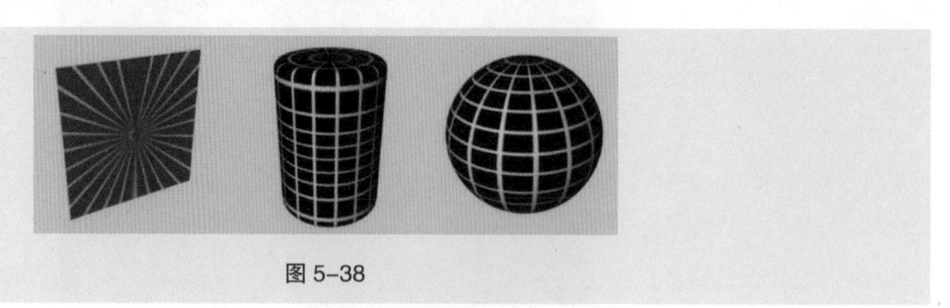

图 5-38

2. 柱状

该投射方式是将纹理贴图以柱状投射到对象模型上，如图 5-39 所示。

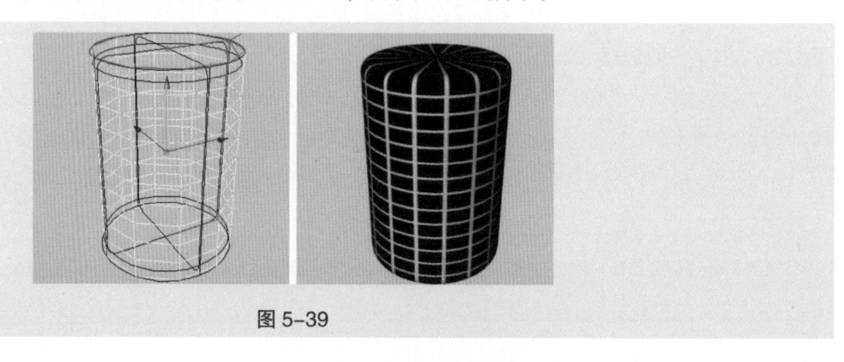

图 5-39

3. 平直

该投射方式是将纹理以平面的形式投射到对象模型上，如图 5-40 所示。

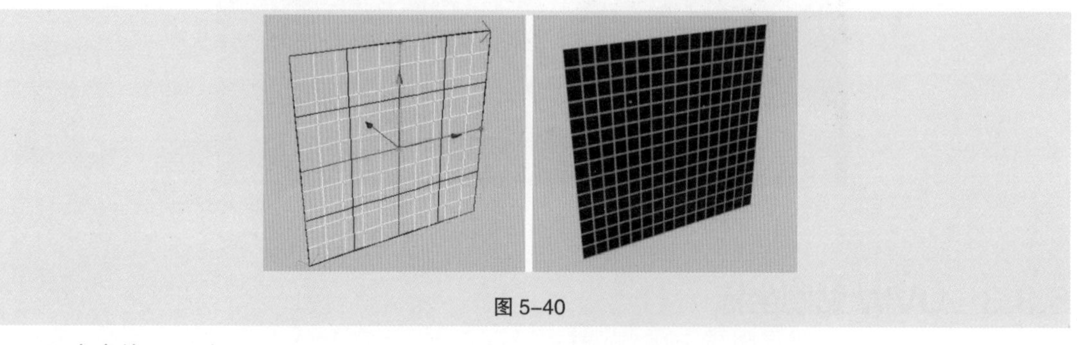

图 5-40

4. 立方体

该投射方式是将纹理贴图投射到立方体的 6 个面上，如图 5-41 所示。

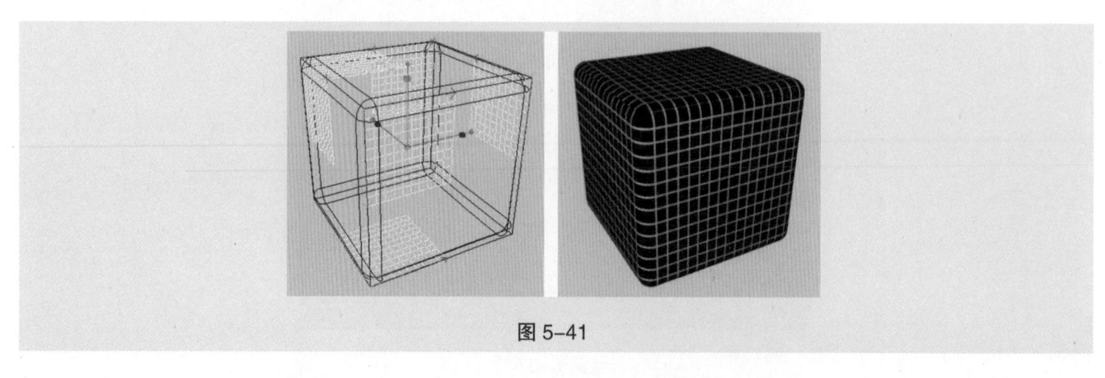

图 5-41

5. 前沿

该投射方式是将纹理贴图从摄像机位置投射到对象模型上，这样就可以确保将纹理贴图同时投射到多边形对象和背景对象上，并且两个纹理可以完全匹配。

6. 空间

“空间”投射方式与“平直”投射方式类似，但不同于“平直”投射方式的是，纹理贴图在通过对象时会进行向上和向左的拉伸。

7. UVW 贴图

该投射方式是 Cinema 4D 默认的投射方式。所有对象模型都有 UVW 坐标，当将一个新的纹理贴图应用给对象时，纹理标签中的投射类型就是默认的“UVW 贴图”。参数化对象和生成器对象有自己内部的 UVW 坐标，但是对象管理器中不显示，只有将参数化对象或者生成器对象转为可编辑模型后，才会在“对象管理器”中显示，如图 5-42 所示。

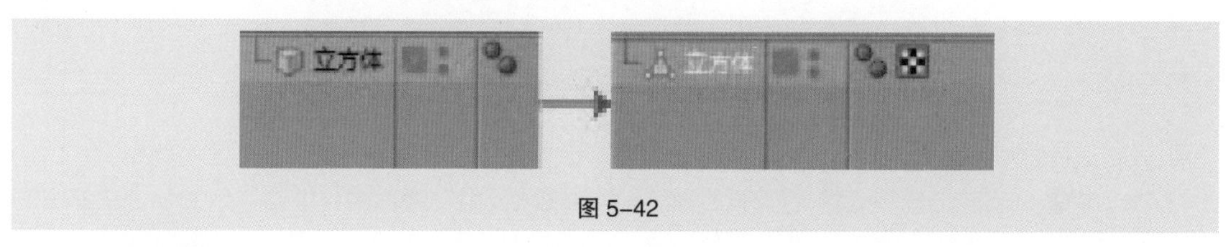

图 5-42

8. 收缩包裹

该投射方式是指纹理的中心被固定到一点，并且其他的纹理将会被拉伸以覆盖整个对象。

9. 摄像机贴图

该投射方式与“前沿 ”投射方式类似，不同的是纹理贴图是通过摄像机视角投射到对象上，并会随着摄像机视角的改变而变化。

5.4 典型材质案例

5.4.1 课堂案例——金属材质

（1）按 Ctrl+O 组合键打开场景“金属材质 _Start”（ch05\5.4.1 课堂案例——金属材质 \ 工程文件），如图 5-43 所示。

图 5-43

（2）在“材质管理器”面板中执行“创建”>“新材质”，或者直接在“材质管理器”面板空白区域双击，创建一个材质球，命名为“背景”。在“对象”面板中选择“背景”对象，在“材质管理器”中选择“背景”材质球，将其拖曳到“背景”对象。

（3）在“材质管理器”面板创建新材质，命名为“磨砂金属”，选择“磨砂金属”材质，拖曳鼠标将其指定给“物体”群组对象，如图 5-44 所示。

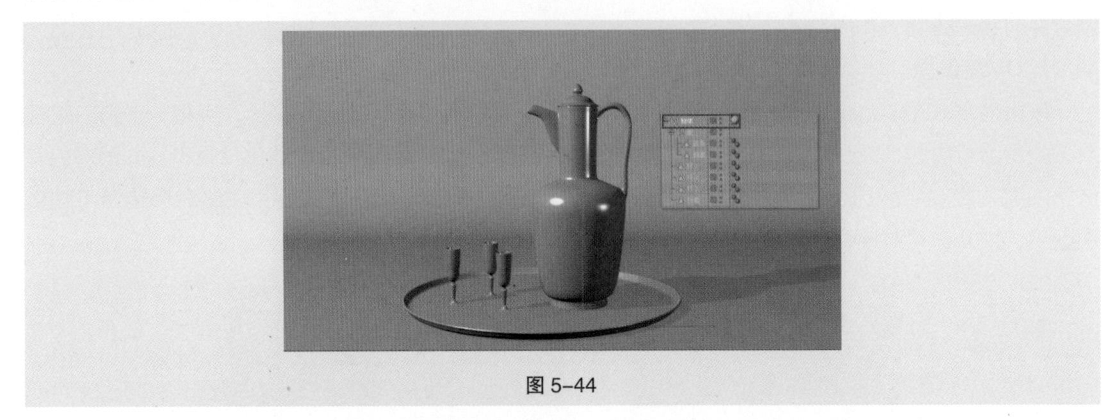

图 5-44

（4）双击“磨砂金属”材质，打开材质编辑器，在“反射”通道中，单击“添加”，在弹出的菜单中选择“各向异性”，将“各向异性”图层移到“默认高光”下面，如图 5-45 所示。

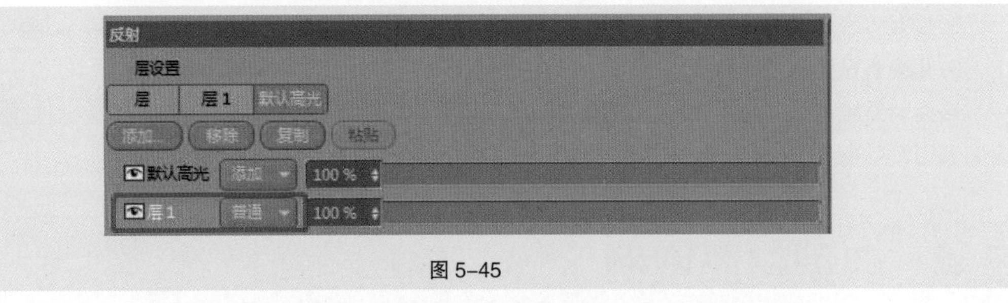

图 5-45

（5）在“层 1”中展开“层各向异性”卷展栏，在“重投射”下拉菜单中选择“平面”，在“划痕”下拉菜单中选择“主级”，将“主级缩放”设置为 31%，将“主级长度”设置为 84%，如图 5-46 所示。

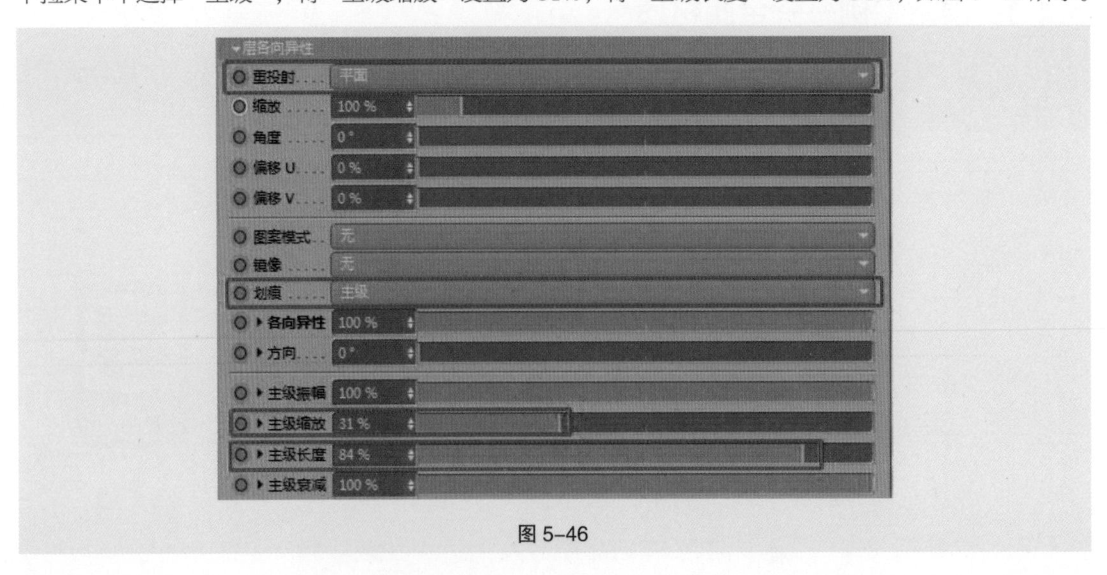

图 5-46

（6）创建新材质，命名为“托盘材质”。在“对象”面板中选择“物体”群组对象中的“托盘”对象，在“材质管理器”中选择“托盘材质”材质球，将其拖曳到“托盘”对象。

（7）双击“托盘材质”材质球，打开材质编辑器，取消勾选“颜色”通道复选框，在“反射”通道中单击“添加”，在下拉菜单中选择“GGX”反射类型，将“层 1”放置在“默认高光”层的下方，如图 5-47 所示。

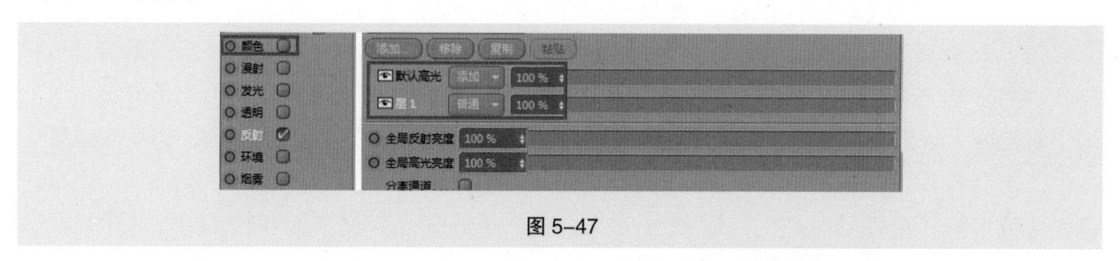

图 5-47

（8）将“粗糙度”设置为 10%，在“层颜色”卷展栏中将颜色设置为淡黄色（255，231，143），在“菲涅耳”下拉菜单中选择“导体”，在“预置”下拉菜单中选择“铝”，如图 5-48 所示。

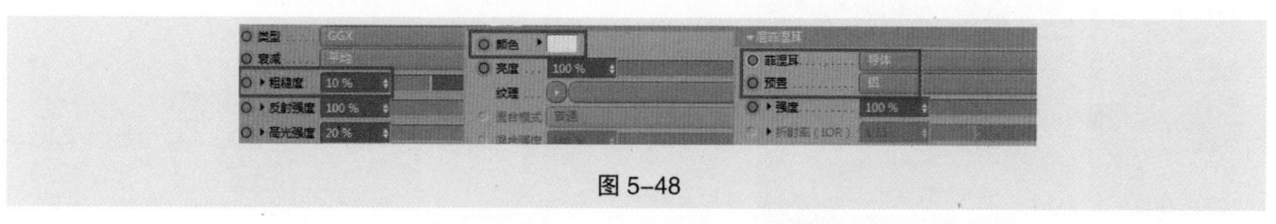

图 5-48

（9）在主菜单中执行“创建”>“场景”>“天空”，在场景中创建一个“天空”对象，在“材质管理器”中创建一个新的材质，命名为“天空材质”，将其拖曳到“对象”面板中的“天空”对象上。在“材质管理器”中双击“天空材质”，打开材质编辑器，取消勾选“颜色”和“反射”复选框，勾选“发光”复选框。在“发光”属性面板中单击“纹理”右边的三角，在弹出的菜单中选择“过滤”，单击“过滤”，在“过滤”属性面板中单击横条，载入“Sky.hdr”（ch05\5.4.1 课堂案例——金属材质 \ 工程文件 \ 金属材质 _Start\tex），将“饱和度”设置为 -51%，如图 5-49 所示。

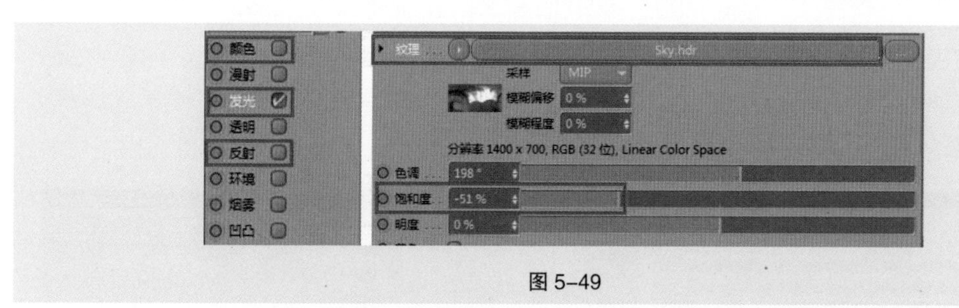

图 5-49

（10）最终渲染效果，如图 5-50 所示。

图 5-50

5.4.2 课堂案例——玻璃材质

扫码观看
本案例操作

（1）按 Ctrl+O 组合键打开场景“玻璃材质 _Start”（ch05\5.4.2 课堂案例——玻璃材质 \ 工程文件）。

（2）在“材质管理器”面板创建一个新的材质球，命名为“地面”，将“地面”材质指定给“L Curve”对象；再次创建一个新的材质球，命名为“塑料”，将“塑料”材质指定给“RPM Knob”对象。双击“塑料”材质球，打开材质编辑器，取消勾选“颜色”复选框，在“反射”通道的“默认高光”属性面板中将“类型”设置为“Beckmann”，将“粗糙度”设置为 14%，将“反射强度”和“高光强度”设置为 100%，在“层菲涅耳”栏中，在“菲涅耳”下拉菜单中选择“绝缘体”，在“预置”下拉菜单中选择“聚酯”，在“层”属性面板中将“全局反射亮度”设置为 30%，将“全局高光亮度”设置为 29%，如图 5-51 所示。

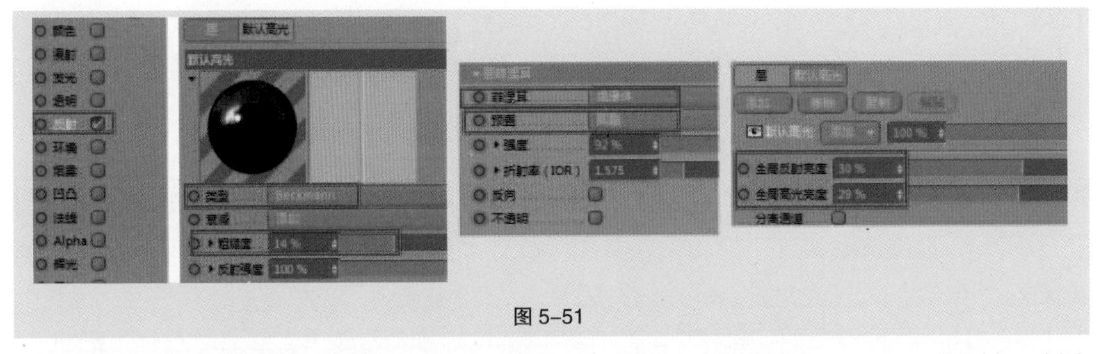

图 5-51

（3）在“材质管理器”中选中“塑料”材质，将“塑料”材质指定给“Buttons”对象。创建一个新的材质球，命名为“不锈钢”，双击“不锈钢”材质球，打开材质编辑器，在“颜色”通道中，将“颜色”设置为黑色（35，35，35），在“漫射”通道中单击“纹理”右边的三角，在弹出的菜单中选择“噪波”，单击进入“噪波”属性面板，设置“相对比例”， X 为 500%，Y 为 1%，Z 为 500%。返回“漫射”通道，在“纹理”上单击右键，在弹出的菜单中选择“复制”，勾选“凹凸”通道前面的复选框，在“凹凸”通道属性面板“纹理”处单击右键，在弹出的窗口中选择“粘贴”，将“强度”设置为 0.2%，如图 5-52 所示。

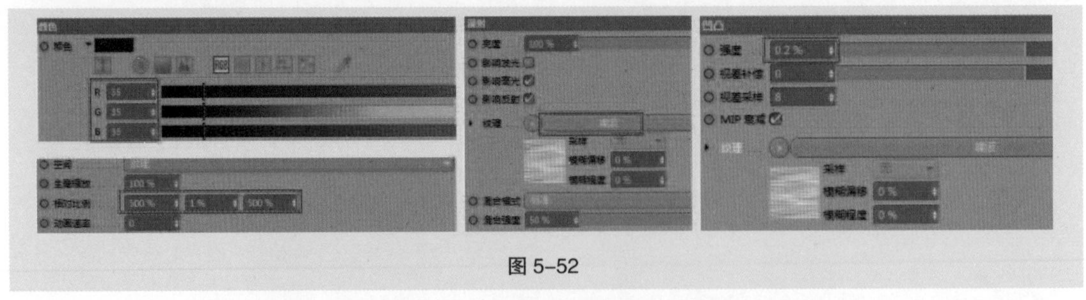

图 5-52

（4）单击“反射”通道，把“默认高光”栏的“类型”设置为“Beckmann”，在“衰减”下拉菜单中选择“最大”，将“粗糙度”设为 40%，将“反射强度”和“高光强度”设置为 100%，在“层菲涅耳”栏里将“菲涅耳”设置为“导体”，在“预置”下拉菜单中选择“铝”，将“不锈钢”材质指定给“Body”对象，如图 5-53 所示。

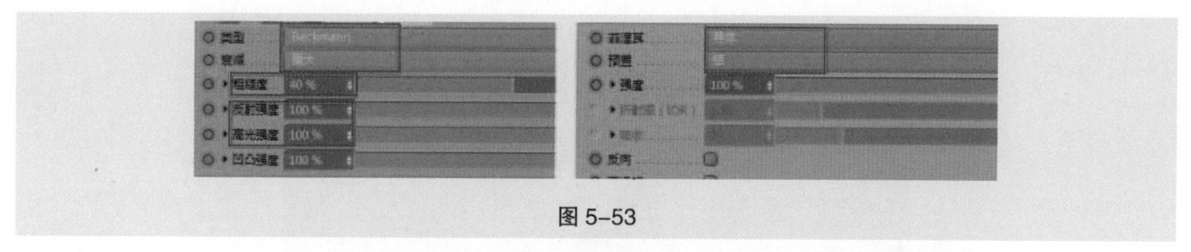

图 5-53

（5）选中“Body”对象，在左侧工具栏中单击“多边形”，进入面编辑模式，选中如图 5-54 所示的面，在“材质管理器”面板中选择“塑料”材质，将其指定给选中的面。

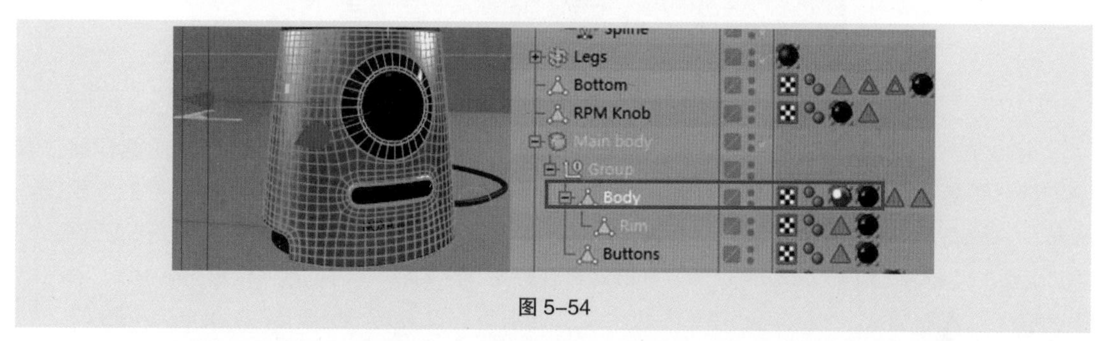

图 5-54

（6）在“材质管理器”面板创建一个新的材质球，命名为“哑光塑料”，在“颜色”通道将颜色设为黑色（23，23，23），单击“纹理”右边的三角，在弹出的菜单中选择“菲涅耳（Fresnel）”。在“菲涅耳（Fresnel）”属性设置面板中勾选“物理”复选框，在“预置”下拉菜单中选择“塑料（PET）”，如图 5-55 所示。

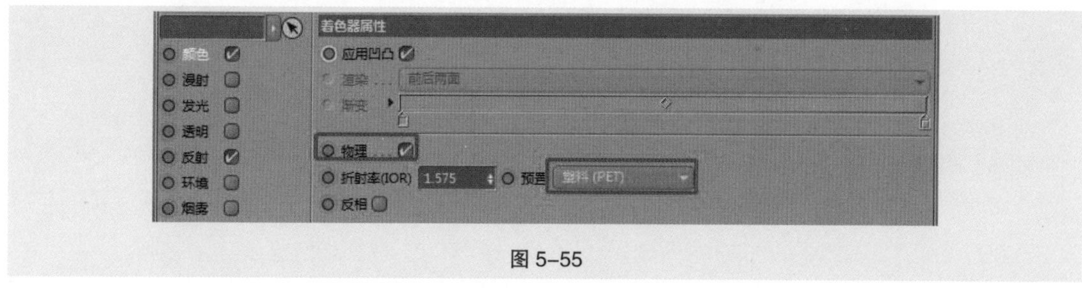

图 5-55

（7）在“反射”通道“默认高光”面板中，将“类型”设置为“Beckmann”，将“衰减”设置为“最大”，将“反射强度”和“高光强度”都设置为 100%，在“层菲涅耳”栏中将“菲涅耳”设置为“绝缘体”，在“预置”下拉菜单中选择“聚酯”，将“强度”设置为 90%，在“层”面板中将“全局反射亮度”和“全局高光亮度”都设置为 12%，如图 5-56 所示。

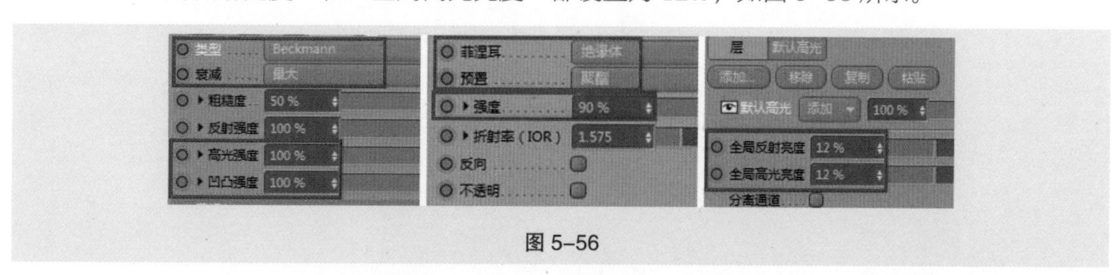

图 5-56

（8）在“对象”面板中选择“Sweep”“Legs”“Black Rim”“Plastic Base”“Lid”“Silicon Ridges”6 个对象，在“材质管理器”面板中右键单击“哑光塑料”，在弹出的菜单中选择“应用”，将“哑光塑料”材质指定给这 6 个对象，如图 5-57 所示。

图 5–57

（9）在“材质管理器”面板创建一个新的材质球，命名为“玻璃”。打开材质编辑器，取消勾选“颜色”通道复选框，勾选“透明”通道，在“透明”通道属性面板中将“折射率预设”设置为“玻璃”，将“吸收距离”设为 33 cm；在“反射”通道的“默认高光”属性设置面板中，将“类型”设置为“Beckmann”，将“粗糙度”设置为 2%，将“反射强度”设置为 100%，将“高光强度”设置为 20%；在“层菲涅耳”栏中将“菲涅耳”设置为“绝缘体”，如图 5–58 所示。

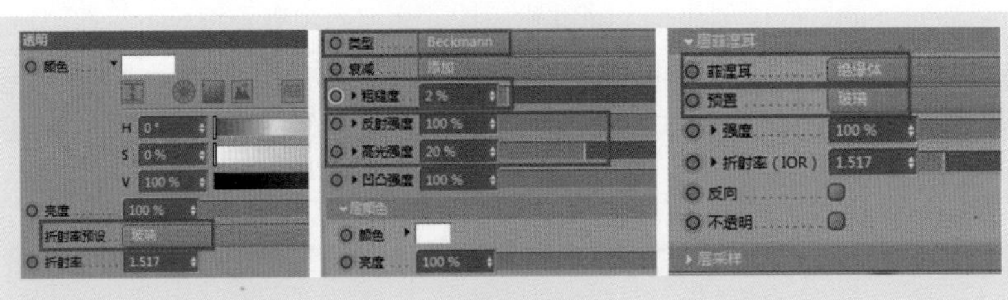

图 5–58

（10）在主菜单中执行“创建”>“场景”>“天空”，在场景中创建一个“天空”对象，在“材质管理器”中创建一个新的材质球，命名为“环境”。在材质编辑器中取消勾选“颜色”和“反射”通道，勾选“发光”通道，在“发光”通道属性面板中单击“纹理”右边的横条，加载 Sky.hdr 文件（ch05\5.4.2 课堂案例——玻璃材质 \ 素材文件），将“环境”材质指定给“天空”对象。

（11）在“材质管理器”中将“玻璃”材质指定给“Jug”对象，最终渲染效果如图 5–59 所示。

图 5–59

5.4.3 课堂案例——面料材质

（1）按 Ctrl+O 组合键打开场景“面料材质 _Start”（ch05\5.4.3 课堂案例——面料材质 \ 工程文件）。

（2）在“材质管理器”面板中创建一个新的材质球，命名为“丝绸”。打开材质编辑器，取消勾选“颜色”通道复选框，在“反射”通道中单击“添加”按钮，在弹出的菜单中选择“Irawan 织物”，在“衰减”下拉菜单中选择“添加”，将“反射强度”设置为 90%，在“层布料”栏中将“图案模式”设置为“丝绸缎子”，将“缩放 U”和“缩放 V”都设置为 10%，将“径向漫射”颜色设置为黑色（32，7，7），将“纬向漫射”颜色设置为棕红色（112，44，44），将“径向高光”颜色设置为黑色（50，14，14），将“纬向高光”颜色设置为砖红色（160，85，85），如图 5-60 所示。

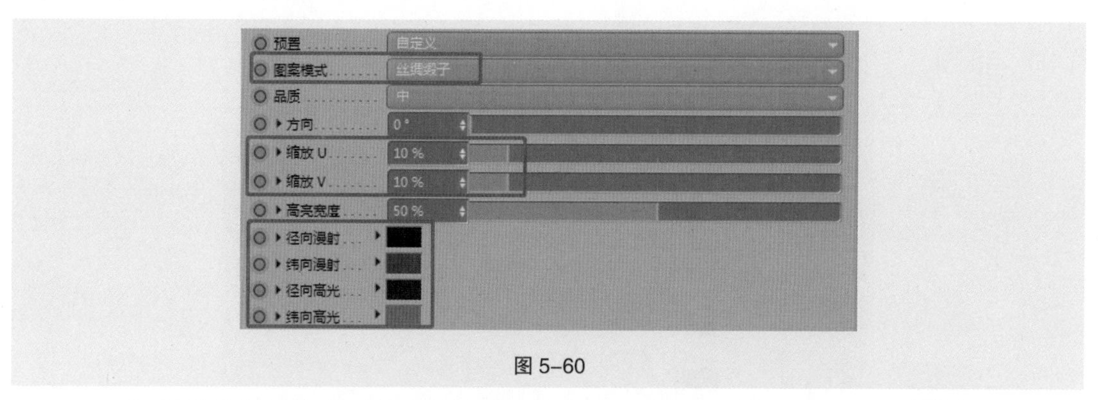

图 5-60

（3）在“丝绸”材质的“反射”通道中选中“默认高光”层，单击“移除”按钮将其删除，单击“添加”按钮，在弹出的菜单中选择“GGX”，在“衰减”下拉菜单中选择“添加”。在“GGX”属性面板中将“粗糙度”设置为 51%，将“反射强度”设置为 9%，将“高光强度”设置为 67%，在“层颜色”栏中将“颜色”设置为淡红色（213，69，69），如图 5-61 所示。将“丝绸”材质指定给“桌布”对象。

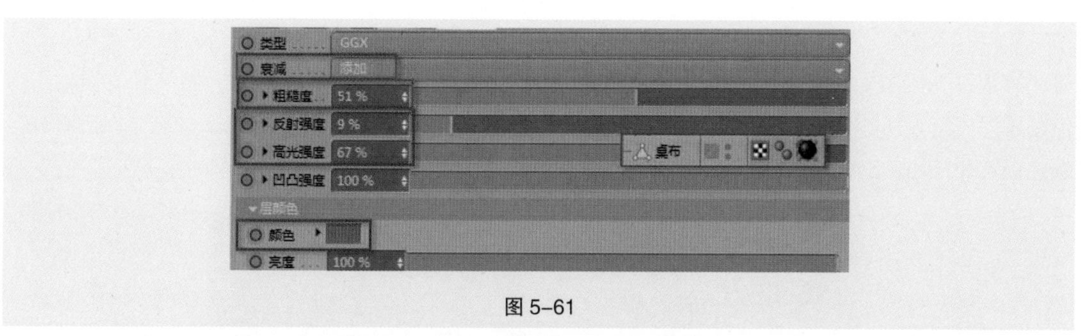

图 5-61

（4）在“材质管理器”面板创建一个新的材质球，命名为“抱枕材质”，打开材质编辑器，在“颜色”通道单击“纹理”右边的三角，在弹出的菜单中选择“图层”，在“图层”属性面板中单击“着色器”按钮，在弹出的菜单中选择“颜色”，单击“颜色”着色器，在其属性设置面板中将颜色设置为黑色（0，0，0）。回到“图层”属性面板，再次单击“着色器”按钮，在弹出的菜单中选择“菲涅耳 (Fresnel)”，单击“菲涅耳 (Fresnel)”着色器，在其属性面板中，将左边节点颜色的 RGB 设置为棕红色（125，57，56），将右边的节点拖曳到中间，如图 5-62 所示。

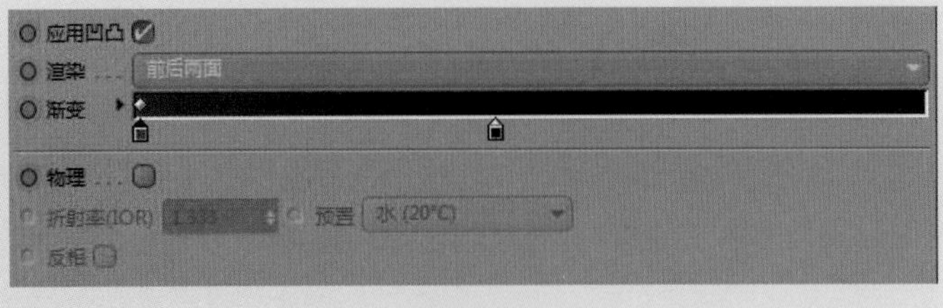

图 5-62

（5）在“抱枕材质”的“反射”通道中，将“默认高光”属性面板中的“类型”设置为“Irawan（织物）”，将“衰减”设置为“添加”，将“反射强度”和“高光强度”设置为 20%，在“层布料”栏中将“图案模式”设置为“羊毛华达呢”，将“缩放 U”设置为 20%，将“缩放 V”设置为 60%，将“径向漫射”颜色设置为深红色（101，17，17），将“纬向漫射”颜色设置为豆绿色（112，101，101），将“径向高光”颜色设置为黑红色（73，15，15），将“纬向高光”颜色设置为红色（148，40，40），如图 5-63 所示。

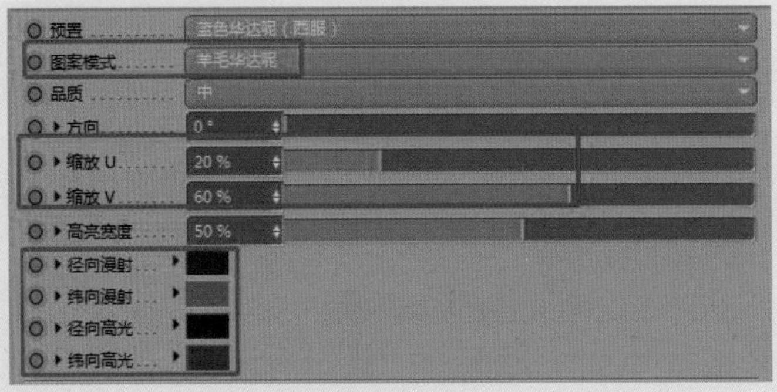

图 5-63

（6）在“层”面板中单击“添加”按钮，在弹出的菜单中选择“Irawan（织物）”，将“衰减”设置为“添加”，将“反射强度”和“高光强度”设置为 20%，在“层遮罩”栏中单击“纹理”，载入“tex_structure_ornaments_2.tif”（ch05\5.4.3 课堂案例——面料材质 \ 素材文件），在“层布料”栏中将“图案模式”设置为“羊毛华达呢”，将方向设置为 34°，将“缩放 U”设置为 15 %，将“缩放 V”设置为 40%，将“径向漫射”颜色设置为红色（174，33，33），将“纬向漫射”颜色设置为灰色（187，167，167），将“径向高光”颜色设置为黑色（39，4，4），将“纬向高光”颜色设置为红色（245，63，63），如图 5-64 所示。

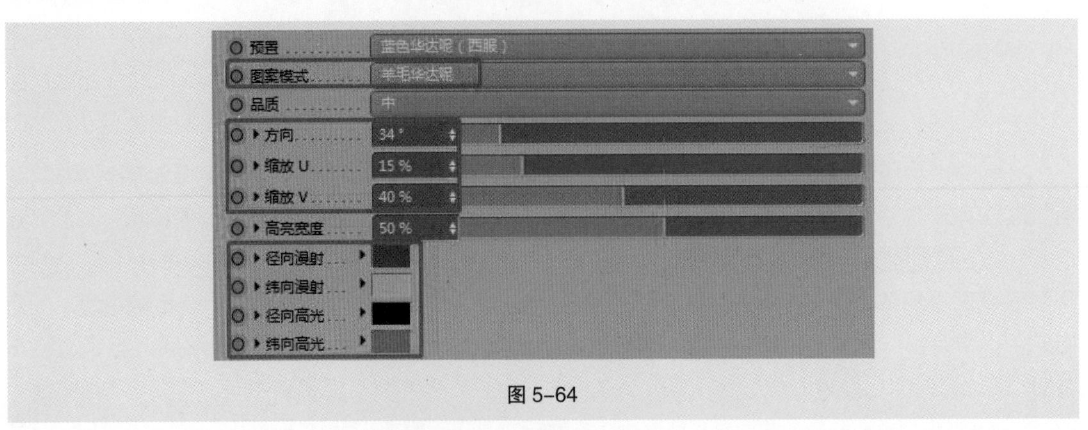

图 5-64

（7）在“层”面板中单击“添加”按钮，在弹出的菜单中选择“Irawan（织物）”，将“衰减”设置为“添加”，将“反射强度”和“高光强度”设置为 20%，在“层布料”栏中将“图案模式”设置为“羊毛华达呢”，将方向设置为 75°，将“缩放 U”设置为 13%，将“缩放 V”设置为 43%，将“径向漫射”颜色设置为黑色（42，7，7），将“纬向漫射”颜色设置为黑色（44，38，38），将“径向高光”颜色设置为黑色（26，6，6），将“纬向高光”颜色设置为黑色（55，12，12），如图 5-65 所示。

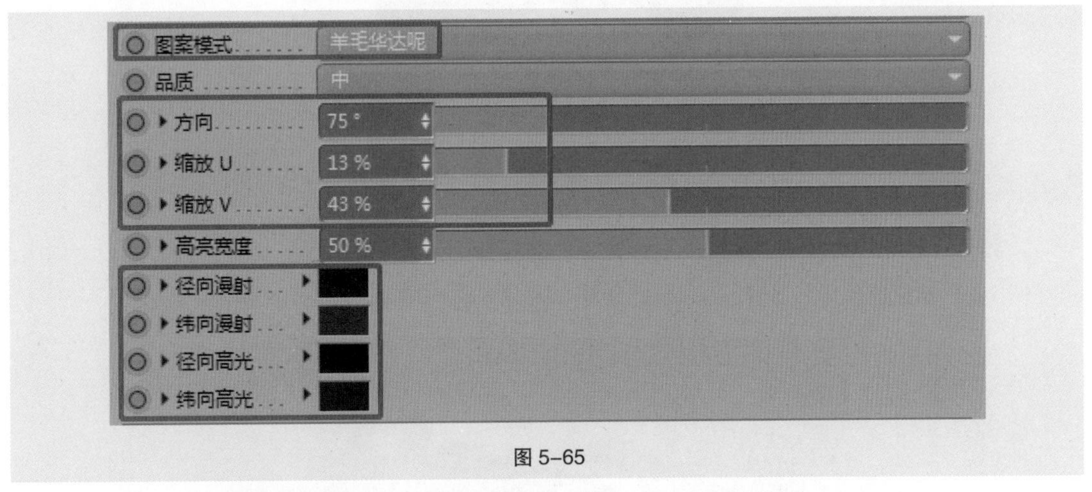

图 5-65

（8）在“层”面板中将“层 2”的强度设置为 25%，如图 5-66 所示。

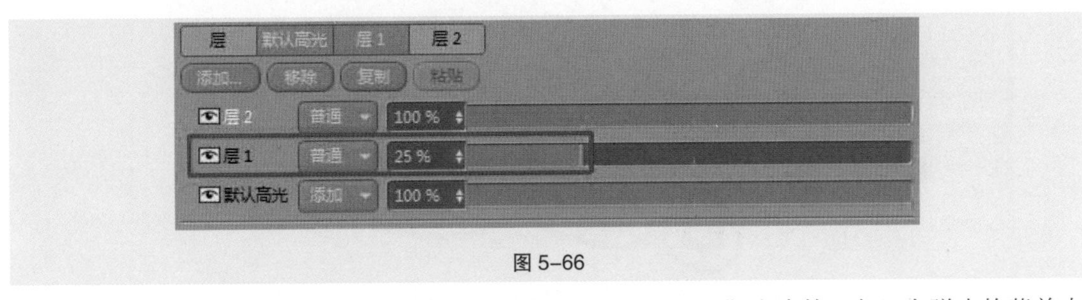

图 5-66

（9）在“抱枕材质”材质的“凹凸”通道中，单击“纹理”右边的三角，在弹出的菜单中选择“图层”，在“图层”属性面板中单击“着色器”按钮，在弹出的菜单中选择“噪波”，在“噪波”属性设置面板中将“噪波”类型设置为“珀秀”，将“全局缩放”设置为 10%，如图 5-67 所示。

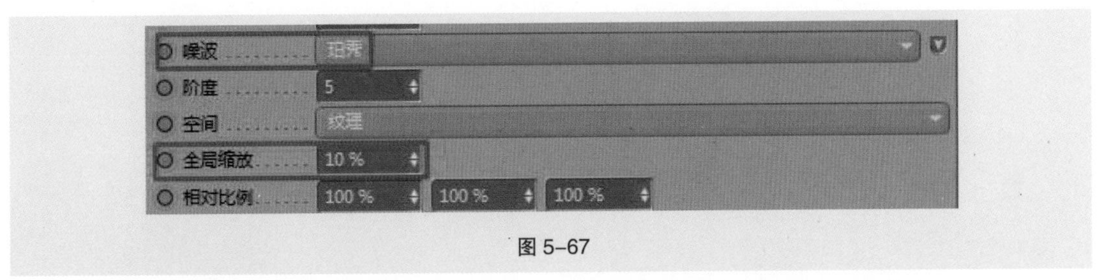

图 5-67

（10）将“抱枕材质”材质指定给“抱枕”对象，最终渲染结果如图 5-68 所示。

图 5-68

5.4.4 课后习题——材质综合表现

习题知识要点：为玻璃材质添加反射效果，并调整折射效果；为金属材质添加“GGX”反射效果，完成哑光塑料材质的调整，并将其指定给场景中的对象，最终效果如图 5-69 所示。

扫码观看
本案例操作

图 5-69

06

第6章 灯 光

本章导读

本章针对 Cinema 4D 的灯光进行讲解。通过对本章的学习，读者可以了解三维软件中布光的原理，掌握 Cinema 4D 灯光的参数调节方法以及使用技巧。

学习目标

- 了解三维软件灯光照明原理。
- 掌握三点布光照明技巧。
- 掌握灯光参数调节技巧。
- 掌握区域光参数调节技巧。

灯光

技能目标

- 掌握“使用三点布光照亮场景”的制作方法。
- 掌握“场景布光练习”的制作方法。

6.1 灯光原理

自然界中看到的光来自太阳或产生光的设备，如白炽灯、手电筒等，光是人类生存所不可或缺的。在三维软件中，灯光是表现三维效果非常重要的一部分，没有光，任何漂亮的材质都成为空谈。光的功能一方面是照亮场景，另一方面是烘托气氛。Cinema 4D 提供了很多用于制作光影的工具，组合使用它们，可以制作出各种各样的效果，如图 6-1 所示。

图 6-1

6.1.1 三点布光

三维软件的渲染器早期无法计算间接照明，所以背光的地方，由于没有光线反射而呈现全黑的现象。因此，为了模拟物体真实的光照，就需要有多盏灯来照亮暗部，这也就是我们所说的“三点布光”照明原理。

三点布光的好处是比较容易学习和上手，并且适用于很多类型的场景中，特别是静态场景；事实上三维软件中的三点布光来源于现实生活中的摄影，它是由主体一侧的一个主光照亮场景，在对侧一个较弱的辅助光来照亮暗部，再由一个更弱的背光照亮主体边缘轮廓共同组成的，如图 6-2 所示。

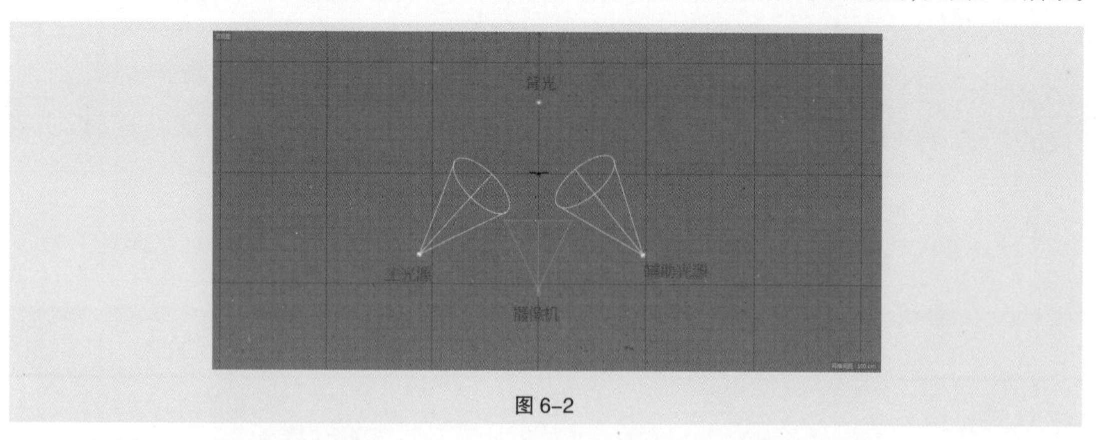

图 6-2

- 主光源：照亮场景的主要灯光，它定义了大部分的可视高光和阴影，例如阳光或者天花板上的吊灯，在顶视图中观察，主光向侧边（向左或是向右）偏移 15 度到 45 度，抬高主光高过摄像机，使其以高于摄像的角度照射场景中的主体。主光高度要高于任何正面照射场景的光源，并且主光是场景中阴影的主要产生光源，能产生最深的阴影，同时高光也是由主光所触发的。

• 辅助光源：又称为补光。用一个聚光灯照射扇形反射面，以形成一种均匀的、非直射性的柔和光源，用它来填充阴影区以及被主体光源遗漏的场景区域，调和明暗区域之间的反差，同时能形成景深与层次，而且这种广泛均匀布光的特性使它为场景打了一层底色，定义了场景的基调。由于要达到柔和照明的效果，通常辅助光的亮度只有主体光的 50% ~ 80%。

• 背光：它的作用是增加背景的亮度，从而衬托主体，并使主体对象与背景相分离。一般使用泛光灯，亮度宜暗不可太亮。

6.1.2 布光设置

在三维软件中对场景进行布光，作为灯光师，每个人都有自己不同的布光方案，但是其中还是有着基本的原则需要遵守，例如灯光的类型、灯光的位置、灯光的角度和灯光的高度等。

在场景中布光的顺序是先确定主光源的位置与强度，再确定辅助光源的强度与角度，最后分配背景光的位置与强度，这样产生的布光效果既能照亮场景，又能避免暗部一片死黑的情况。

布光时应该遵循由主体到局部、由简到繁的过程。对于灯光效果的形成，应该先调角度定下主格调，再调节灯光的衰减等特性来增强现实感，最后调整灯光的颜色做细致修改。如果要逼真地模拟自然光的效果，还必须对自然光源有足够深刻的理解。不同场合下的布光也是不一样的。例如为了表现出一种金碧辉煌的效果，往往会把一些主灯光的颜色设置为淡淡的橘黄色，可以达到材质不容易做到的效果。

在 Cinema 4D 中对场景布光，需要对最终的效果有一个预设，包括色彩、基调、主体元素等方面。

1. 设置主光源

在大多数情况下，会把主光源放在对象的斜上 45 度的位置，也就是我们所说的四分之一光，但这也不是一成不变的，可以根据不同的场景特点来进行旋转。通过主光源来创建场景中初步的灯光效果，因为主光源的作用是在场景中创建阴影和高光效果。

2. 设置辅助光源

辅助光源是用来照亮场景中的暗部，一般不会产生阴影，否则场景中有多个阴影看起来会不真实。通常是将辅助光源放在主光源相对的位置，另外也可以将辅助光源的颜色设为主光源的冷暖对比色。辅助光源可以是多盏，但我们在布置辅助光源的时候，要用尽可能少的辅助光源来完成场景照明。

3. 设置背光

在布置好主光源和辅助光源后，需要强调物体的轮廓边缘，这就需要给场景中添加背光来将模型与背景分开。背光经常放置在四分之三主光源的正对面 ，背光的强度不能高于主光源和辅助光源。

4. 调整光源

当场景中确定所用灯光后，往往并不能一次就实现完美的布光，这个时候需要根据自己的需要对场景中的灯光进行微调，直至达成满意的效果。

6.1.3 课堂案例——使用三点布光照亮场景

扫码观看
本案例操作

（1）按 Ctrl+O 组合键打开场景“三点布光 _Start.c4d”（ch06\6.1.3 课堂案例——使用三点布光照亮场景 \ 工程文件），在主菜单中执行“创建” > “灯光” > “区域光”，在场景中创建一个区域光，命名为“主光源”。在“常规”选项卡中将颜色设置为淡蓝色（224，246，255），将“强度”设置为92 %，在“投影”下拉菜单中选择“区域”；在“坐标”选项卡中设置坐标，X为 −155 cm，Y为410 cm，Z为 −175 cm，设置旋转角度H为 −59°，P为 −24°，B为0°，如图6-3所示。

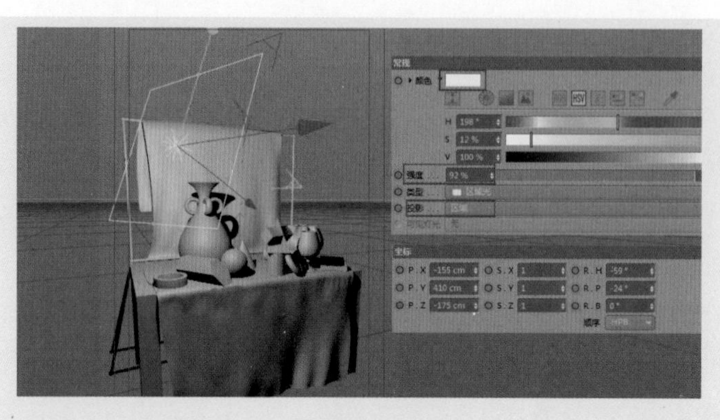

图6-3

（2）在场景中创建另一个区域光，命名为“辅助光源”。在“常规”选项中将颜色设置为淡黄色（255，222，176），将强度设置为41%；在“坐标”选项卡中设置坐标，X为290 cm，Y为382 cm，Z为 −172 cm，设置旋转角度，H为66°，P为 −33°，B为 −10°，如图6-4所示。

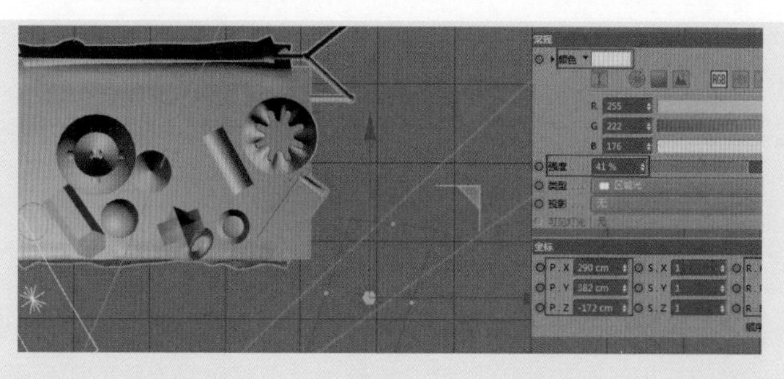

图6-4

（3）在场景中再创建一个区域光，命名为“背光”。在“常规”选项卡中将“强度”设置为26%，在“投影”下拉菜单中选择“区域”；在“坐标”选项卡中设置坐标，X为19 cm，Y为345 cm，Z为117 cm，设置旋转角度，H为180°，P为0°，B为 −10°，如图6-5所示。

图6-5

（4）至此我们就完成了一个典型的三点照明布光设置，最终渲染效果如图 6-6 所示。

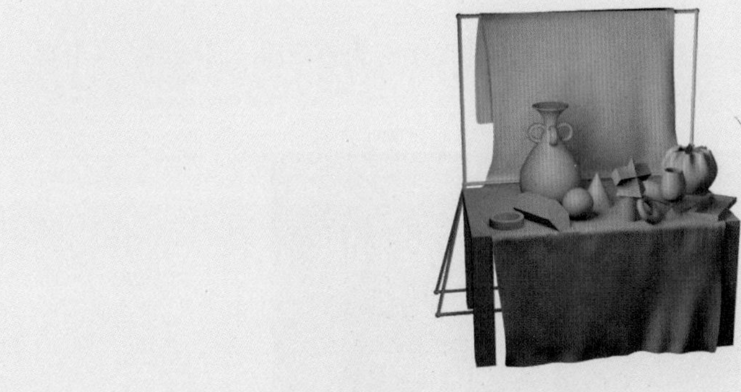

图 6-6

6.1.4 课后习题——场景布光练习

习题知识要点：使用“三点照明”布光方法照亮场景，使用辅助光源照亮暗部区域，使用背光将主体与背景分离，将主光源“投影”设置为“区域”，最终效果如图 6-7 所示。

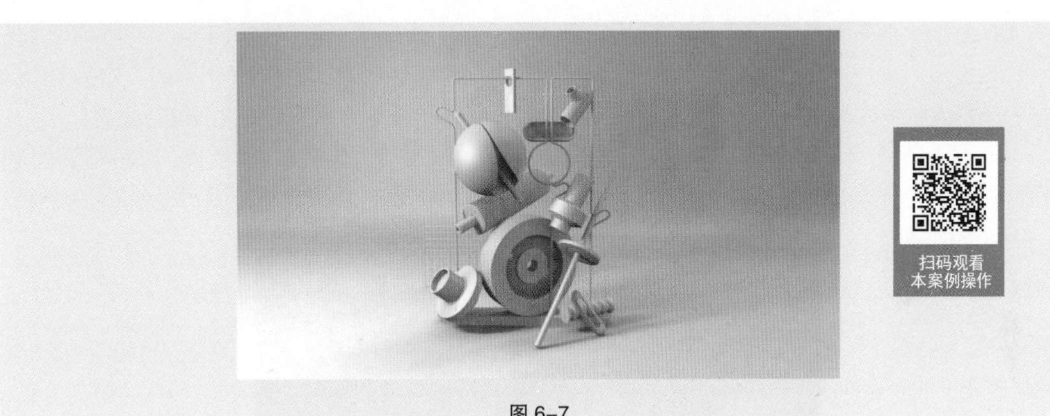

图 6-7

6.2 灯光类型

Cinema 4D 提供了多种灯光类型，可分为“泛光灯”“聚光灯”“远光灯”和“区域光”。“聚光灯”和“远光灯”分别又包含了不同的类型。另外 Cinema 4D 还提供了日光类型的灯光系统，如图 6-8 所示。

图 6-8

6.2.1 泛光灯

泛光灯是最常用的灯光类型，可以把它理解为一个灯泡，它向空间四面八方发射光源。

6.2.2 聚光灯

聚光灯包含“聚光灯”“目标聚光灯”“IES 灯”“四

方聚光灯”“圆形平行聚光灯”和“四方平行聚光灯”6 种。

1. 聚光灯 / 目标聚光灯

这两种灯光都是光线向一个方向呈锥形传播，可以理解为手电筒的原理。目标聚光灯带有一个目标点，用来定义光线照射的方向，如图 6-9 所示。

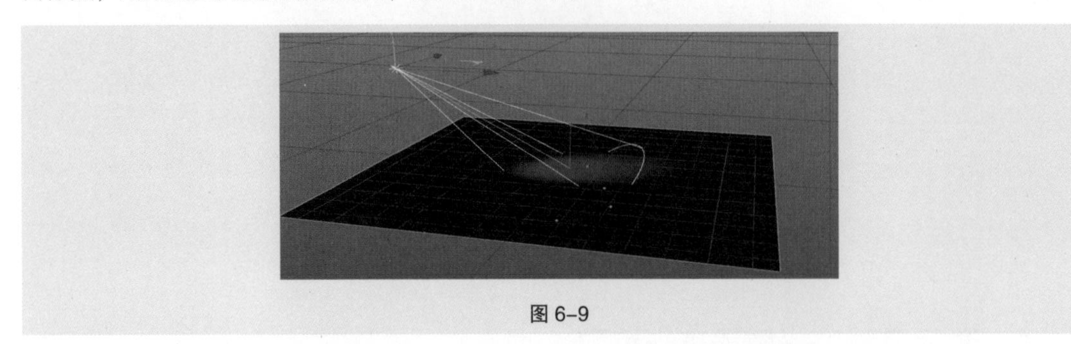

图 6-9

选择聚光灯，可以看到在圆锥上有 5 个点，位于圆心的点用于调节聚光灯的光束长度，位于圆上的黄点用来调整聚光灯的照亮范围。当在场景中创建聚光灯后，聚光灯默认位于世界坐标的原点。

2. IES 灯

光域网是一种关于光源亮度分布状况的三维表现形式，存储于 IES 文件当中。光域网是灯光的一种物理性质，确定光在空气中的发散方式，不同的灯在空气中的发散方式是不同的。如手电筒会发出一个光束，一些壁灯、台灯，发出的光又是另外一种形状，这种不同就是光域网造成的。

在 Cinema 4D 中创建 IES 灯光时，会弹出一个窗口，提示加载一个 .IES 文件。Cinema 4D 也提供了很多 IES 灯光文件供选择，如图 6-10 所示。

图 6-10

6.2.3 远光灯

远光灯发射的光线沿着某个特定的方向平行发射，没有距离的限制，常用来模拟太阳，如图 6-11 所示。

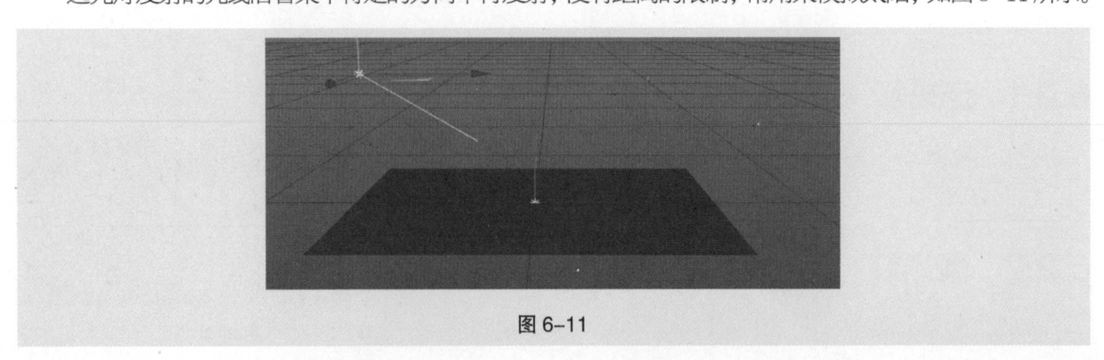

图 6-11

6.2.4 区域光

区域光是指光线沿着一个区域向周围各个方向发射光线，形成一个有规则的照射平面，它属于高级的光源类型。面光源十分柔和，渲染效果也更接近真实，如图 6-12 所示。

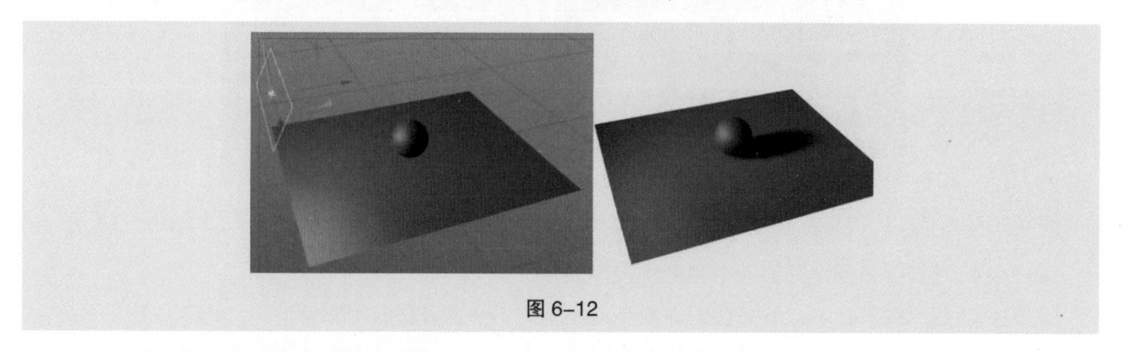

图 6-12

6.3 常用灯光参数

6.3.1 “常规”选项卡

在“灯光”属性面板中，“常规”选项卡主要是用来调节灯光的基本参数，包括颜色、灯光强度、灯光类型和阴影等。

（1）颜色：设置灯光的颜色。

（2）强度：设置灯光照射强度，也就是灯光的亮度。如果强度为 0%，则代表灯光不发射光线，如图 6-13 所示。

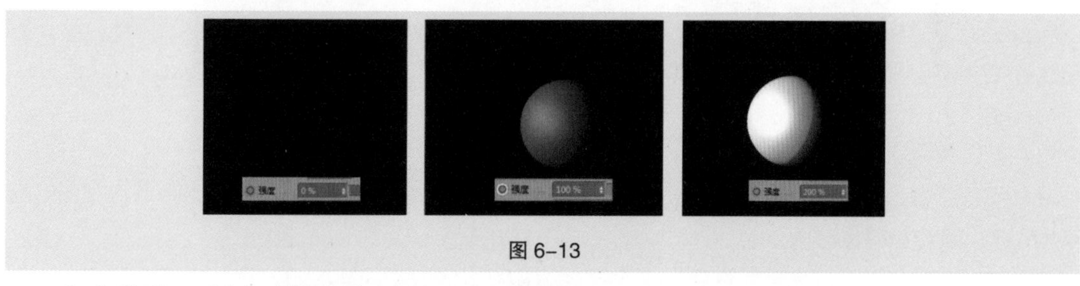

图 6-13

（3）类型：更改灯光的类型，如图 6-14 所示。

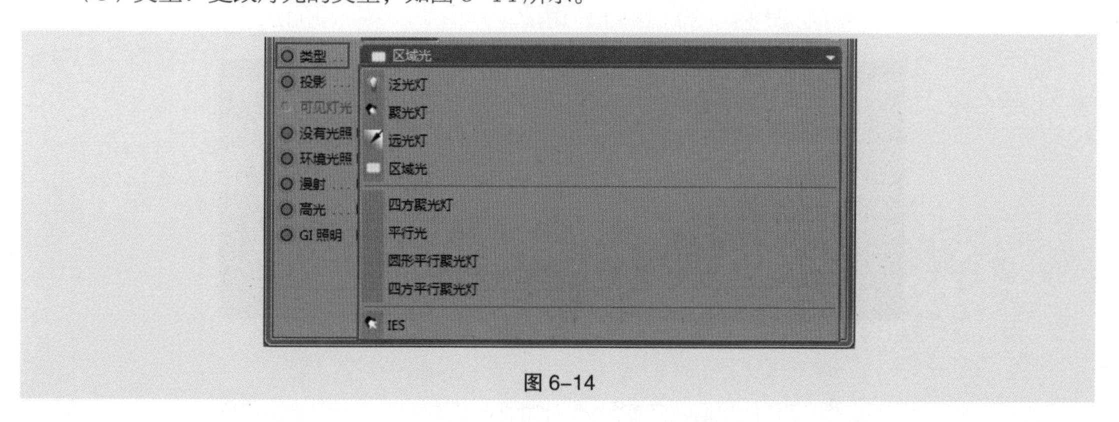

图 6-14

（4）投影：设置灯光照射模型时产生的阴影类型，如图 6-15 所示。

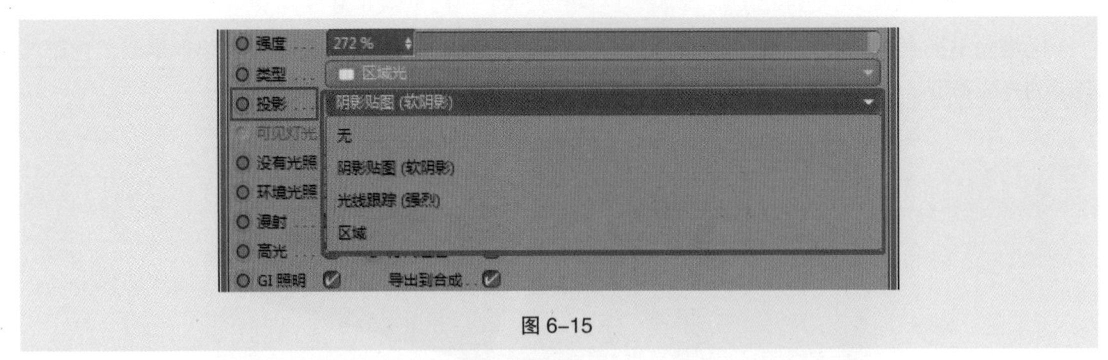

图 6-15

• 无：灯光照射在模型对象上不会产生投影效果。

• 阴影贴图（软阴影）：灯光照射在模型对象上时产生柔和的投影效果。

• 光线跟踪（强烈）：灯光照射在模型对象上时产生形状清晰、边缘为硬边的阴影。

• 区域：灯光照射在模型对象上时会根据光线的远近产生不同的阴影。距离越近，阴影越清晰；距离越远，阴影越柔和。它产生的是较为真实的阴影效果。

（5）可见灯光：用于设置场景中的灯光是否可见以及可见的类型，也就是我们通常所说的体积光效果，包含“无”“可见”“正向测定体积”“反向测定体积”4 个选项，如图 6-16 所示。

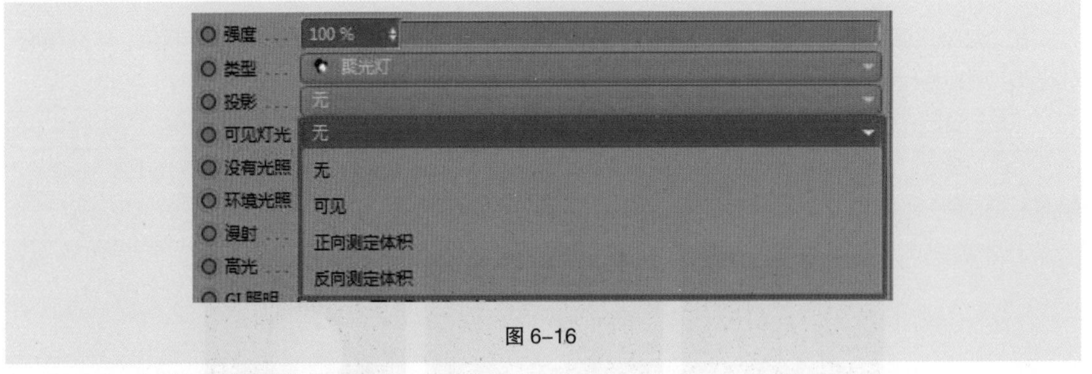

图 6-16

• 无：表示灯光在场景中不可见。

• 可见：表示灯光在场景中可见，且形状由灯光的类型决定。选择该项后，泛光灯在视图中显示为球形，且渲染时也可见。

• 正向测定体积：灯光照射在物体上会产生体积光，同时阴影衰减将减弱，通常会使用聚光灯来做体积光效果，如图 6-17 所示。

图 6-17

6.3.2 “细节”选项卡

“细节”选项卡中的参数会因为灯光对象的不同而有所改变，除了区域光之外，其他几类灯光的“细节”选项卡中包含的参数大致相同。

（1）使用内部：勾选“使用内部”后，才能激活内部角度参数。调整该参数，可以设置光线边缘的衰减程度，高数值将导致光线的边缘较硬，低数值将导致光线的边缘较柔和。

（2）外部角度：用于调整聚光灯的照射范围。通过灯光对象线框上的黄点也可以调整，如图 6-18 所示。

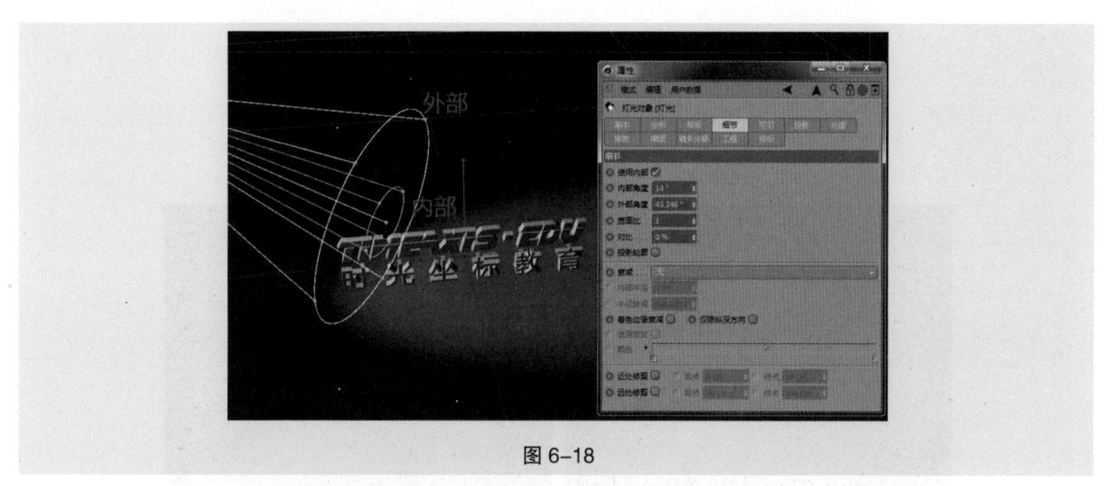

图 6-18

（3）宽高比：该参数可以设置聚光灯锥体底部圆的横向宽度和纵向高度的比值。

（4）对比：当光线照射到模型对象上时，对象上的明暗变化会产生过渡，该参数用于控制明暗过渡的对比度。

（5）衰减：在现实中，一个正常的光源可以照亮周围的环境，同时周围的环境也会吸收光源发出来的光线，从而使光线越来越弱，也就是光线随着传播的距离增长而产生了衰减。在 Cinema 4D 中，虚拟的光源也可以实现这种衰减的效果，如图 6-19 所示。

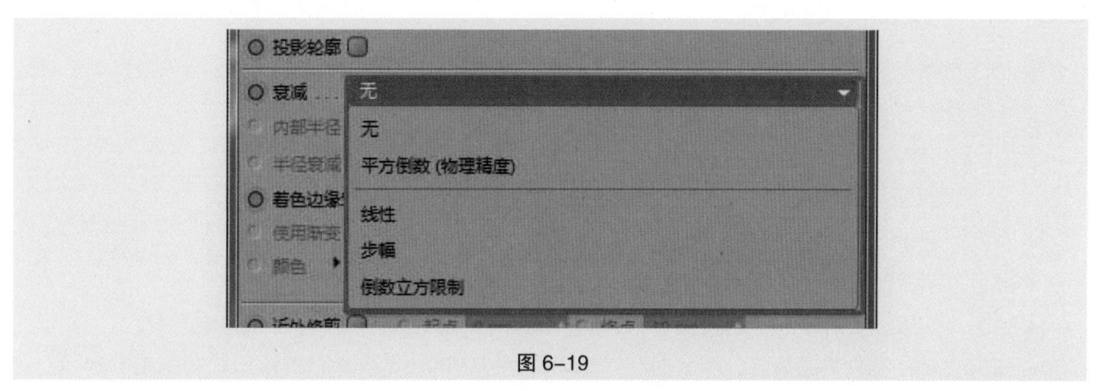

图 6-19

（6）内部半径 / 半径衰减：“半径衰减”用于定义衰减的半径，位于数值内区域的光亮度会产生 0% ~ 100% 的过渡；“内部半径”用于定义一个不衰减的区域，衰减将从内部半径的边缘开始。

（7）着色边缘衰减：只对聚光灯有效，勾选“使用渐变”选项，并调整渐变颜色，就可以观察启用和禁用的区别。

（8）仅限纵深方向：勾选该选项后，光线将只沿着 Z 轴的正方向发射。

6.3.3 “可见”选项卡

当在“常规”选项卡中开启了“可见灯光”选项后，可以在“可见”选项卡中调整可见灯光的衰减和颜色等参数。

（1）使用衰减 / 衰减：只有勾选“使用衰减”选项后，“衰减”参数才会被激活，衰减是指按百分比减少灯光的密度，也就是说，从光源的起点到外部边缘之间，灯光的密度是从 100% 减少到 0%。

（2）使用边缘衰减 / 散开边缘：这两个参数只与聚光灯有关，“使用边缘衰减”用于控制是否对可见光的边缘进行衰减，“散开边缘”用于控制边缘衰减的强度。

（3）着色边缘衰减：只对聚光灯有效，只有启用“使用边缘衰减”选项后，才会被激活。勾选该项后，内部的颜色将会向外部呈放射状传播。

（4）内部距离 / 外部距离：内部距离控制内部颜色的传播距离，外部距离控制可见光的可见范围，如图 6-20 所示。

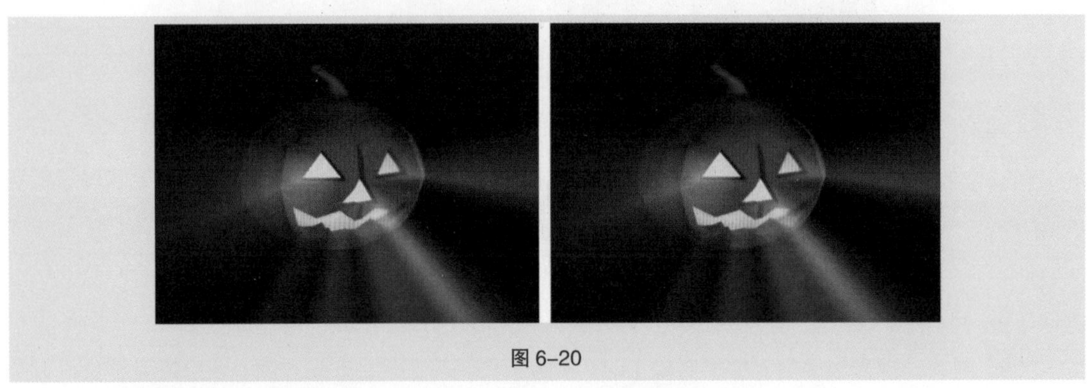

图 6-20

（5）相对比例：控制泛光灯在 X、Y、Z 轴向上的可见范围。

（6）采样属性：该参数与可见体积光有关，用于设置可见光的体积阴影被渲染计算的精细度，高数值则粗略计算，但渲染速度快。

6.3.4 “投影”选项卡

每种灯光都有 4 种投影方式，分别是“无”“阴影贴图（软阴影）”“光线跟踪（强烈）”“区域”。不同投影方式的选项卡参数也不同。

（1）无：如果没有设置任何投影方式，那么场景中将不会产生投影效果。

（2）阴影贴图（软阴影）：在场景中产生柔和的投影效果。

- 密度：用于改变阴影的强度。
- 颜色：用于设置阴影的颜色。
- 透明：如果赋予对象的材质设置了“透明”或者 Alpha 通道，就需要勾选该选项。
- 修剪改变：勾选该选项后，在“细节”选项卡中设置的修剪参数将会应用到阴影和照明中。
- 投影贴图 / 水平精度 / 垂直精度：用于设置“摄影贴图”投影的分辨率。Cinema 4D 预设了几种分辨率，也可以通过“水平精度”和“垂直精度”参数来自定义分辨率。
- 轮廓投影：勾选该选项后，物体对象的投影将显示为轮廓线。
- 投影锥体 / 角度：勾选该选项后，投影将产生一个锥体的形状。“角度”参数用于控制锥体的角度。
- 柔和锥体：勾选该项后，锥体投影的边缘会变得柔和。

（3）光线跟踪（强烈）：设置投影方式为“光线跟踪（强烈）”后，“投影”选项卡的属性面板如图 6-21 所示。

（4）区域：设置投影方式为“区域”后，“投影”选项卡的属性面板如图 6-22 所示。

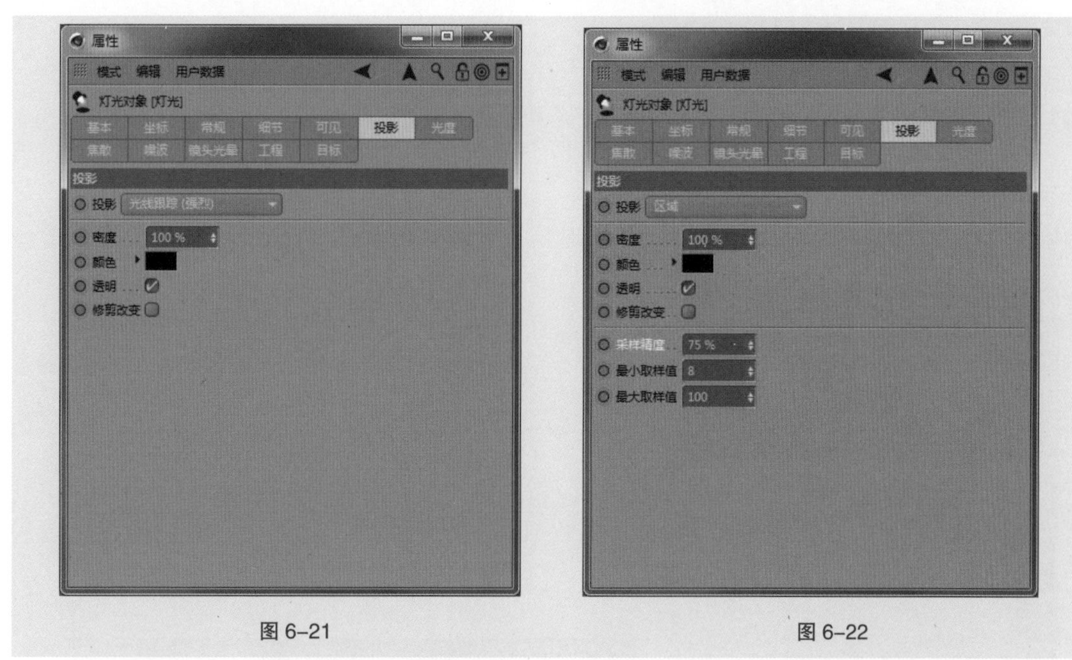

图 6-21　　图 6-22

（5）采样精度 / 最小取样值 / 最大取样值：这 3 个参数用于控制区域投影的精度，高数值会产生精确的阴影，同时也会增加渲染时间。

6.3.5 “镜头光晕”选项卡

“镜头光晕”选项卡用于模拟现实世界中摄像机镜头产生的光晕效果，镜头光晕可以增加画面的气氛，尤其在深色的背景当中。

（1）辉光：用于为灯光设置一个镜头光晕的类型，如图 6-23 所示。

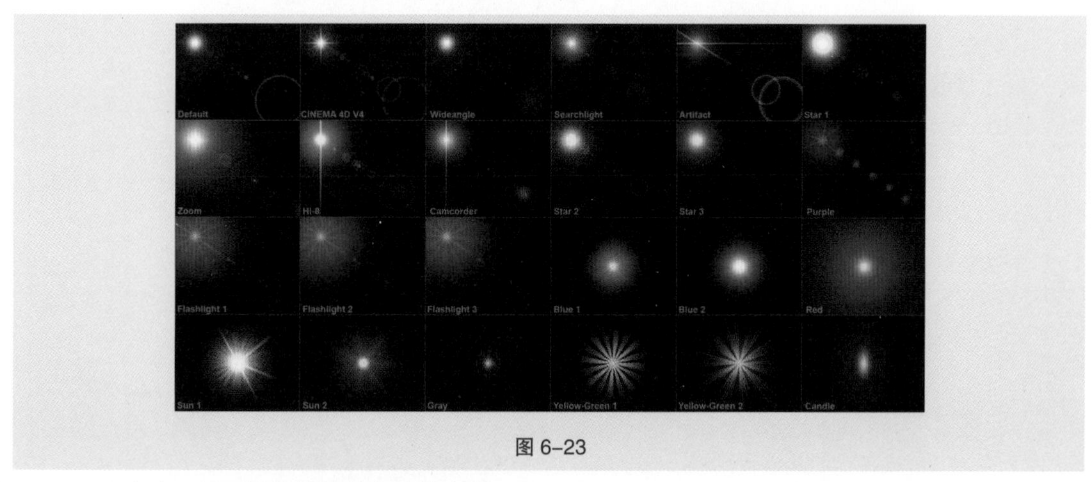

图 6-23

（2）亮度：用于设置选择的辉光的亮度。

（3）宽高比：用于设置选择的辉光的宽度和高度的比例。

（4）“编辑”按钮：单击该按钮打开“辉光编辑器”窗口，从中可以设置辉光的相应属性，如图 6-24 所示。

（5）反射：为镜头光晕设置一个镜头光斑（设置一个反射的辉光）。“反射”包含很多选项，结合辉光类型可以搭配出多种不同的效果。

（6）亮度：设置反射辉光的亮度。

（7）宽高比：设置反射辉光的宽度和高度的比例。

（8）“编辑”按钮：打开“镜头光斑编辑器”对话框，对反射辉光的属性进行设置，如图 6-25 所示。

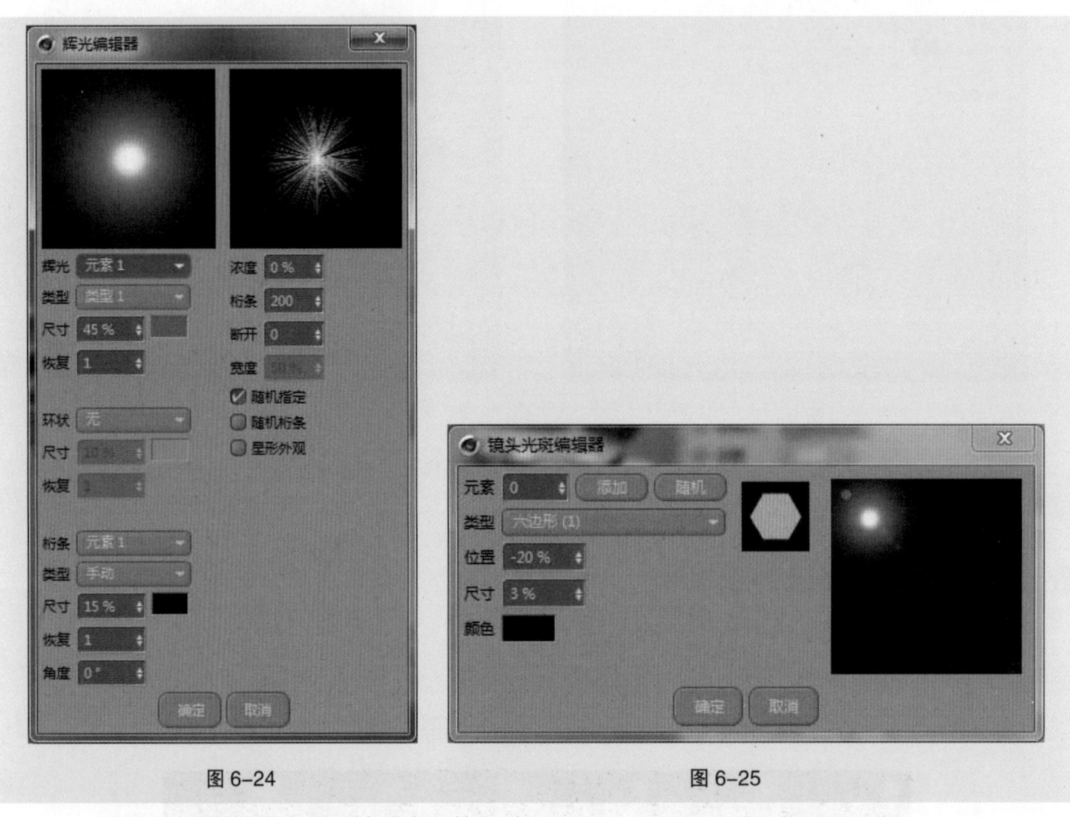

图 6-24　　　　图 6-25

（9）缩放：调节镜头光晕和镜头光斑的尺寸。

（10）旋转：用于调节镜头光晕的角度。

07

第7章 渲染

本章导读

在Cinema 4D中创作的场景需要通过渲染输出为图片或者视频，本章就来介绍Cinema 4D的渲染模块的相关知识。通过对本章的学习，读者可以掌握Cinema 4D的渲染输出设置，以及全局光照和物理渲染器的使用方法。

学习目标

- 熟练掌握Cinema 4D渲染工具。
- 熟练掌握渲染到图片查看器命令。
- 熟练掌握输出图像尺寸、格式、帧范围以及输出路径。
- 熟练掌握全局光照和环境吸收效果。
- 熟练掌握物理渲染器参数设置。

技能目标

- 掌握“积木场景全局光渲染”的制作方法。
- 掌握“卡通火车场景渲染”的制作方法。
- 掌握“饮料广告渲染”的制作方法。
- 掌握“葡萄酒广告渲染”的制作方法。

渲染

7.1 渲染设置

单击工具栏中的“渲染设置”按钮，弹出“渲染设置”窗口，如图 7-1 所示。在这里可以对场景的渲染参数进行设置，当场景动画、材质等工作完成后，在渲染输出前，需要对渲染器进行一些相应的设置。

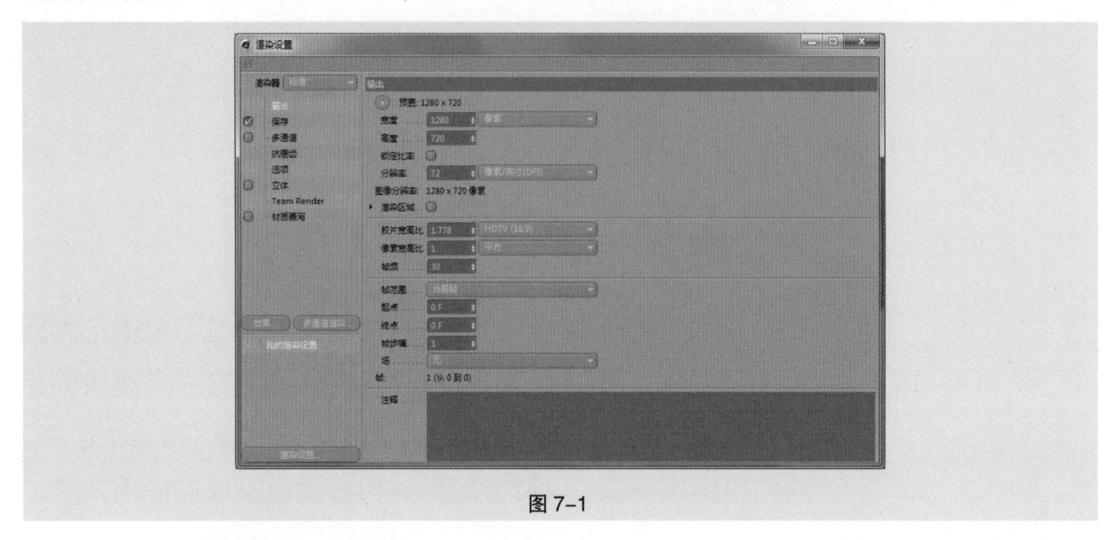

图 7-1

7.1.1 “渲染设置”窗口

1. 输出

“输出”是对渲染文件的导出进行设置，仅对“图片查看器”中的文件有效。

（1）预置：单击“预置”左侧的三角按钮，将会列出预设渲染图像的尺寸，菜单中包含多种预设好的图像尺寸，如图 7-2 所示。

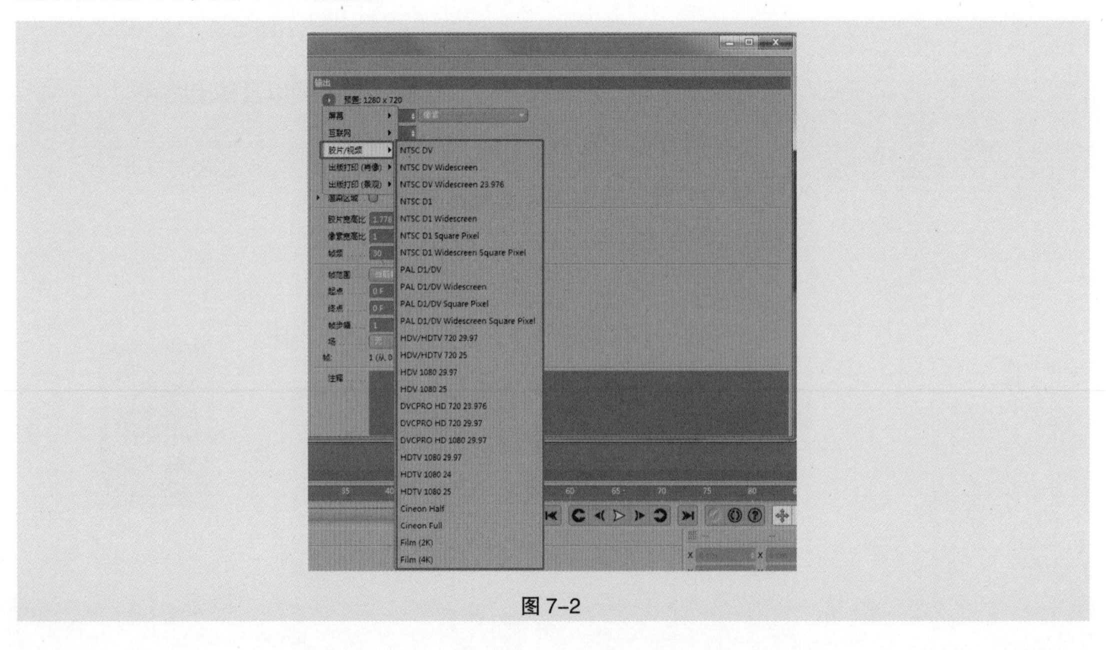

图 7-2

（2）宽度 / 高度：用于自定义渲染图像的尺寸。

（3）锁定比率：勾选该复选框后，图像宽度和高度的比率将被锁定，改变宽度或高度其中的一个值后，另一个值也会相应变化。

（4）分辨率：设置渲染图像的分辨率，一般使用默认的 72 像素 / 英寸，如图 7-3 所示。

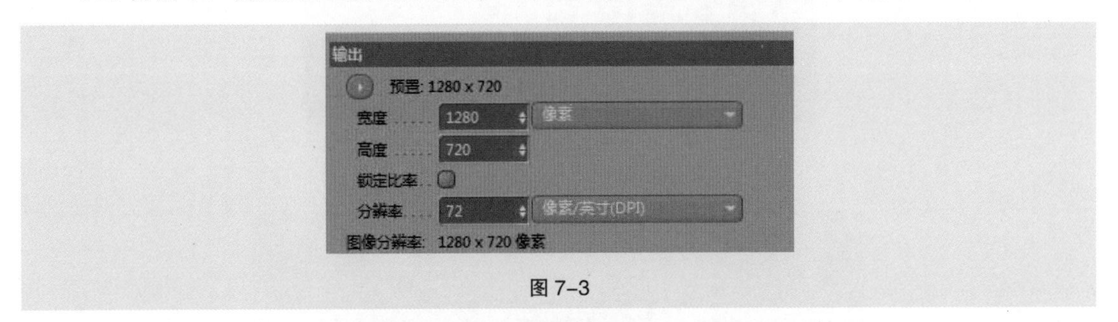

图 7-3

（5）胶片宽高比：用于设置像素的宽度与高度的比率，可以自定义，也可以选择定义好的比率，如图 7-4 所示。

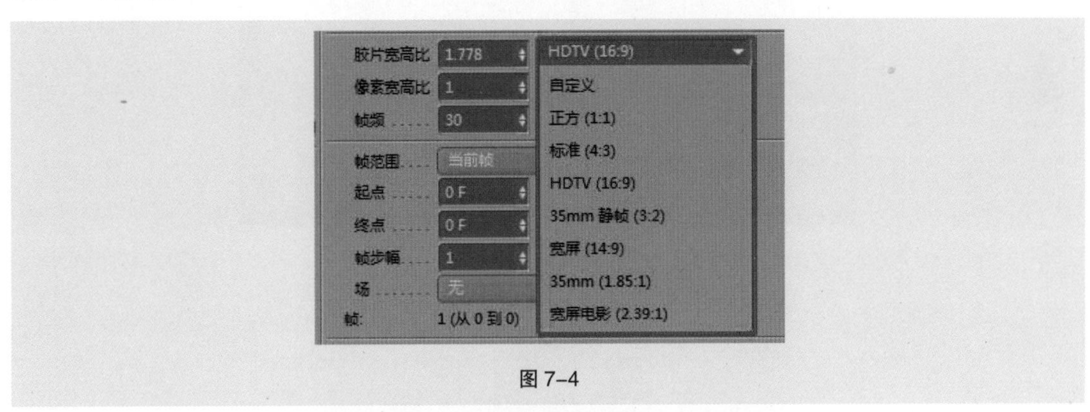

图 7-4

（6）像素宽高比：用于设置像素的宽度与高度的比率，如图 7-5 所示。

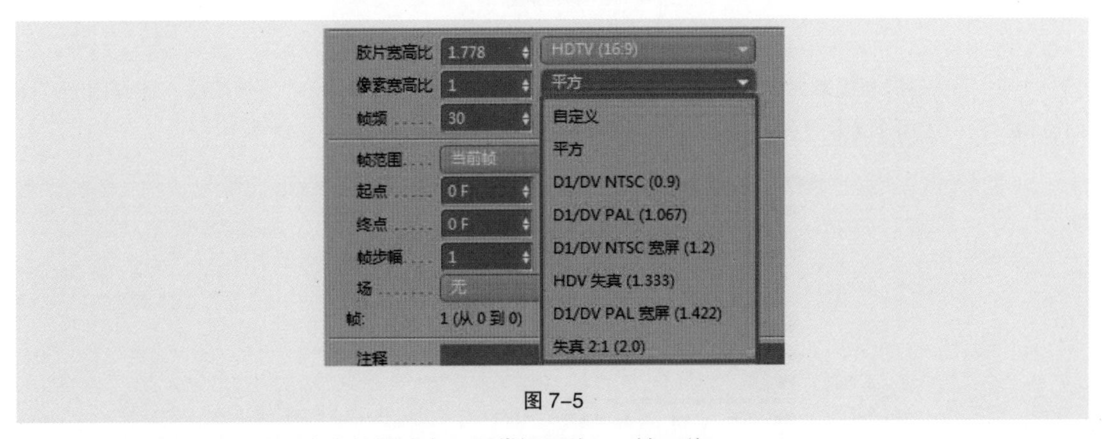

图 7-5

（7）帧频：用于设置渲染的帧速率，通常设置为 25 帧 / 秒。

（8）帧范围 / 起点 / 终点 / 帧步幅：这 4 个参数用于设置动画的渲染范围，单击“帧范围”右侧的下拉按钮，下拉菜单列出“手动”“当前帧”“全部帧”和“预览范围”4 个选项，如图 7-6 所示。

2. 保存

（1）保存：勾选“保存”复选框后，渲染到图片查看器的文件将自动保存。

（2）文件：在这里可以指定渲染文件的名称以及渲染路径。

（3）格式：设置将要保存文件的格式，如图 7-7 所示。

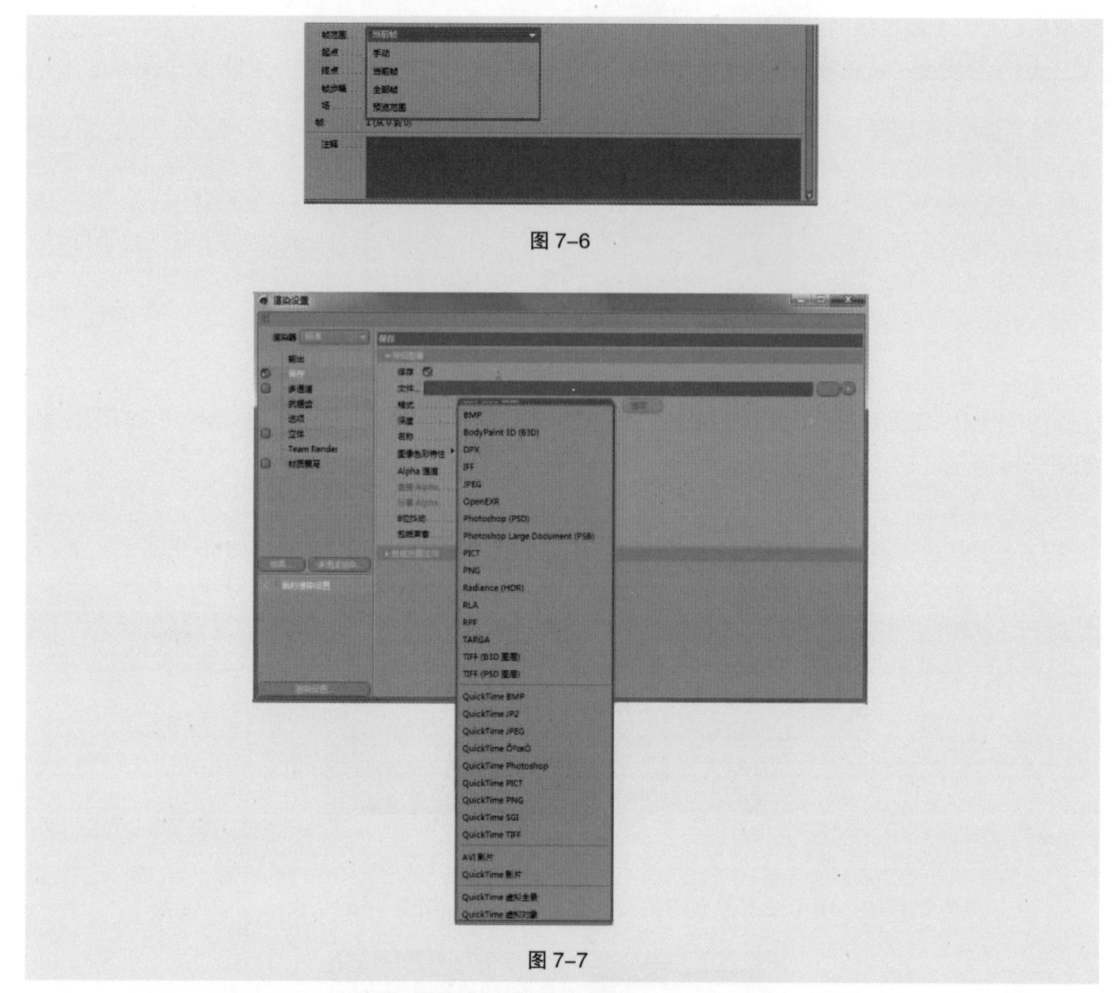

图 7-6

图 7-7

（4）选项：只有设置为 AVI 或者 Quick Time 视频格式时，该按钮才会被激活，在弹出的“压缩设置”窗口中可以选择使用不同的编码器，如图 7-8 所示。

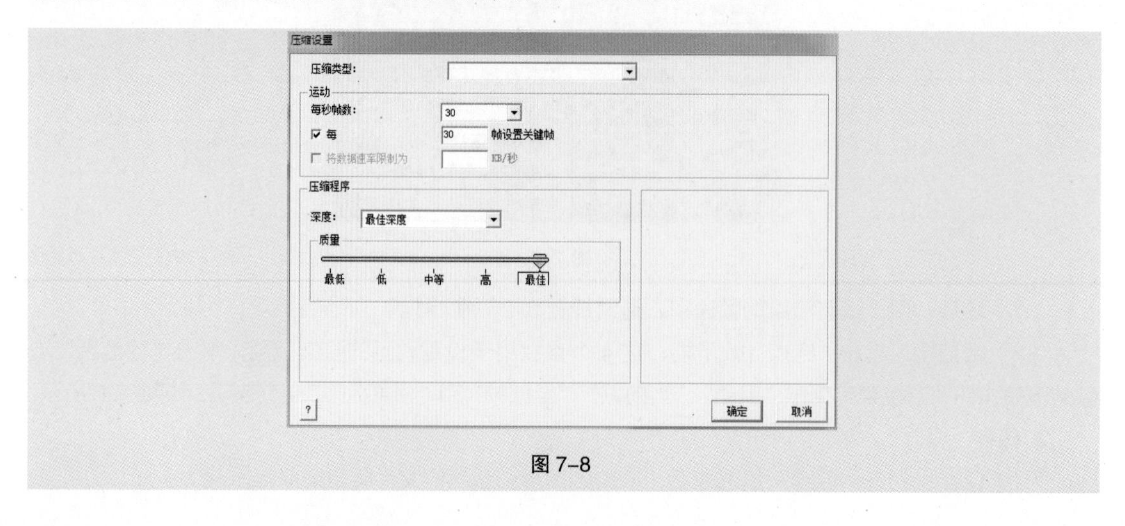

图 7-8

（5）Alpha 通道：勾选该复选框后，渲染时将会保存图像的 Alpha 通道。Alpha 通道是与渲染图像有着相同分辨率的黑白图，在 Alpha 通道中，像素显示为黑白灰色，白色像素表示当前位置存在图像，黑色则相反。

小提示：并不是所有图像格式都可以保存 Alpha 通道，比较常用的可以保存 Alpha 通道的图像格式有 PNG、TGA、TIFF 等。

3. 多通道

勾选“多通道”复选框后，在渲染时，可以通过单击“多通道渲染”按钮将场景中的通道（如对象缓存、漫射、投影等）单独渲染出来，以便在后期软件中进行处理，也就是我们常说的“分层渲染”，如图 7–9 所示。

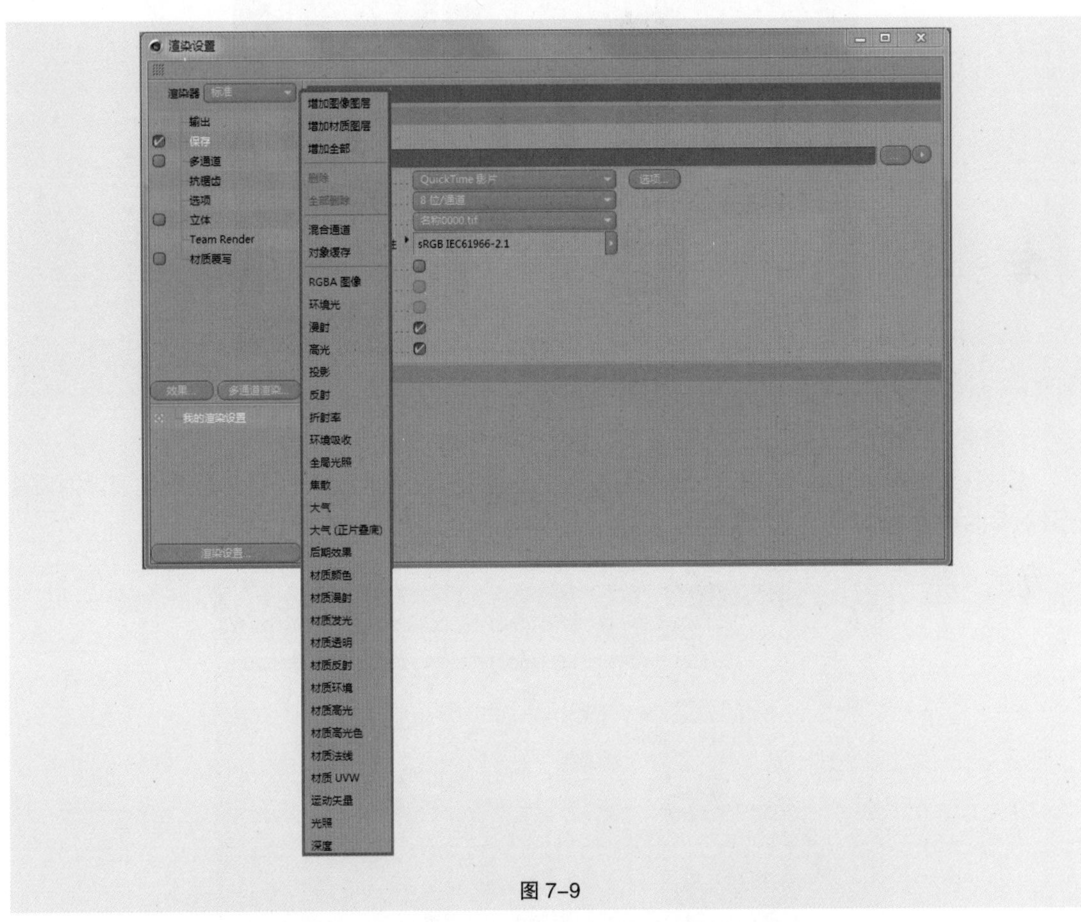

图 7–9

勾选了“多通道”复选框后，在“保存”选项中就开启了多通道图像的设置选项，如图 7–10 所示。

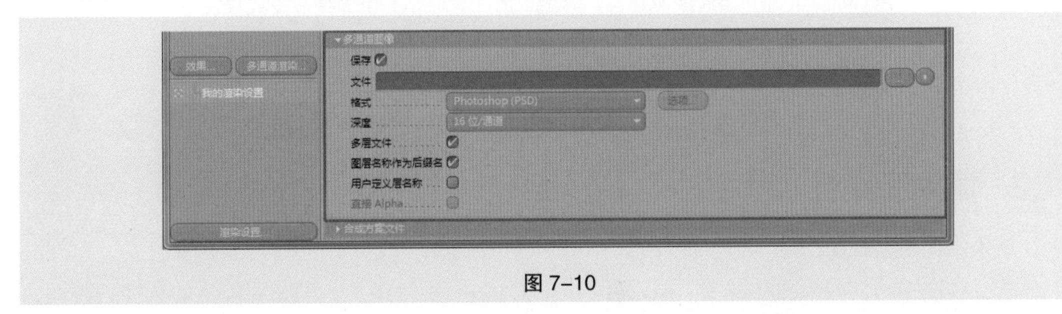

图 7–10

4. 抗锯齿

“抗锯齿”是用来消除渲染图像中边缘的锯齿，默认使用的是“几何体”类型，如图 7-11 所示。

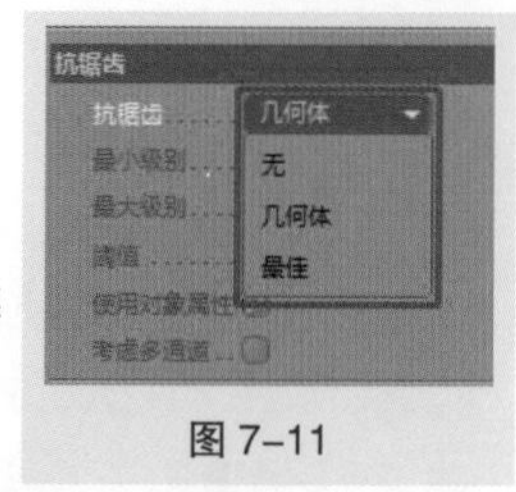

图 7-11

当切换为“最佳”类型的抗锯齿算法时，将会得到一个非常精确的抗锯齿效果，但同时也会增加渲染时间，如图 7-12 所示。

图 7-12

5. 效果

通过该菜单中的选项，可以添加一些特殊效果，添加某种效果后，在“渲染设置”窗口中会显示该效果的参数设置面板，例如添加“全局光照”“辉光”效果，如图 7-13 所示。

图 7-13

7.1.2 渲染工具组

1. 渲染当前活动视图

单击工具栏中的“渲染活动视图”按钮（或按 Ctrl+R 组合键），预览渲染当前选择的视图，注意这种预览渲染不能导出图像。正在进行渲染或者渲染完成后，在视图任意位置单击或进行任何参数调整，将取消当前渲染效果。

2. 渲染工具

在工具栏中按住“渲染到图片查看器”按钮不放，在弹出的下拉菜单中有 12 个渲染选项，如图 7-14 所示。

（1）“区域渲染”：选择“区域渲染”工具，拖曳鼠标，框选视图中需要渲染的区域，可查看局部的预览渲染效果。

（2）“渲染激活对象”：“渲染激活对象”工具用于渲染选择的对象，未选择的对象不会被渲染，如图 7-15 所示，如果没有选择对象，则不能使用该工具。

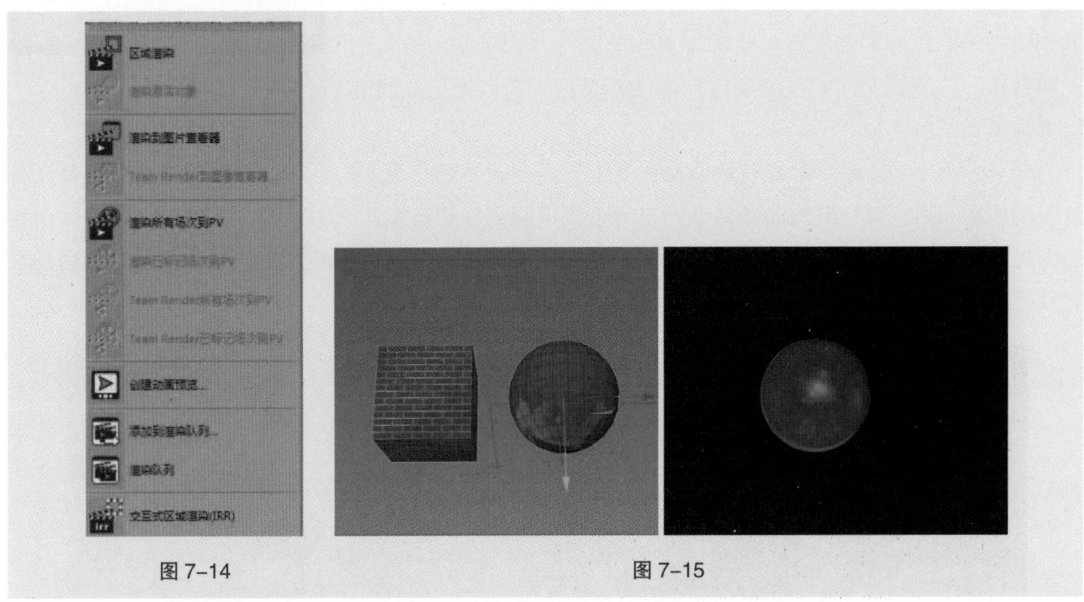

图 7-14　　图 7-15

（3）“渲染到图片查看器”：该工具用于将当前场景渲染到图片查看器，可以导出图片查看器中的图片，如图 7-16 所示。

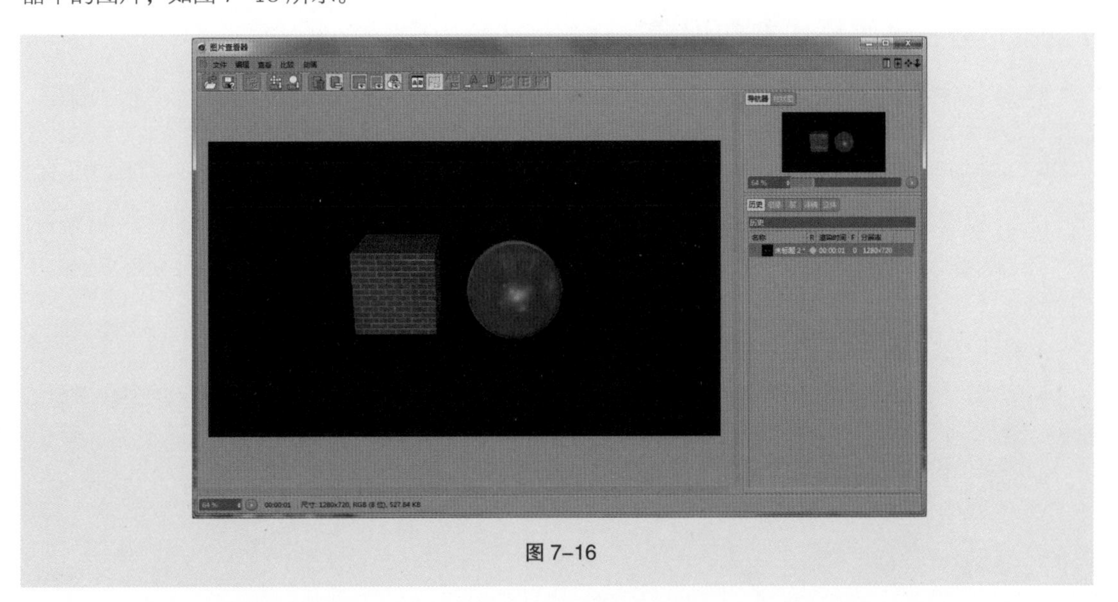

图 7-16

（4）“创建动画预览” ：该工具用于快速生成当前场景的预览，常用于场景较为复杂，不能即时播放动画的时候。选择该选项后会弹出一个对话框，如图 7-17 所示，可以设置预览动画的参数。

图 7-17

7.2 全局光照

在真实世界中，光从太阳照射到地面要经过无数次的反射和折射，而在三维软件中，光虽然也具有现实中的所有性质，但是光照射到模型表面以后不会再发生反弹（直接照明），为了实现真实的光照效果，在渲染时需要在渲染过程中加入全局光照，通过光线的反弹来照亮场景。

全局光照（GI）是一种能有效模拟真实世界光照效果的渲染方式，它实际上是光源将一束光投射到物体表面后，被打散成很多条不同方向带有不同信息的光线，产生反弹，并照射其他物体。当这种光线能够在此照射到物体之后，每一条光线又再次被打散成更多条光线，继续传递光信息，照射其他物体，如图 7-18 所示。

图 7-18

7.2.1 全局光照基本参数设置

单击工具栏“渲染设置”按钮，在“渲染设置”窗口中单击“效果”按钮，添加“全局光照”，如图 7-19 所示。

1.“常规”选项卡

（1）预设：根据不同的场景和渲染需求，全局光照有非常多种预设可以选择，如图 7-20 所示。在“预设”参数下有很多针对不同场景的参数组合。可以选择一组预先提供的设置数据来指定给不同的场景。

- 默认：设置首次反弹为“辐照缓存”。这是一种计算速度最快的全局光照方式。
- 室内：用于渲染封闭的内部空间，在这一栏里 Cinema 4D 为我们提供了几种不同渲染质量的预设，我们可以根据自己的实际需要去选择相应的预设。
- 室外：用于渲染开放的天空环境，从较大表面发射出光线用以计算。

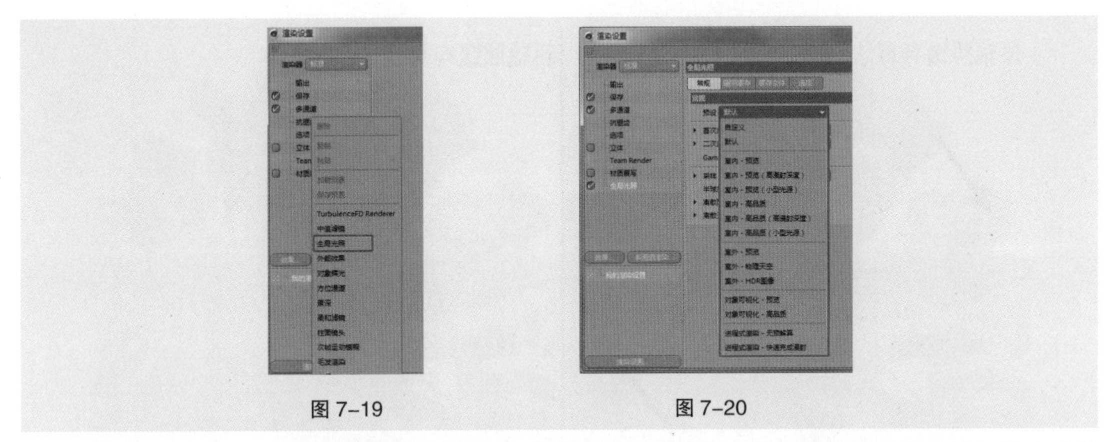

图 7-19　　　　图 7-20

（2）首次反弹算法：用于计算摄像机视野范围内所看到直射光照明物体表面的亮度。首次反弹与首次反弹 + 二次反弹的效果对比如图 7-21 所示。

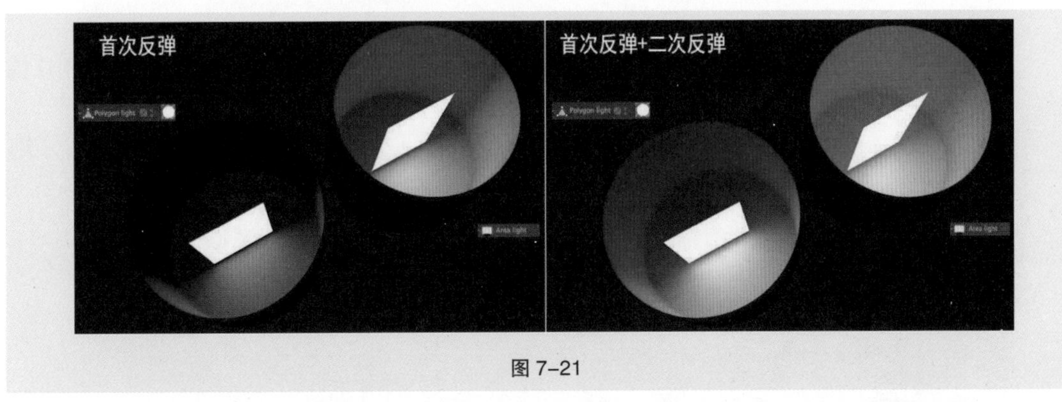

图 7-21

（3）二次反弹算法：用来计算光线照射到物体表现进行的二次反弹，从而照亮暗部，如图 7-22 所示。

图 7-22

（4）漫射深度：用于设置一个场景内光线所能反射的次数。最低为 1，只用来计算直接照明和多边形发光；将“漫射深度”设为 2 时，可以计算间接照明的效果。

2.“辐照缓存”选项卡

辐照缓存是一个新的辐照缓存计算方法，这种新的算法可以大幅度地调高细节的渲染品质，并且在相同渲染品质下，渲染速度更快，如图 7-23 所示。

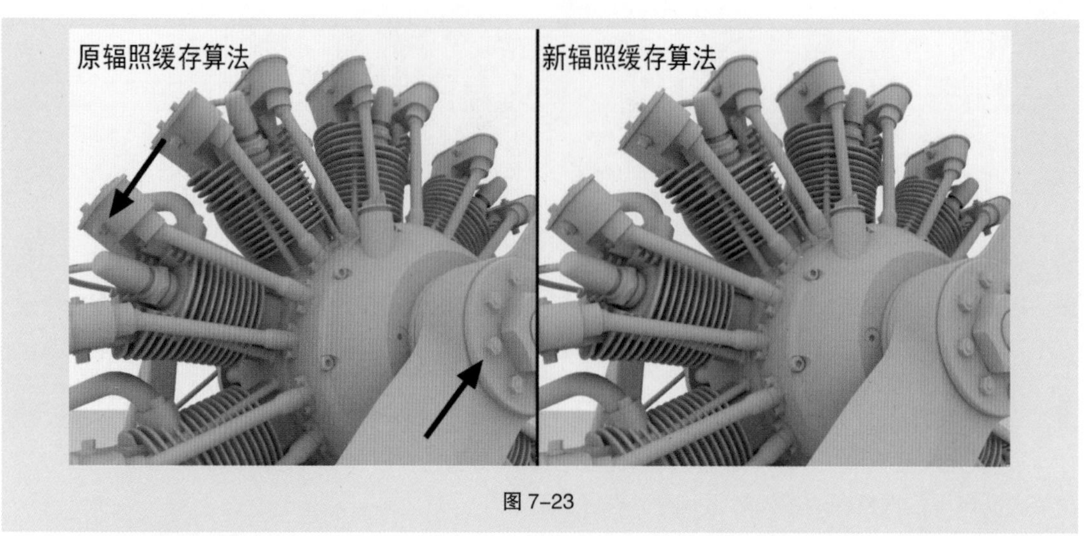

图 7-23

3. “缓存文件”选项卡

缓存文件用于保存上一次全局光照计算的光照数据，在下一次重新渲染时，可以直接调用这些已经计算好的缓存数据，从而节省渲染时间。“缓存文件”选项卡如图 7-24 所示。

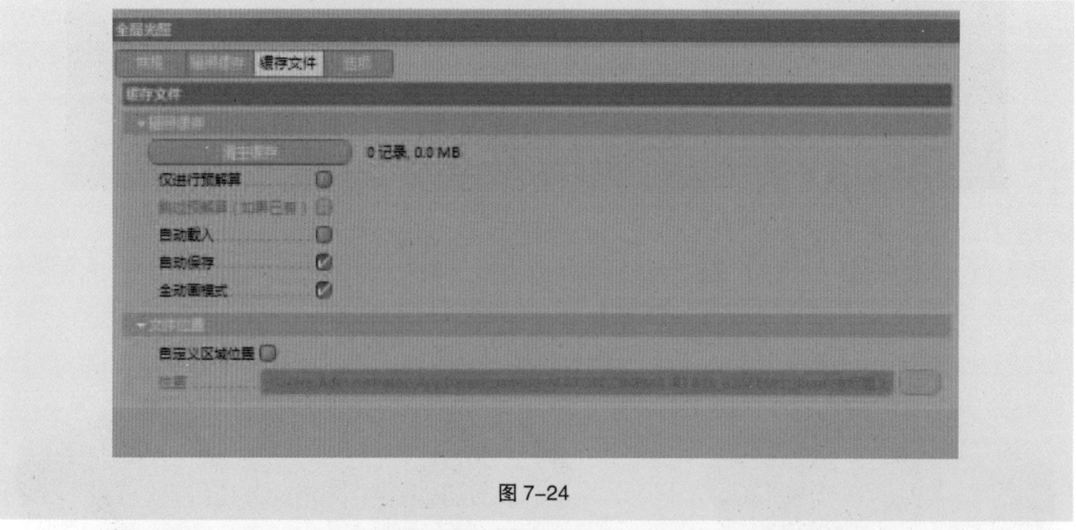

图 7-24

（1）清空缓存：单击“清空缓存”按钮，可以删除所有之前保存的缓存文件。

（2）仅进行预解算：勾选该复选框后，渲染只显示预解算的结果，不显示最后的全局光照效果。

（3）跳过预解算（如果已有）：在渲染时可以跳过预解算的计算步骤，直接输出全局光照结果，前提是对当前场景已经进行过一次全局光照的渲染。

（4）自动载入：如果缓存文件已经使用自动保存功能进行保存，勾选该复选框将加载该文件。

（5）自动保存：勾选该复选框后，渲染完成时，全局光照计算数据将自动保存。

7.2.2 课堂案例——积木场景全局光渲染

1. 创建摄像机

（1）按 Ctrl+O 组合键打开场景“积木场景全局光渲染 _Start.c4d”（ch07\7.2.2 课堂案例——积木场景全局光渲染 \ 工程文件），如图 7-25 所示。

图 7-25

（2）单击工具栏“摄像机”按钮，创建一个自由摄像机。在右侧“摄像机对象”属性面板中，在“坐标”选项卡中设置坐标，X 为 49.844 cm，Y 为 18.386 cm，Z 为 34.763 cm，设置旋转角度，H 为 123.087°，P 为 -51.617°，B 为 0°，如图 7-26 所示。在“对象”选项卡中，将焦距设置为 50，如图 7-27 所示。

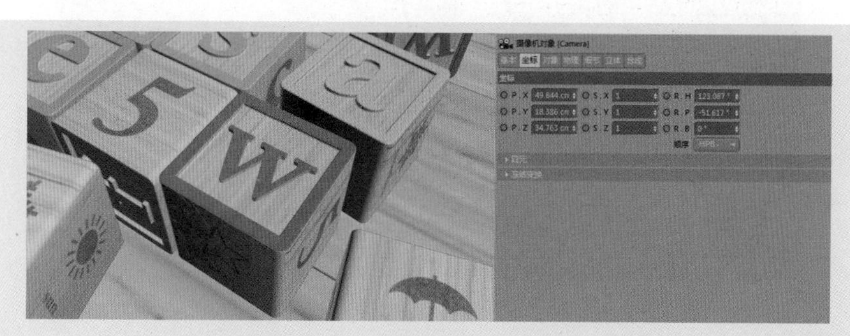

图 7-26

图 7-27

2. 创建灯光

（1）单击工具栏“灯光”按钮，选择“区域光”，在场景中创建一盏区域光作为主光源，命名为“Key Light”。在“坐标”选项卡中设置灯光的坐标，X 为 -102.719 cm，Y 为 29.767 cm，Z 为 151.295 cm；在“常规”选项卡中，将投影设为“区域”；在“细节”选项卡中，将“形状”设为“球体”，将“衰减”设为“平方倒数（物理精度）”，将“半径衰减”设为 251.118 cm，如图 7-28 所示。

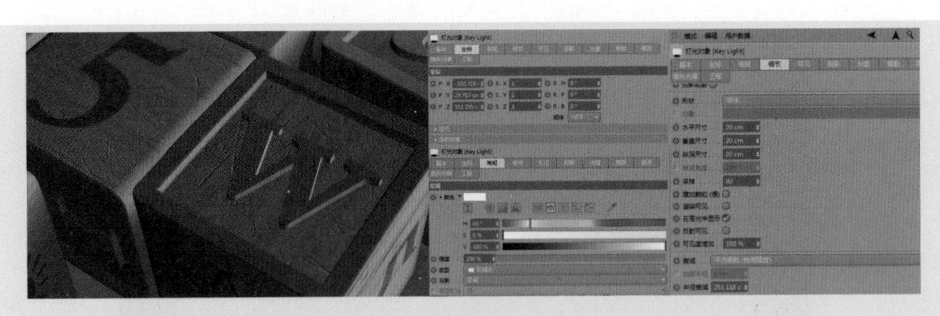

图 7-28

（2）单击工具栏“灯光”按钮，选择“区域光”，在场景中创建一盏区域光作为辅助光源，命名为“Fill Light 1”。在“坐标”选项卡中设置灯光的坐标，X 为 149.353 cm，Y 为 -5.632 cm，Z 为 -91.266cm；在“常规”选项卡中，将灯光颜色设为淡紫色（232，219，255），将“强度”设为 40%；在“细节”选项卡中，将“形状”设为“球体”，将“衰减”设为“平方倒数（物理精度）”，将“半径衰减”设为 22.786 cm，如图 7-29 所示。

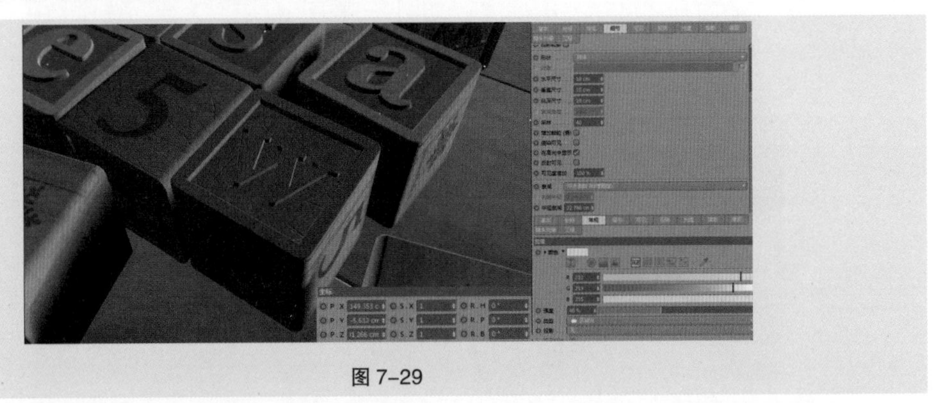

图 7-29

（3）单击工具栏“灯光”按钮，选择“区域光”，在场景中创建一盏区域光作为辅助光源，命名为“Fill Light 2”。在“坐标”选项卡中设置灯光的坐标，X 为 134.978 cm，Y 为 1.302 cm，Z 为 -2.009 cm；在“常规”选项卡中，将“强度”设为 50%；在“细节”选项卡中，将“形状”设为“球体”，将“衰减”设为“平方倒数（物理精度）”，将“半径衰减”设为 48.891 cm，如图 7-30 所示。

图 7-30

（4）单击工具栏“对象”按钮，选择“平面”，在场景中创建一个平面作为地面反射的反光板，命名为“Floor Reflection”。在“坐标”选项卡中设置灯光的坐标，X 为 -181.612 cm，Y 为 -25.437 cm，

Z 为 -58.02 cm，设置旋转角度 B 为 -51.856°，并为其添加白色自发光材质，如图 7-31 所示。

图 7-31

3. 渲染设置

（1）单击工具栏“渲染设置”按钮（或者按 Ctrl+B 组合键），在“渲染设置”窗口中单击“效果”按钮添加“全局光照”，在“常规”选项卡中将“首次反弹算法”设为“辐照缓存”，将“二次反弹算法”设为“光线映射”，如图 7-32 所示。

（2）在“渲染设置”窗口中单击“效果”按钮添加“环境吸收”，在“基本”选项卡中将“最大光线长度”设为 10 cm，将“对比”设为 -10%，如图 7-33 所示，勾选“评估透明度”复选框。

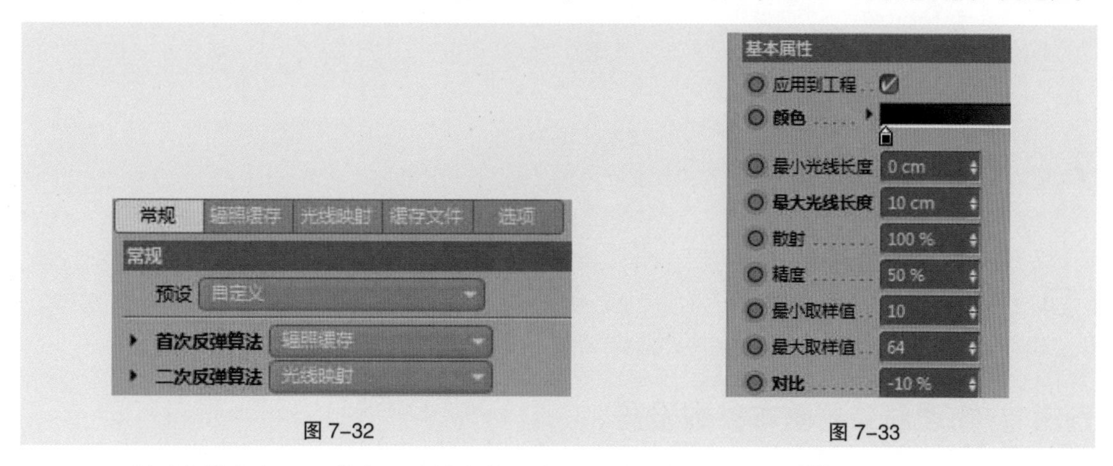

图 7-32　　图 7-33

（3）选中摄像机视图，单击工具栏中的“渲染到图片查看器”按钮，将场景渲染到图片查看器中，最终效果如图 7-34 所示。

图 7-34

7.2.3 课后习题——卡通火车场景渲染

习题知识要点：使用“全局光照”对场景进行照明，使用“环境吸收”对场景添加细节，使用“摄像机”对场景视角进行固定，使用“天空”配合 HDRI 贴图对场景照明，效果如图 7-35 所示。

图 7-35

7.3 物理渲染器

物理渲染器是一个特殊的渲染器，它可以模拟真实摄像机的景深、运动模糊等效果。物理渲染器与标准渲染器有着各自的优点，标准渲染器能快速完成渲染效果，但当场景中有景深、运动模糊、区域阴影、虚光等效果时，使用物理渲染器将会得到更好的渲染效果。

7.3.1 物理渲染器基本参数设置

在工具栏单击“渲染设置”按钮（或者按 Ctrl+B 组合键），在“渲染器”下拉菜单中选择“物理”，将渲染器切换为物理渲染器，这样在“渲染设置“窗口左侧就多了“物理”选项，如图 7-36 所示，物理渲染器的大部分参数设置是在这里调节的。

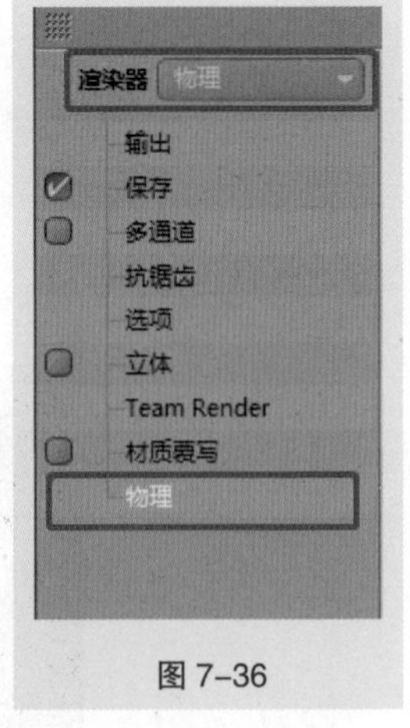

图 7-36

1. 景深

勾选“景深”后，通过调节摄像机光圈值，可以在场景中产生景深效果。

2. 运动模糊

勾选“运动模糊”后，场景中运动的物体可以产生运动模糊效果，运动模糊的程度取决于摄像机的快门值和物体运动的速度。

3. 采样器

（1）固定的：采用固定的采样值对场景进行渲染，将每个像素细分为固定的子像素。

• 采样品质：在下拉菜单中可以选择固定采样器的采样品质。品质越高，渲染的噪点就越少，但是会增加渲染时间，如图 7-37 所示。

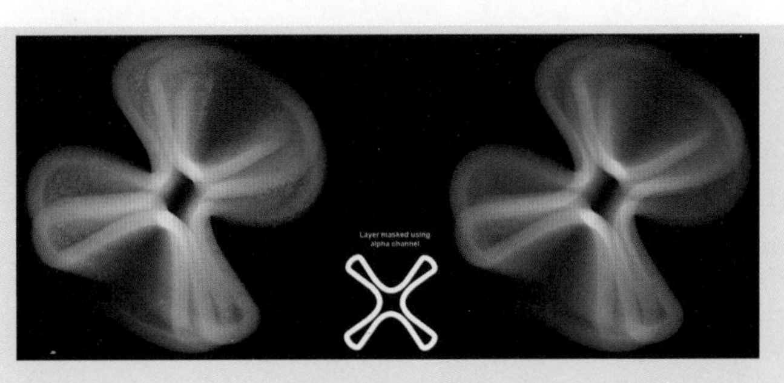

图 7-37

- 采样细分：在这里可以设置每个像素的细分值。数值越大，渲染质量越高。

（2）自适应：自适应采样器相比固定采样器更智能，一方面它可以节省渲染时间，另一方面它比固定采样器多 4 个数值来控制场景中的采样。

- 着色细分（最小）：定义了自适应采样器在计算中最小着色采样数。
- 着色细分（最大）：定义了自适应采样器在计算中最大着色采样数。
- 着色错误阈值：控制实际计算的采样数量。数值越低，采样数值就越倾向于“着色细分（最大）”中设定的数值。
- 检测透明着色：当场景中有运动模糊效果时，可以计算模糊中半透明的区域，以降低这部分区域中的噪点。

（3）递增：这是一种渲染效果逐渐无限递增的采样器，可以用于快速预览渲染效果，使用户在初期就可以看到所渲染图像的整体质量。

7.3.2 课堂案例——饮料广告渲染

扫码观看
本案例操作

1. 创建灯光

（1）按 Ctrl+O 组合键打开场景“饮料广告渲染 _Start.c4d”（ch07\7.3.2 课堂案例——饮料广告渲染 \ 工程文件 \ 饮料广告渲染 _Start），如图 7-38 所示。

图 7-38

（2）单击工具栏“灯光”按钮，添加“区域光”，并命名为“Front Light”。在“常规”选项卡中，将“强度”设置为 220%，将“投影”设置为“光线跟踪（强烈）”，如图 7-39 所示。在“细节”选项卡中，将“形状”设置为“圆柱”，将“水平尺寸”设为 112 cm，将“垂直半径”设为 112 cm，将“纵深尺寸”设为 869 cm，将“外部半径”设置为 56 cm，如图 7-40 所示，将“衰减”设为“平方倒数（物理精度）”。

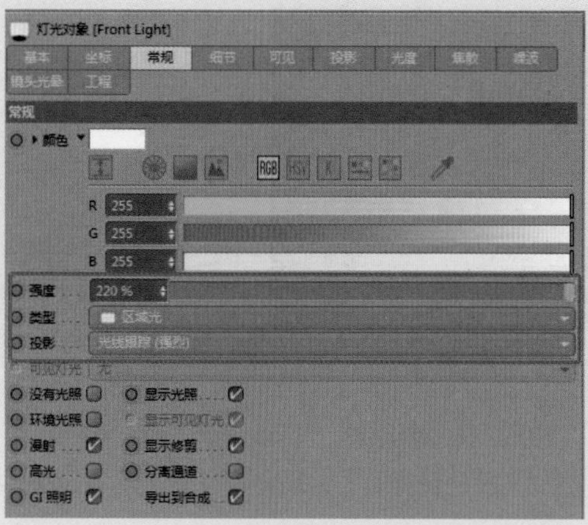

图 7-39

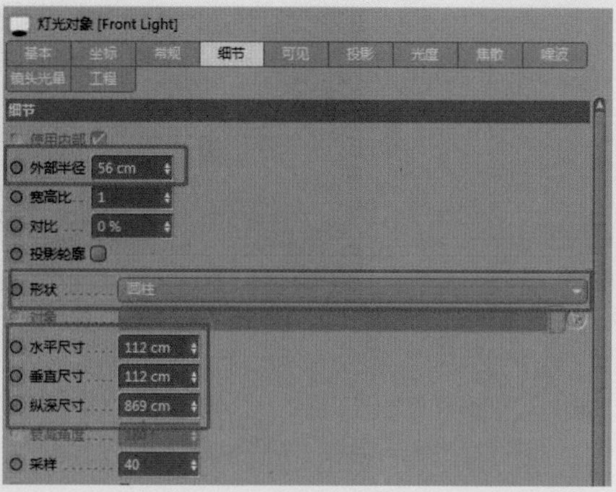

图 7-40

（3）在灯光属性面板“坐标”选项卡中设置坐标，X 为 -968.941 cm，Y 为 200.909 cm，Z 为 -222.672 cm，设置旋转角度 P 为 -27.663°，如图 7-41 所示。

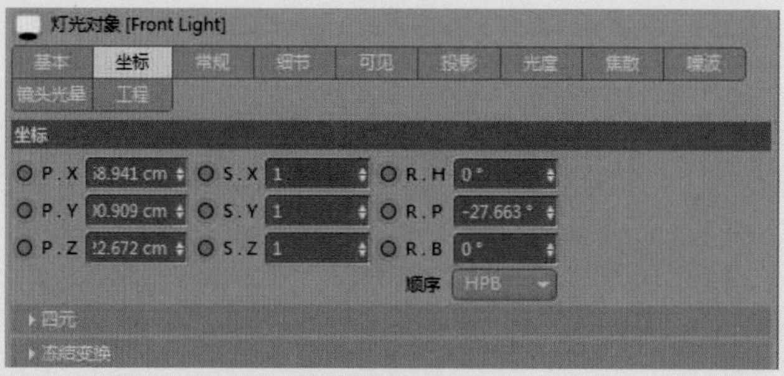

图 7-41

（4）选中“Front Light”，按住 Ctrl 键拖曳鼠标，复制出一个新的灯光，重命名为“Back Light”。在“常规”选项卡中，将“强度”设为 100%。在“灯光”属性面板“坐标”选项卡中设置坐标，X 为 224.053 cm，Y 为 200.909 cm，Z 为 -655.893 cm，设置旋转角度 P 为 -27.663°，如图 7-42 所示。

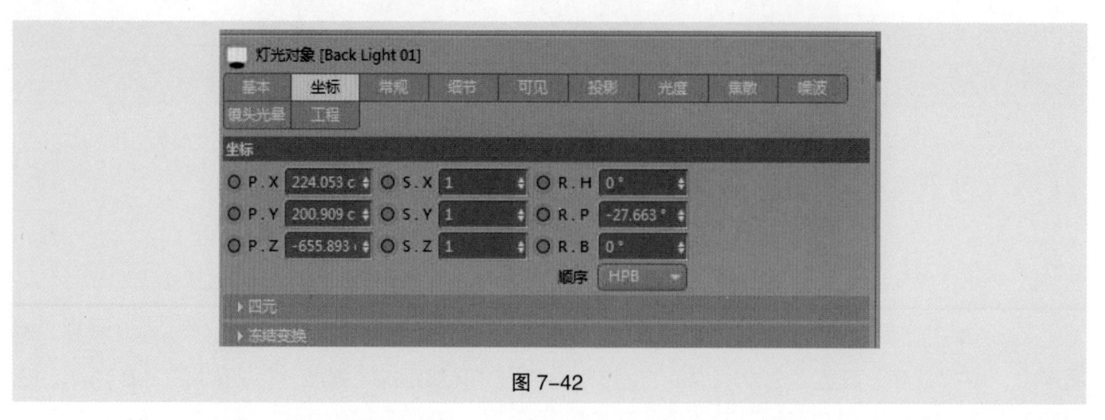

图 7-42

（5）单击工具栏“对象”按钮，创建一个“平面”，命名为“Light 01”。在属性面板“坐标”选项卡中设置坐标，X 为 -177.677 cm，Y 为 608.431 cm，Z 为 108.292 cm，设置旋转角度，H 为 -27.663°，P: -63.6°。选中“Light 01”，按住 Ctrl 键拖曳鼠标，复制出一个平面，重命名为

“Light 02”。在属性面板“坐标”选项卡中设置坐标，X 为 −158.836 cm，Y 为 −629.89 cm，Z 为 −268.172 cm，设置旋转角度，H 为 −2.4°，P：46.8°，如图 7−43 所示。

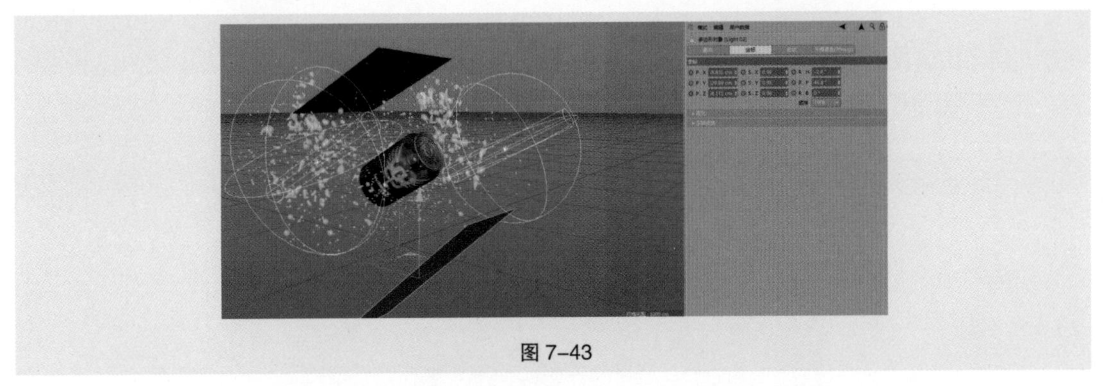

图 7−43

（6）在材质窗口双击，创建一个新的材质球，命名为“Light 01”。取消“颜色”通道勾选，在“发光”通道的“纹理”中添加“渐变”着色器，单击“渐变”进入属性设置面板，将渐变节点 1 的颜色设为白色（233，233，233），节点 2 的颜色设为淡灰色（156，156，156），并适应调整节点 2 的位置，如图 7−44 所示，将“类型”设为“二维 − 圆形”，并将“Light 01”材质赋予平面“Light 01”。

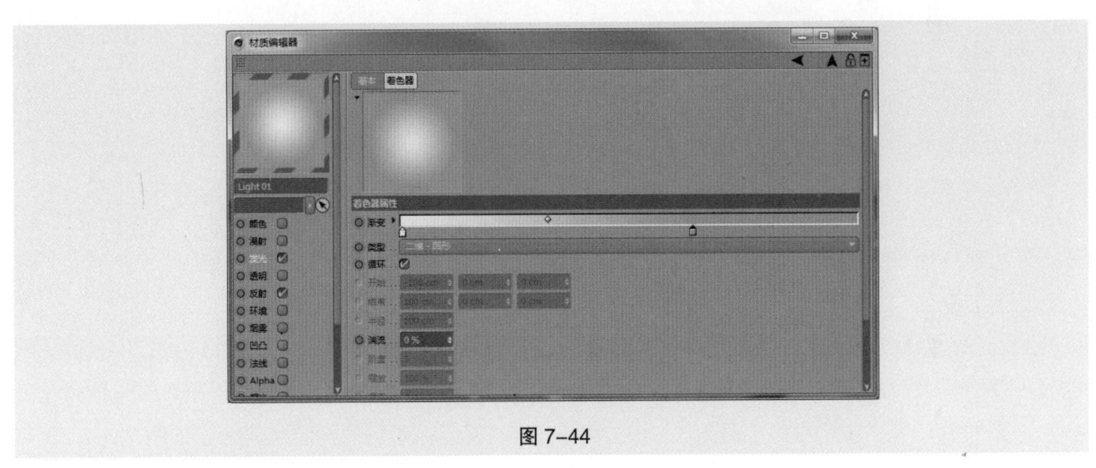

图 7−44

（7）在材质窗口选中“Light 01”，按住 Ctrl 键拖曳鼠标，复制出一个新的材质，重命名为“Light 02”。在“发光”通道中将“亮度”设为 400%，并将“Light 02”材质赋予平面“Light 02”，如图 7−45 所示。

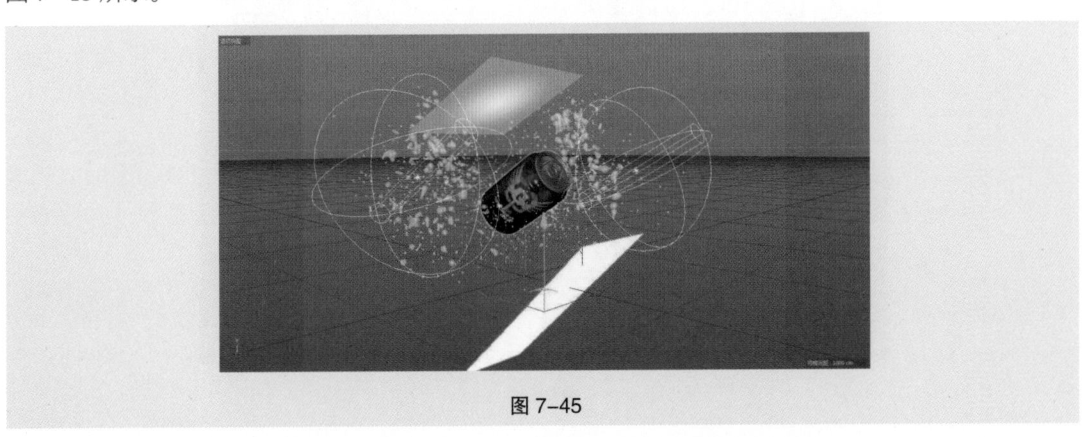

图 7−45

2. 创建摄像机

（1）在工具栏中单击“摄像机”按钮，创建一个自由摄像机，命名为“Camera”。在属性面板的“坐标”选项卡中设置坐标，X 为 −2 130.985 cm，Y 为 652.402 cm，Z 为 −690.118 cm，设置旋转角度，H 为 −68.506°，P 为 −1.553°，Z 为 27°；在“对象”选项卡中将焦距设置为 80，将“目标距离”设置为 2 072.363 cm，如图 7-46 所示。

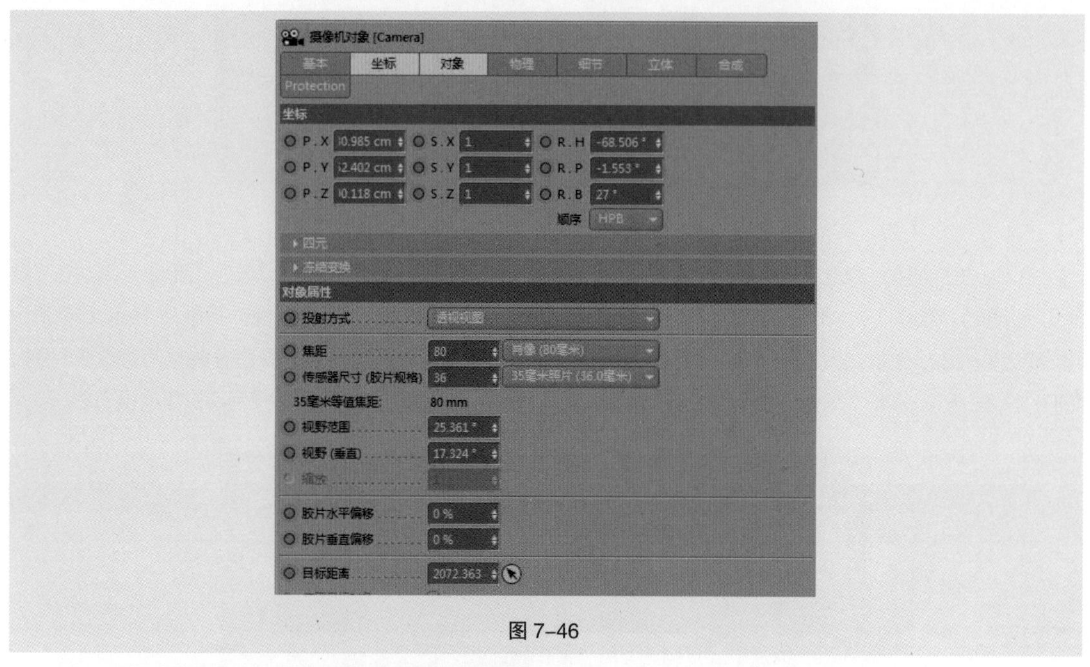

图 7-46

（2）在“物理”选项卡中将“光圈”设置为 0.2。

3. 渲染设置

（1）在工具栏中单击“渲染设置”按钮（或者按 Ctrl+B 组合键），在“渲染器”下拉菜单中选择“物理”，在“物理”属性面板中勾选“景深”，将“采样细分”设置为 4，将“着色细分（最小）”设置为 3，将“着色细分（最大）”设置为 3，将“着色错误阈值”设为 30%，如图 7-47 所示。

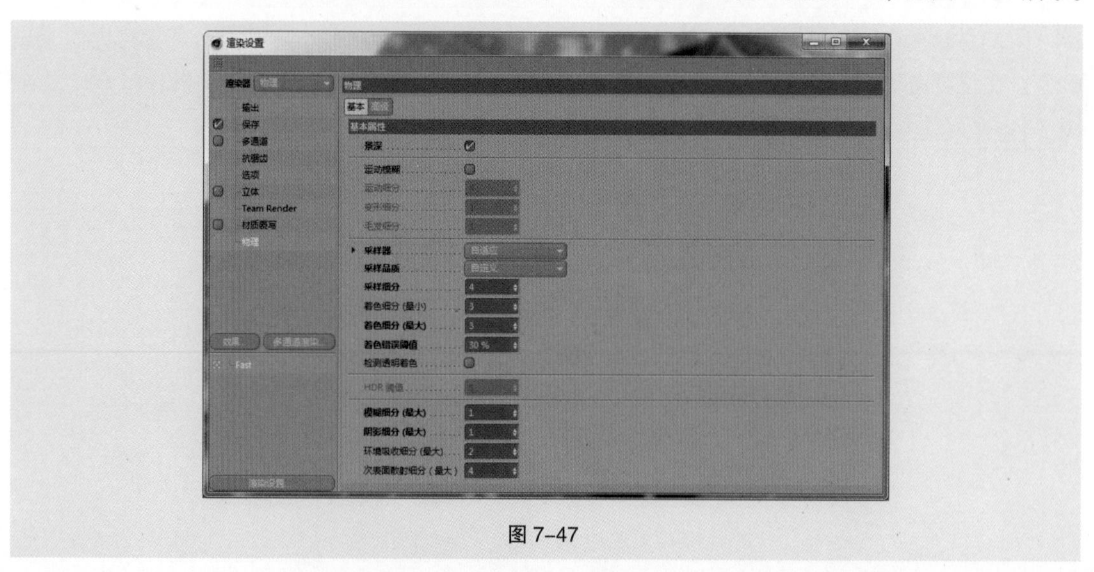

图 7-47

（2）在工具栏中单击“渲染到图片查看器”按钮，开始对场景进行渲染，最终效果如图 7-48 所示。

图 7-48

7.3.3 课后习题——葡萄酒广告渲染

习题知识要点：使用灯光和反光板照亮场景，使用“摄像机”固定视图，使用物理渲染器对场景进行渲染，最终渲染效果如图 7-49 所示。

图 7-49

08 第 8 章 动画设计

本章导读

本章介绍 Cinema 4D 动画模块的相关知识。通过对本章的学习，读者可以了解 Cinema 4D 动画制作流程，掌握 Cinema 4D 关键帧动画技术，熟练使用摄像机和动画曲线。

学习目标

- 了解帧速率的概念。
- 了解关键帧。
- 熟练掌握 Cinema 4D 关键帧动画。
- 掌握 Cinema 4D 摄像机的使用技巧。
- 熟练掌握动画曲线的调节技巧。

技能目标

- 掌握“创建一个简单动画场景”的制作方法。
- 掌握“摄像机动画”的制作方法。
- 掌握“小球弹跳”的制作方法。
- 掌握“MTV 动画场景”的制作方法。
- 掌握“玩转地球循环动画”的制作方法。

8.1 动画基础概念

动画技术较规范的定义是采用逐帧方式拍摄对象并连续播放而形成运动的影像技术。不论拍摄对象是什么，只要它的拍摄方式采用的是逐帧方式，观看时连续播放形成了活动影像，它就是动画。

8.1.1 帧

帧是动画中最小单位的单幅影像画面。一帧就是一幅静止的画面，相当于电影胶片上的每一格镜头，连续的帧就形成动画，如电视图像等。我们通常说的帧速率，简单地说，就是在 1 秒时间里传输的图片的帧数，也可以理解为图形处理器每秒钟能够刷新几次。帧速率单位为帧 / 秒，通常用 fps（frames per second）表示。每一帧都是静止的图像，快速连续地显示帧便形成了运动的假象。高的帧速率可以得到更流畅、更逼真的动画。

常见的帧速率：电影为 24 帧 / 秒，电视 PAL 制式为 25 帧 / 秒，电视 NTSC 制式为 30 帧 / 秒。我国采用的是 PAL 制式。

8.1.2 关键帧

关键帧的概念来源于传统的卡通片制作，熟练的动画师设计卡通片中的关键画面，即所谓的关键帧，然后由一般的动画师设计出中间帧。在三维计算机动画中，中间帧的生成由计算机来完成，插值代替了设计中间帧的动画师。所有影响画面图像的参数都可成为关键帧的参数，如位置、旋转角、纹理的参数等。关键帧技术是计算机动画中最基本且运用最广泛的技术。

8.1.3 记录关键帧

在 Cinema 4D 中，位于界面下方的时间线就是用来播放场景中的动画以及记录关键帧的，如图 8-1 所示。

图 8-1

：指针转到时间线起点。

：指针转到上一个关键帧。

：指针转到上一帧。

：播放动画。

：指针转到下一帧。

：指针转到下一个关键帧。

：指针转到动画结束位置。

：记录位置、缩放、旋转的对象动画。

：自动记录关键帧。

：关键帧选集。

：位置、缩放、旋转的记录开关。

Ⓟ：参数级别动画开关。

⁝⁝⁝：点级别动画开关。

在场景中创建一个“人偶”对象，在“人偶”对象的属性面板中，P、S、R 分别代表模型的移动、缩放、旋转。X、Y、Z 分别代表它的 3 个轴向。在 P、S、R 前面各有一个灰色圆点，单击灰色圆点，为当前的属性添加关键帧，灰色圆点也变成了红色圆点，如图 8-2 所示。

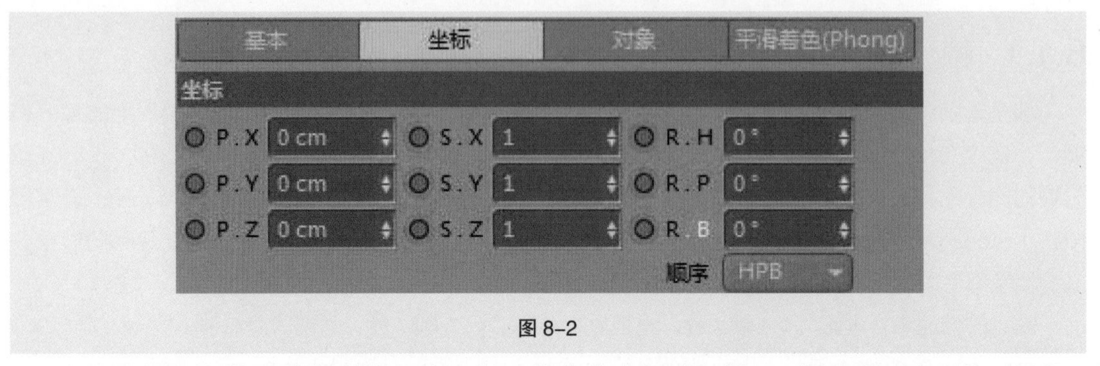

图 8-2

在场景中拖曳时间线指针到第 15 帧，沿 X 轴移动“人偶”对象，“人偶”对象属性面板中 X 轴的红色圆点会变成黄色圆点，这表示在“人偶”对象 X 轴的位置动画有关键帧的属性发生了变化。再次单击黄色圆点，即记录了“人偶”对象在 X 轴的位置关键帧动画，如图 8-3 所示。

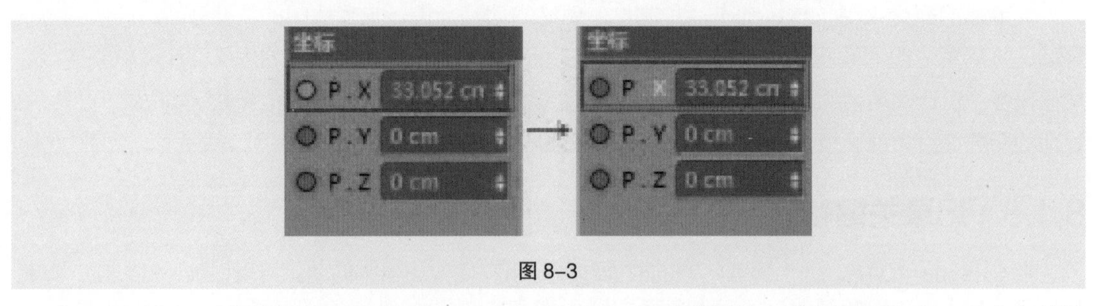

图 8-3

场景中创建了关键帧动画以后，会在时间线上显示。选中关键帧，按住鼠标拖曳可以改变关键帧在时间线上的位置，如图 8-4 所示，单击“向前播放”按钮▷可以在场景中看到动画效果。

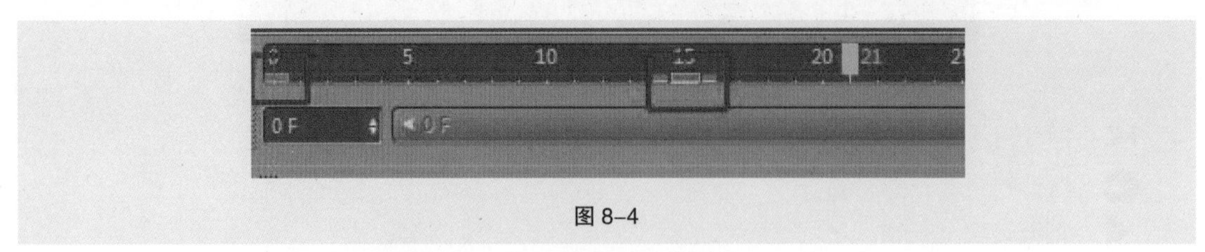

图 8-4

8.1.4 课堂案例——创建一个简单动画场景

（1）按 Ctrl+O 组合键打开场景“创建一个简单动画场景 _Start.c4d”（ch08\8.1.4 课堂案例——创建一个简单动画场景 \ 工程文件 \ 创建一个简单动画场景 _Start）。

（2）按 Ctrl+D 组合键打开“工程设置”窗口，将“帧率（FPS）”设为 25，将“最大时长”设为 100F，如图 8-5 所示。

图 8–5

（3）在“对象”面板中展开“主体”群组对象，选中“红 1”群组对象下的“乐高”，将时间线指针移动到第 0 帧，单击时间线面板“记录活动对象”按钮，记录一个关键帧；将时间线指针移动到第 5 帧，在“乐高”群组对象属性面板“坐标”选项卡中设置坐标，X 为 0 cm，Y 为 –80 cm，Z 为 –150 cm，再次单击“记录活动对象”按钮记录关键帧；将时间线指针移动到第 10 帧，设置坐标，X 为 0 cm，Y 为 50 cm，Z 为 –150 cm，单击“记录活动对象”按钮记录关键帧；将时间线指针移动到第 15 帧，设置坐标，X 为 0 cm，Y 为 180 cm，Z 为 –150 cm，单击“记录活动对象”按钮记录关键帧；将时间线指针移动到第 20 帧，设置坐标，X 为 0 cm，Y 为 100 cm，Z 为 –50 cm，单击“记录活动对象”按钮记录关键帧，如图 8–6 所示。

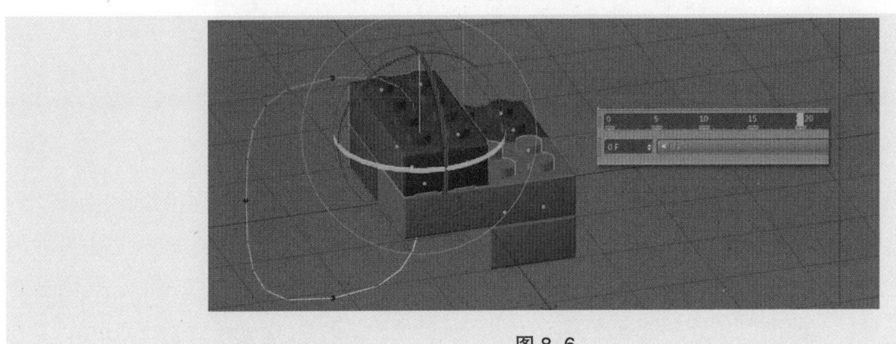

图 8–6

（4）选中“蓝 1”群组对象下的“乐高”，将时间线指针移动到第 20 帧，单击时间线面板“记录活动对象”按钮，记录一个关键帧；将时间线指针移动到第 25 帧，在“乐高”群组对象属性面板“坐标”选项卡中设置坐标，X 为 0 cm，Y 为 –80cm，Z 为 –150 cm，再次单击“记录活动对象”按钮 记录关键帧；将时间线指针移动到第 30 帧，设置坐标，X 为 0 cm，Y 为 50 cm，Z 为 250 cm，单击“记录活动对象”按钮记录关键帧；将时间线指针移动到第 35 帧，设置坐标，X 为 0 cm，Y 为 180 cm，Z 为 –150 cm，单击“记录活动对象”按钮记录关键帧；将时间线指针移动到第 40 帧，设置坐标，X 为 0 cm，Y 为 100 cm，Z 为 –50 cm，单击“记录活动对象”按钮记录关键帧，如图 8–7 所示。

（5）选中“红 2”群组对象下的“乐高”，将时间线指针移动到第 40 帧，单击时间线面板“记录活动对象”按钮，记录一个关键帧；将时间线指针移动到第 45 帧，在“乐高”群组对象属性面板“坐标”选项卡中设置坐标，X 为 0 cm，Y 为 –80cm，Z 为 –150 cm，再次单击“记录活动对象”按钮记录关键帧；将时间线指针移动到第 50 帧，设置坐标，X 为 0 cm，Y 为 50 cm，Z 为 –250 cm，单击“记录活动对象”按钮记录关键帧；将时间线指针移动到第 55 帧，设置坐标，X 为 0 cm，Y 为 180 cm，Z 为 –150 cm，单击“记录活动对象”按钮记录关键帧；将时间线指针移动到第 60 帧，设置坐标，X 为 0 cm，Y 为 100 cm，Z 为 -50 cm，单击“记录活动对象”按钮记录关键帧，如图 8-8 所示。

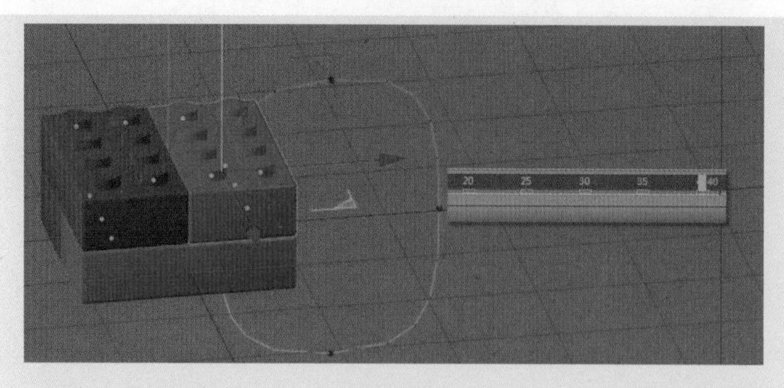

图 8-7

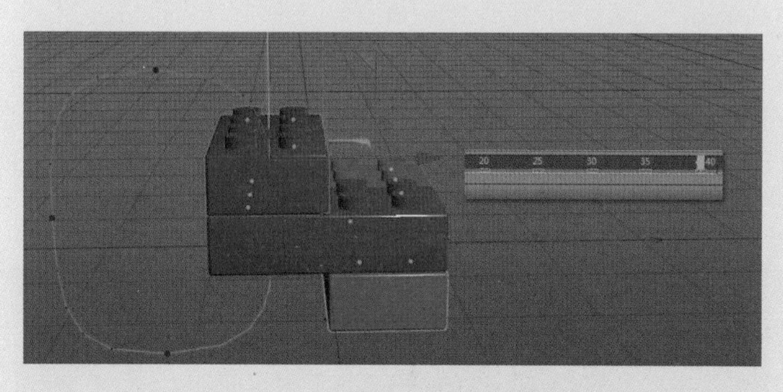

图 8-8

（6）选中“蓝 2”群组对象下的“乐高”，将时间线指针移动到第 60 帧，单击时间线面板“记录活动对象”按钮，记录一个关键帧；将时间线指针移动到第 65 帧，在“乐高”群组对象属性面板“坐标”选项卡中设置坐标，X 为 0 cm，Y 为 -80cm，Z 为 -150 cm，再次单击“记录活动对象”按钮记录关键帧；将时间线指针移动到第 70 帧，设置坐标，X 为 0 cm，Y 为 50 cm，Z 为 -250 cm，单击“记录活动对象”按钮记录关键帧；将时间线指针移动到第 75 帧，设置坐标，X 为 0 cm，Y 为 180 cm，Z 为 -150 cm，单击“记录活动对象”按钮记录关键帧；将时间线指针移动到第 80 帧，设置坐标，X 为 0 cm，Y 为 100 cm，Z 为 -50 cm，单击“记录活动对象”按钮记录关键帧，如图 8-9 所示。

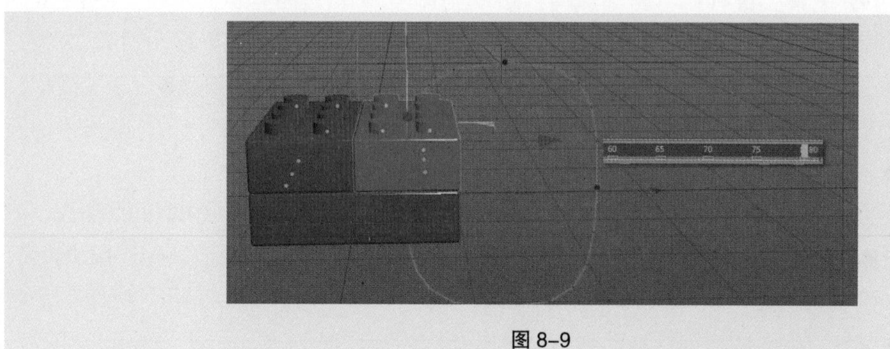

图 8-9

（7）在“对象”面板中选择“主体”群组对象，将时间线指针移动到第 0 帧，单击时间线面板“记录活动对象”按钮，记录一个关键帧；将时间线指针移动到第 80 帧，在“乐高”群组对象属性面板“坐标”选项卡中设置坐标，X 为 0 cm，Y 为 -100cm，Z 为 0 cm，单击“记录活动对象”按钮记录关键帧，如图 8-10 所示。最终效果参见“创建一个简单动画场景 _FIN.mp4”（ch08\8.1.4 课堂案例——创建一个简单动画场景 \ 效果文件）。

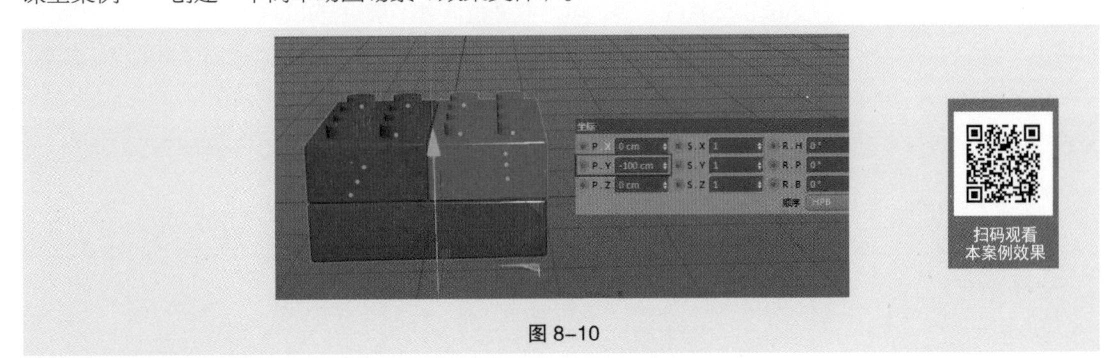

图 8-10

8.1.5 课后习题——创建一个滑板动画场景

习题知识要点：使用“路径约束”变形器制作滑板滑动动画，对滑板“旋转”属性设置关键帧，完成滑板翻转动画，通过复制关键帧完成滑板滑动循环动画；对跷跷板的“旋转”属性设置关键帧，完成跷跷板的动画，最终动画效果参见“创建一个滑板动画场景 _FIN.mp4”（ch08\8.1.5 课后习题——创建一个滑板动画场景 \ 效果文件）。

8.2 摄像机

8.2.1 摄像机类型

摄像机是三维软件的基本元素之一，它用来定义二维视图场景在空间里的显示方式。在 Cinema 4D 中，每一个视频都有自己的默认摄像机。Cinema 4D 有 6 种摄像机：摄像机、目标摄像机、立体摄像机、运动摄像机、摄像机变换和摇臂摄像机，如图 8-11 所示。

当在场景中创建摄像机后，在“对象”面板中单击图标，进入摄像机视图，如图 8-12 所示。

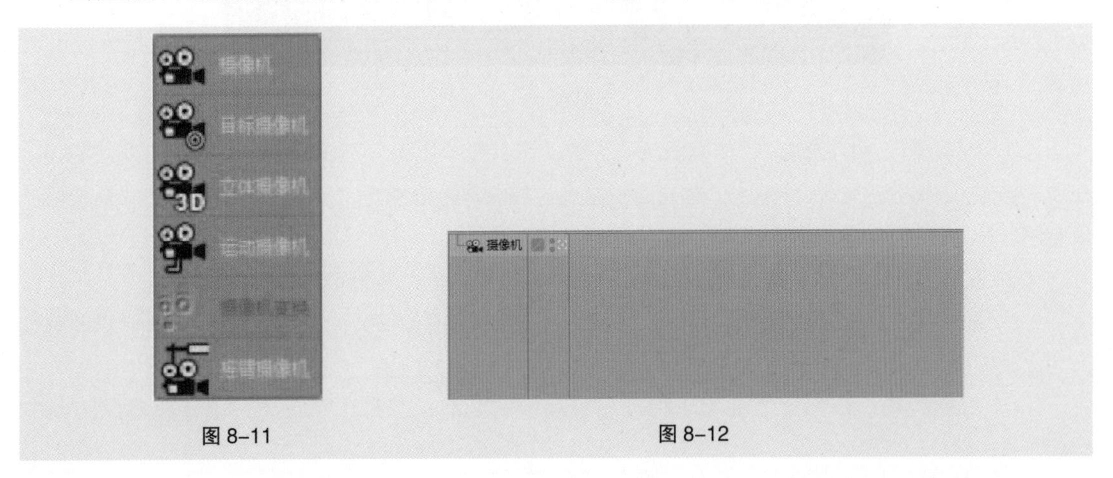

图 8-11

图 8-12

8.2.2 摄像机属性面板

1. 基本

在“基本属性”中可以更改摄像机的名称，可对摄像机所处图层进行更改或编辑，还可设置摄像机在编辑器中和渲染器中是否可见，如图 8-13 所示。开启“使用颜色”选项可修改摄像机的显示颜色。

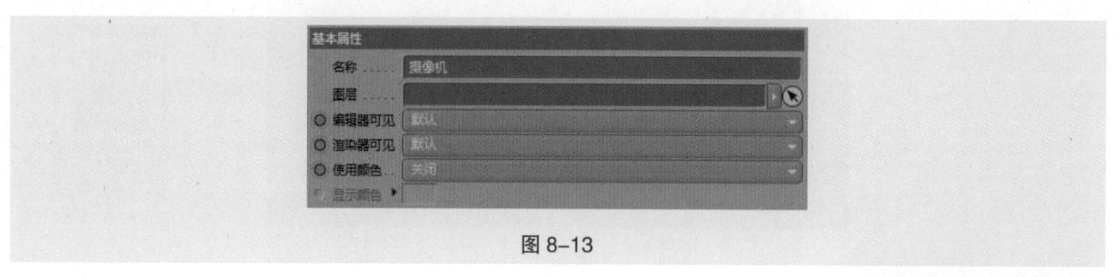

图 8-13

2. 坐标

摄像机的“坐标”属性和其他对象的坐标属性相同，可设定 P、S、R 在 X、Y、Z 三个轴向上的值。

3. 对象

（1）投射方式：默认情况下，使用“透视视图”投射方式，在下拉菜单中有 14 种投射方式可以选择，如图 8-14 所示。

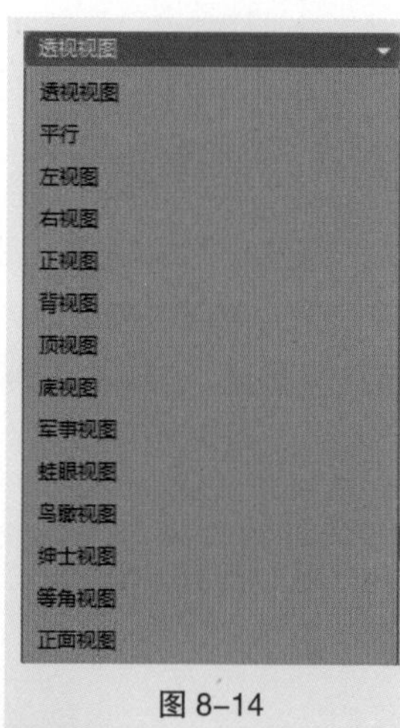

图 8-14

（2）焦距：在现实世界中的摄像机，镜头的焦距代表镜头和胶片之间的距离。小焦距用于广角拍摄，可以呈现更宽的场景画面；焦距值越大，就越倾向于长焦镜头，如图 8-15 所示。

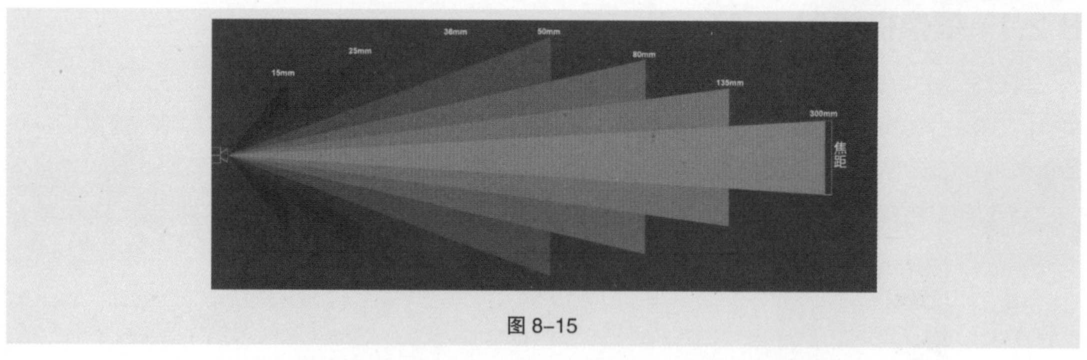

图 8-15

（3）传感器尺寸：当修改“传感器尺寸”时，可以在“焦距”不变的情况下，改变视野范围。在现实摄像机中，传感器尺寸越大，感光面积越大，成像效果就越好，也就是我们所说的“全画幅”传感器。

（4）视野范围 / 视野（垂直）：摄像机的水平和垂直方向的视野范围。

（5）胶片水平偏移 / 胶片垂直偏移：可以在不改变视角的情况下，对摄像机进行水平或者垂直方向上的偏移。

（6）目标距离：该参数主要用于物理渲染器中需要渲染景深时，设置开始计算景深距离的数值。

4. 物理

当把Cinema 4D的“渲染器”设置为“物理”时，物理渲染器面板的选项将会被激活，如图8–16所示。

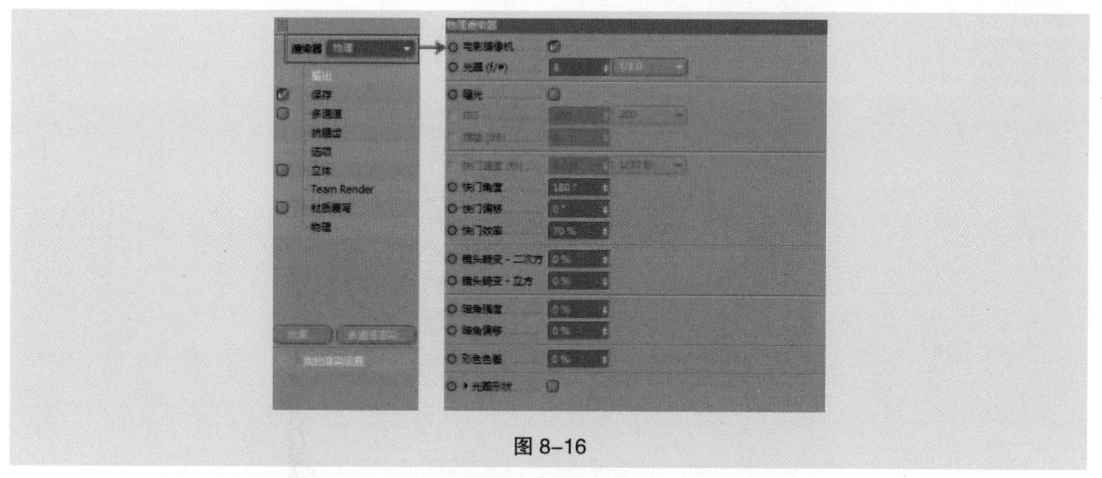

图 8–16

（1）光圈：用来控制通过镜头的光线数量。光圈值越小，景深越大。

（2）快门速度：设置摄像机的快门速度。当拍摄运动物体时，快门越快，拍摄效果越清晰；反之会产生运动模糊效果。

（3）光圈形状：勾选该复选框后，可以控制画面中光斑的形状，如图8–17所示。

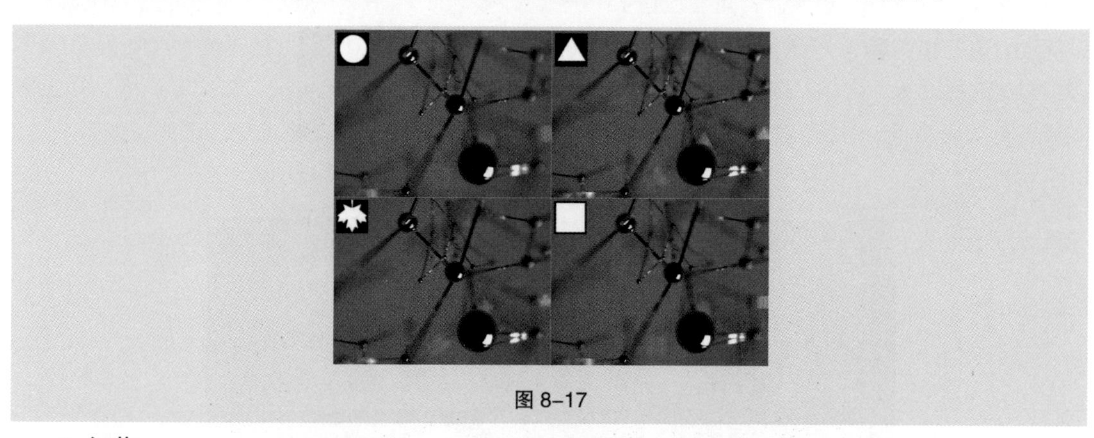

图 8–17

5. 细节

（1）远端修剪 / 近端修剪：可对摄像机中显示的物体的近端和远端进行修剪。

（2）景深映射 – 前景模糊 / 背景模糊：当渲染景深通道时，正常的线性灰度梯度可以进行微调。使用“景深”值定义图像的哪个部分应处于焦点，哪个部分应处于焦点之外。“景深映射”是以摄像机目标点为起点来计算景深的大小，如图8–18所示。

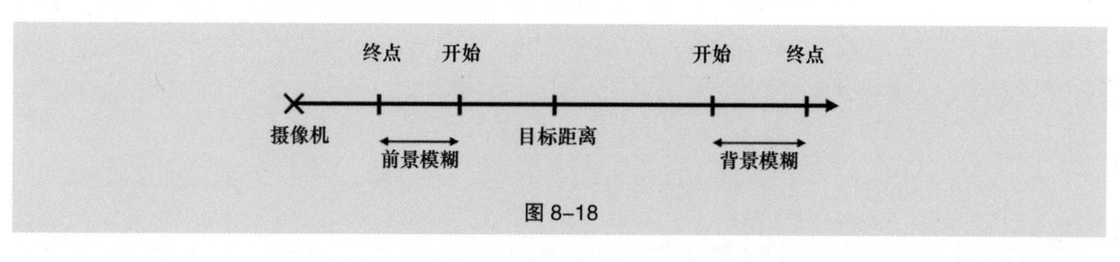

图 8–18

8.2.3 课堂案例——摄像机动画

扫码观看
本案例操作

（1）按Ctrl+O组合键打开场景“摄像机动画_Start.c4d”（ch08\8.2.3课堂案例——摄像机动画\工程文件\摄影机动画_Start），如图8-19所示。

图 8-19

（2）单击工具栏“摄像机”按钮，创建一个目标摄像机，命名为“Ocean Camera”。在右侧“摄像机”属性面板中，在“坐标”选项卡中分别设置坐标，X为-1 173 cm，Y为633 cm，Z为-1 266 cm；在“对象”选项卡中将“焦距”设置为20。在“对象”面板中选择“Boat Controller”群组对象，将时间线指针移动到第0帧，在“坐标”选项卡中设置坐标，X为-9 cm，Y为-9 cm，Z为-1 397 cm，设置旋转角度，H为180°，P为-180°，B为-180°，单击时间线面板“记录活动对象”按钮，记录一个关键帧；将时间线指针移动到第200帧，在“Boat Controller”群组对象属性面板“坐标”选项卡中设置坐标，X为-9 cm，Y为-9 cm，Z为854 cm，单击时间线面板“记录活动对象”按钮，记录一个关键帧，创建轮船在海面上前进的动画，如图8-20所示。

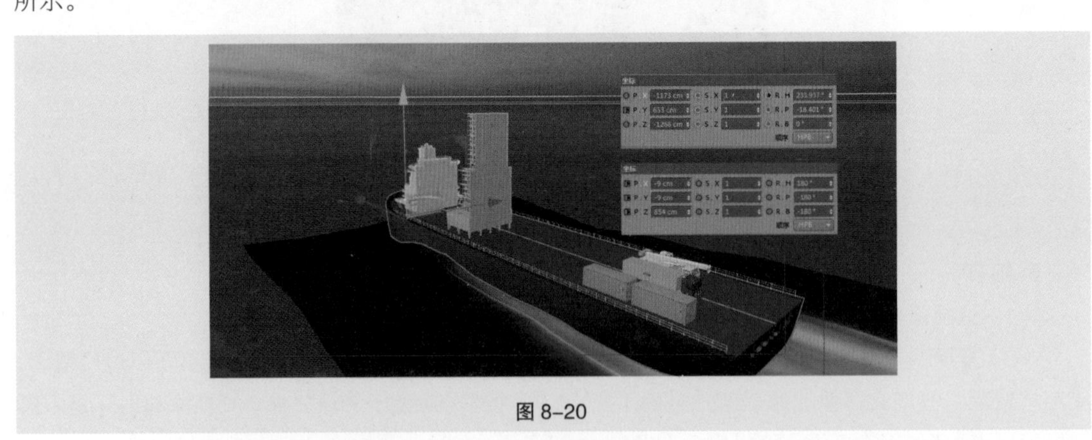

图 8-20

（3）选中摄像机的目标点“摄像机.目标.1”，将其设为“Boat Controller 1”群组对象的子对象，在属性面板“坐标”选项卡中设置坐标，X为-47 cm，Y为190 cm，Z为-691 cm。将时间线指针移动到第0帧，单击时间线面板“记录活动对象”按钮，记录一个关键帧；将时间线指针移动到第200帧，在“摄像机.目标.1”对象属性面板“坐标”选项卡中设置坐标，X为-47 cm，Y为349 cm，Z为-691 cm，单击时间线面板“记录活动对象”按钮，记录一个关键帧，创建摄像机目标点上移的动画，如图8-21所示。

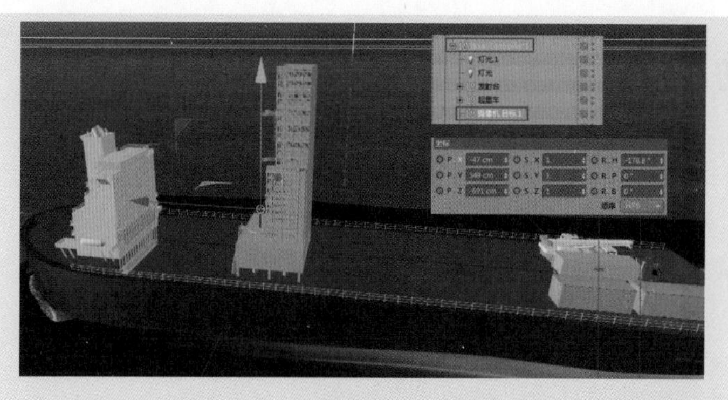
图 8-21

（4）最终效果参见“摄像机动画 .mp4”（ch08\8.2.3 课堂案例——摄像机动画 \ 效果文件），如图 8-22 所示。

图 8-22

8.2.4 课后习题——创建一个场景漫游动画

习题知识要点：为场景创建摄像机，并调整焦距，通过对摄像机的位置和旋转设置关键帧，完成摄像机在场景中漫游的动画，最终效果参见“创建一个场景漫游动画 _FIN.mp4”（ch08\8.2.4 课后习题——创建一个场景漫游动画 \ 效果文件），如图 8-23 所示。

图 8-23

8.3 函数曲线

在三维软件里制作动画，调节动画曲线是必不可少的。简单来说，调节动画曲线就是为了使动画更流畅，更具有节奏美感，使三维动画不“生硬”。除了在场景中对模型的位置、旋转等参数进行调节以外，另外很重要的一个调节动画曲线的操作就是调节关键帧的函数曲线的过渡方式，如图 8-24 所示。

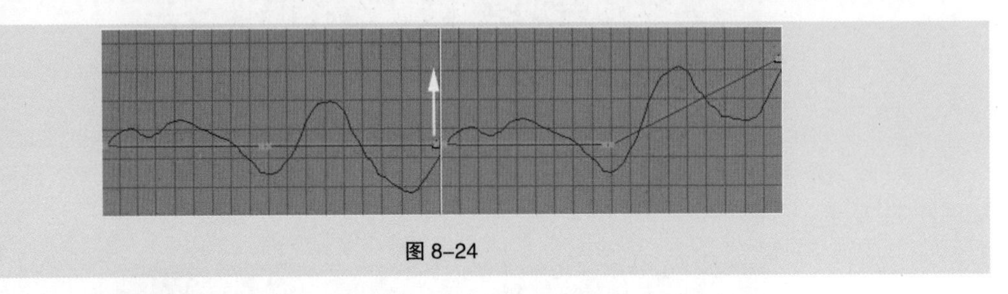

图 8-24

8.3.1 函数曲线类型

当对场景中的对象属性创建关键帧动画后，在主菜单执行“窗口”>“时间线（函数曲线）”，或按 Shift+Alt+F3 组合键打开函数曲线窗口，Cinema 4D 默认的动画函数曲线是“缓入缓出”类型，即先加速运动，后减速运动，如图 8-25 所示。

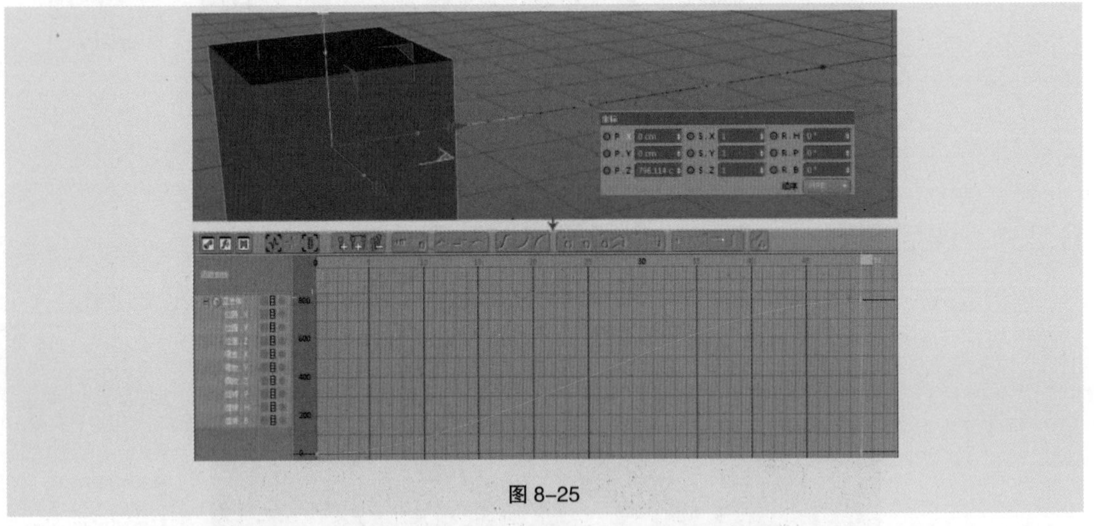

图 8-25

（1）线性：在函数曲线窗口中选择关键帧，单击上方工具栏的“线性”工具，动画曲线就变成一条直线，这表示当前是一个匀速运动的动画，如图 8-26 所示。

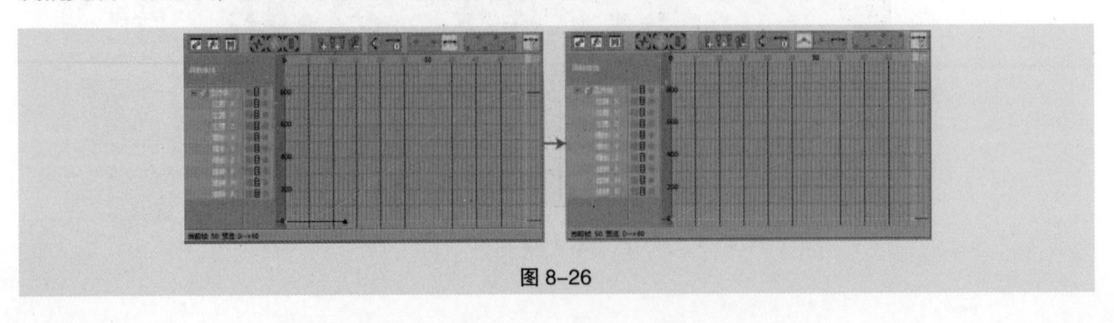

图 8-26

（2）步幅：在函数曲线窗口中选择关键帧，单击上方工具栏的“步幅”工具，这种曲线类型是将插值设置为线性步幅，即关键帧之间没有过渡的突然变化，如图 8-27 所示。

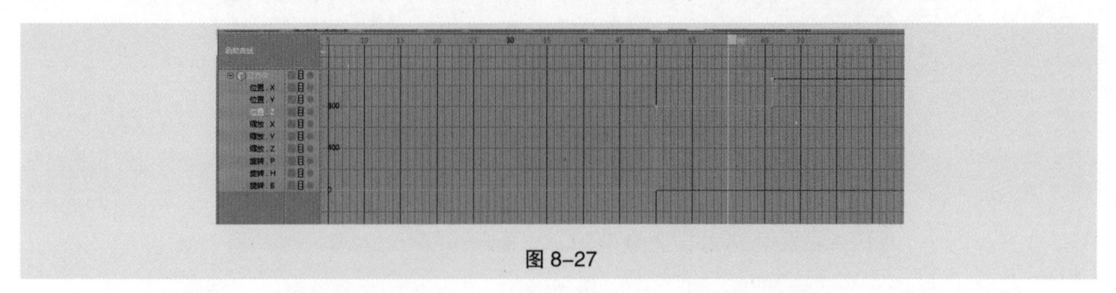

图 8-27

（3）样条：将插值类型设置为“样条”而不改变现有的切线设置。

（4）缓和处理：曲线的开始和结束都变得缓和起来，运动也变成了先加速后减速。Cinema 4D 默认的是动画都已经执行了缓和处理。

（5）缓入：在函数曲线窗口中选择关键帧，单击上方工具栏的“缓入”工具，动画曲线切线将会断开，右边切线不变，左边切线变为水平，在停止前变为减速运动，如图 8-28 所示。

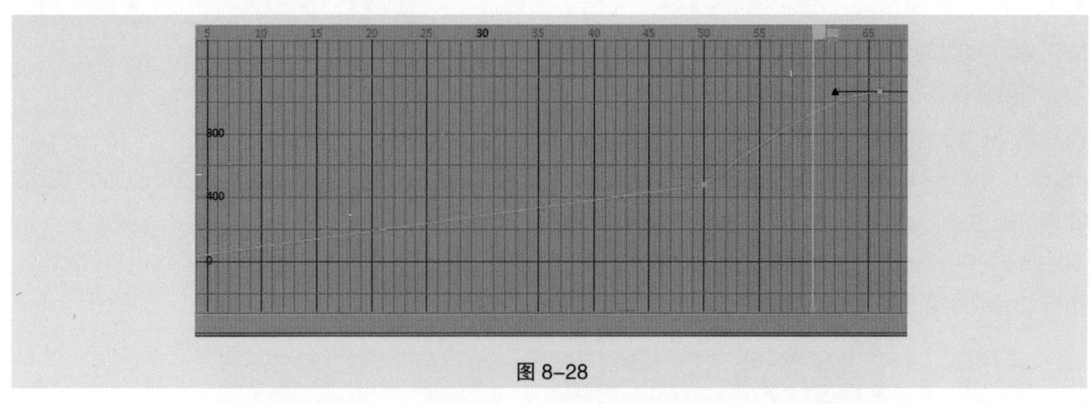

图 8-28

（6）缓出：在函数曲线窗口中选择关键帧，单击上方工具栏的“缓出”工具，动画曲线切线将会断开，左边切线不变，右边切线变为水平，如图 8-29 所示。

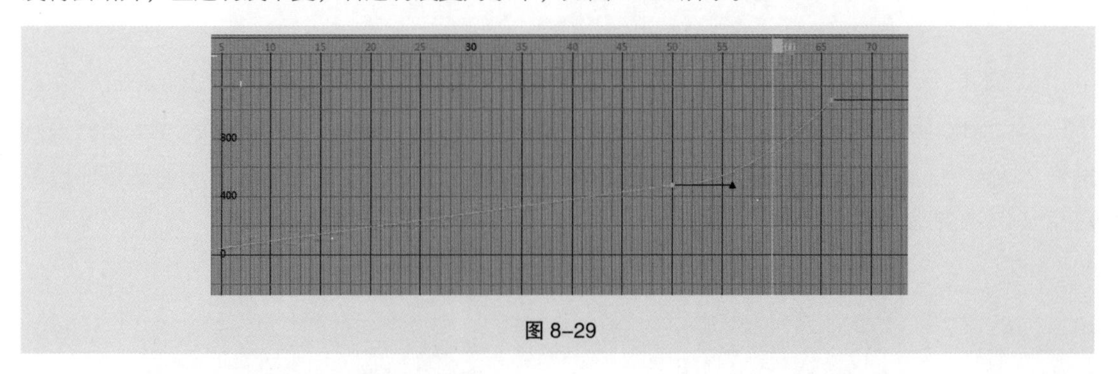

图 8-29

8.3.2 课堂案例——小球弹跳

（1）按 Ctrl+O 组合键打开场景“小球弹跳 _Start.c4d”（ch08\8.3.2 课堂案例——小球弹跳 \ 工程文件），如图 8-30 所示。

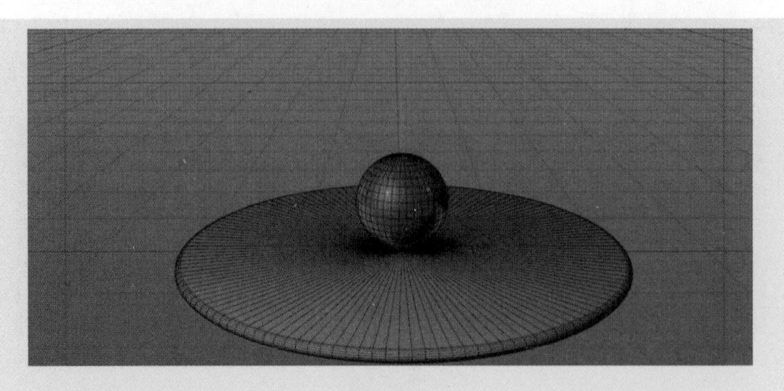

图 8-30

（2）在“对象”面板中选择“球体”，将时间线指针移动到第 0 帧，单击时间线面板“记录活动对象”工具，记录一个关键帧；将时间线指针移动到第 10 帧，在“球体”对象属性面板“坐标”选项卡中设置坐标，X 为 0 cm，Y 为 180 cm，Z 为 0 cm，单击时间线面板“记录活动对象”按钮；将时间线指针移动到第 20 帧，在时间线上选中第 0 帧的关键帧，按住 Ctrl 键拖曳鼠标，复制出一个新的关键帧到第 20 帧，如图 8-31 所示。

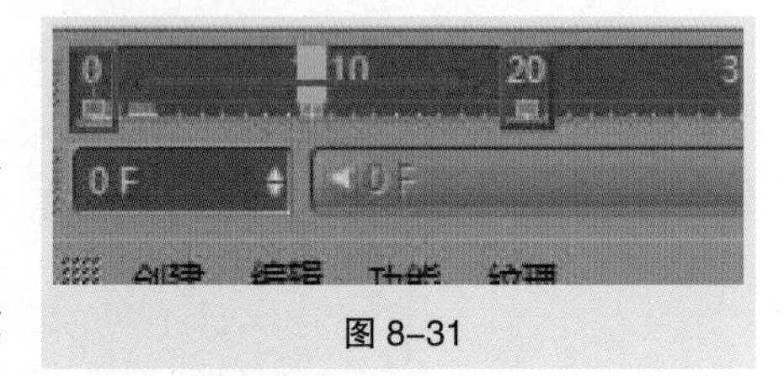

图 8-31

（3）单击时间线“向前播放”按钮播放动画，可以看到小球弹跳的动画比较生硬，此时就需要通过调整动画函数曲线来调节小球弹跳动画节奏。在主菜单执行“窗口”>“时间线（函数曲线）”，在左侧展开“球体”的关键帧选项，选择“位置 .Y”，通过调节动画函数曲线的手柄，将第 0 帧和第 20 帧的关键帧动画函数曲线调节成加速运动，如图 8-32 所示。

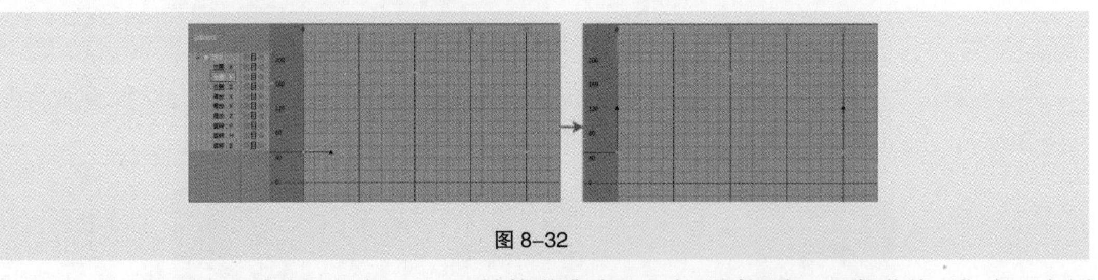

图 8-32

（4）现在场景中“球体”只有 0 ~ 20 帧的弹跳动画，在“时间线（函数曲线）”窗口左侧选择“球体”，在属性面板中将“之后”设置为重复，将“循环”设置为 10，这样球体就可以重复播放 10 次弹跳动画，如图 8-33 所示。

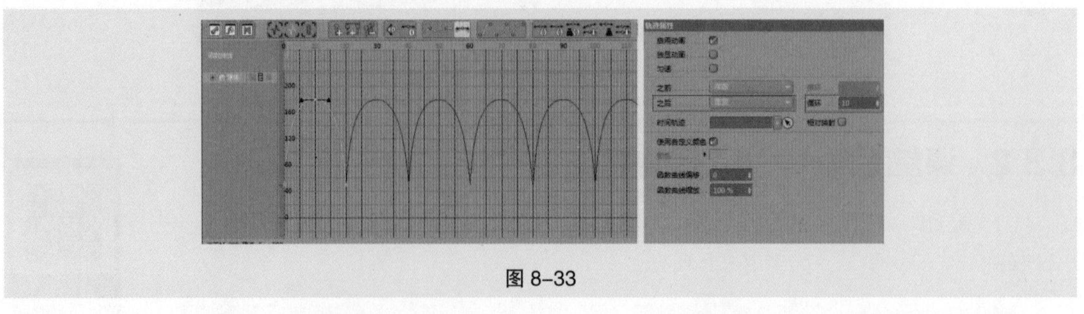

图 8-33

（5）最终效果参见“小球弹跳 _FIN.mp4”（ch08\8.3.2 课堂案例——小球弹跳 \ 效果文件），

如图 8-34 所示。

图 8-34

8.3.3 课后习题——方块沿台阶下落

习题知识要点：对“立方体”添加位置和旋转关键帧动画，调整“立方体”位置和旋转的动画函数曲线，使弹跳动画更加真实，将“立方体”之后的轨迹设置为“偏移重复之后”，并设置循环次数，直到“立方体”滚动到台阶底部，最终效果参见“方块沿台阶下落 _FIN.mp4”（ch08\8.3.3 课后习题——方块沿台阶下落 \ 效果文件），如图 8-35 所示。

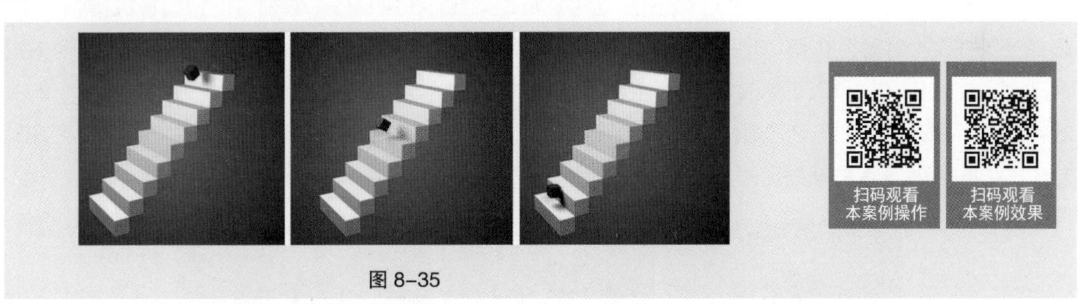

图 8-35

8.4 动画综合实例

8.4.1 MTV 动画场景

（1）按 Ctrl+O 组合键打开场景“MTV 动画场景 _Start.c4d”（ch08\8.4.1 MTV 动画场景 \ 工程文件 \MTV 动画场景 _Start），如图 8-36 所示。

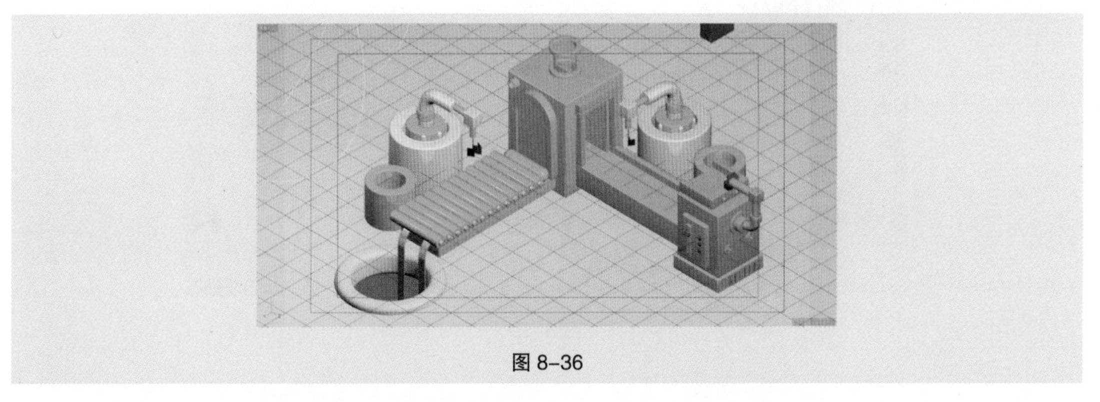

图 8-36

（2）在右侧“对象”面板中选择“盒子”群组对象，在第 0 ~ 18 帧做下落关键帧动画；选择“盒子”群组对象子层级中的“空白”群组对象，在第 32 ~ 58 帧对盒子的位置和旋转设置关键帧动画，完成盒子下落效果；选择“扫描 5”对象，在点层级下选择外侧的一圈点，在时间线单击“点级别动画”，在第 28 ~ 32 帧做向外推动的关键帧动画；选择“圆柱 2”对象，在第 28 ~ 32 帧对位置设置关键帧动画，并保持与“扫描 5”的动画同步，如图 8-37 所示。

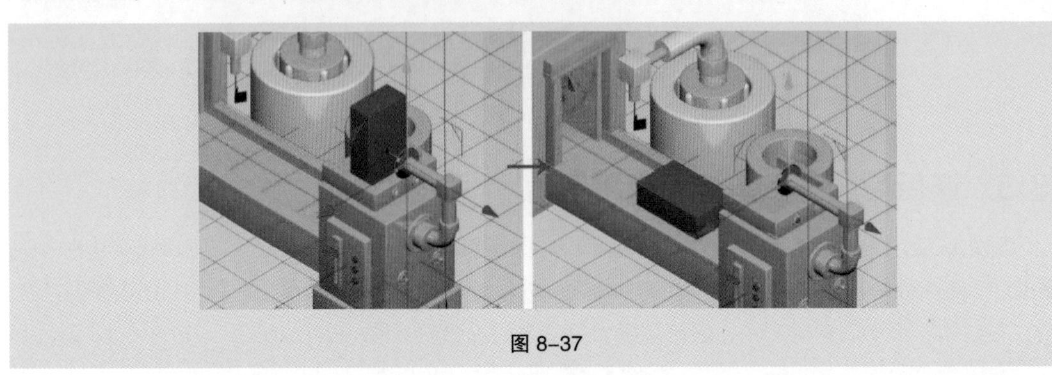

图 8-37

（3）选择“盒子”群组对象子层级下的“空白”群组对象，在第 58 ~ 75 帧对位置设置关键帧动画。选择“圆柱 7”对象，在第 76 ~ 90 帧做向下移动关键帧动画，在第 100 ~ 111 帧做向上移动关键帧动画。在右侧“对象”面板中选择“空白”群组对象，在第 111 ~ 138 帧做 Y 轴旋转 90 ° 的关键帧动画。展开“空白” > “圆柱 7” > “管道 10”，选择“管道 10”子层级下的“布尔 8”，在第 138 ~ 145 帧做下落关键帧动画，如图 8-38 所示。

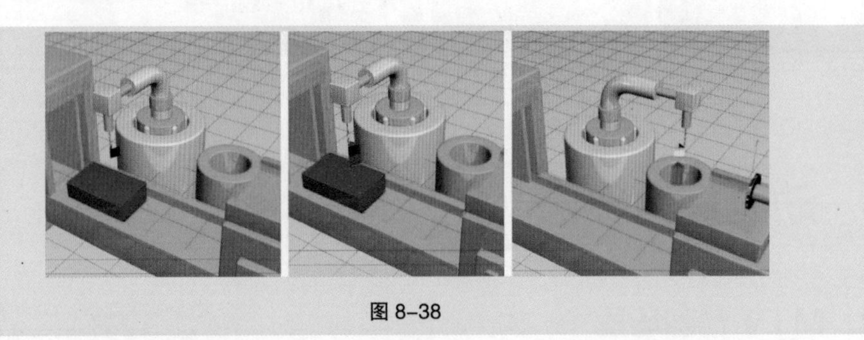

图 8-38

（4）在右侧“对象”面板中选择“盒子”群组对象子层级下的“空白”群组对象，在第 111 ~ 140 帧做向前推动关键帧动画。选择“盒子”群组对象，在第 143 ~ 144 帧在“基本”选项卡中将“编辑器可见”和“渲染器可见”设置为“关闭”，并设置关键帧，使“盒子”群组对象在场景中隐藏，如图 8-39 所示。

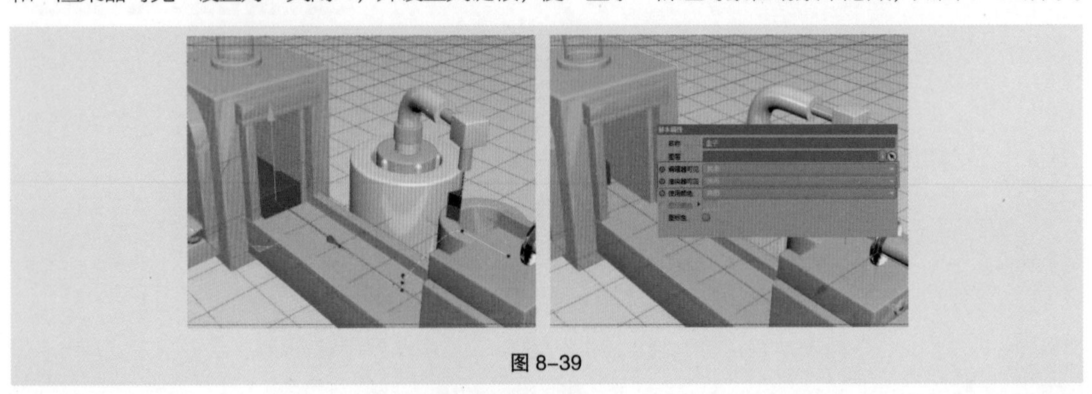

图 8-39

（5）在右侧“对象”面板中选择“拉门”布尔造型工具，在子层级中选择“立方体 11”对象，在第 136 ~ 153 帧做向上移动关键帧动画。展开“盒子 2”>“布尔 4”>“盒子 1”，选择子层级下的“空白”群组对象，在第 147 ~ 160 帧做向前推动的关键帧动画，如图 8-40 所示。

图 8-40

（6）选择“空白 1”群组对象子层级下的“圆柱 7”群组对象，在第 160 ~ 171 帧做向下移动的关键帧动画，在第 177 ~ 188 帧做向上移动的关键帧动画。选择“空白 1”群组对象子层级下的“空白 1”群组对象，在第 196 ~ 210 帧做 *Y* 轴旋转的关键帧动画。展开“空白 1”>“空白 1”>“圆柱 7”，选择子层级下的“布尔 4”造型工具，在第 210 ~ 219 帧做下落关键帧动画，如图 8-41 所示。

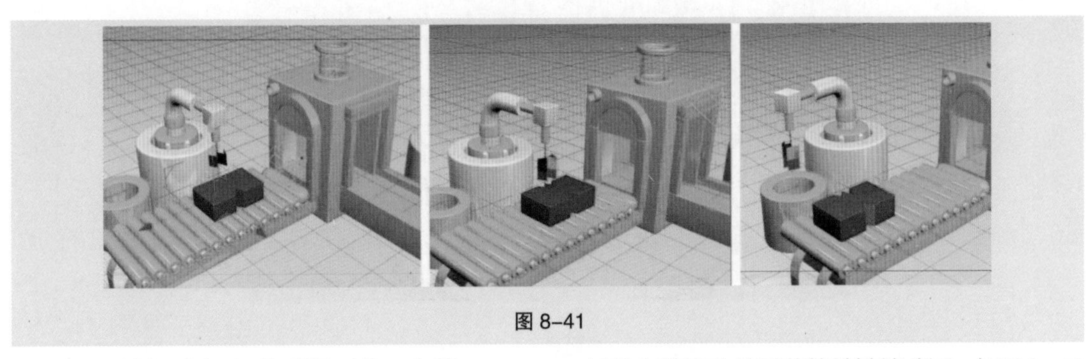

图 8-41

（7）选择“盒子 2”群组对象，在第 195 ~ 236 帧做向前推动并下落的关键帧动画，如图 8-42 所示。

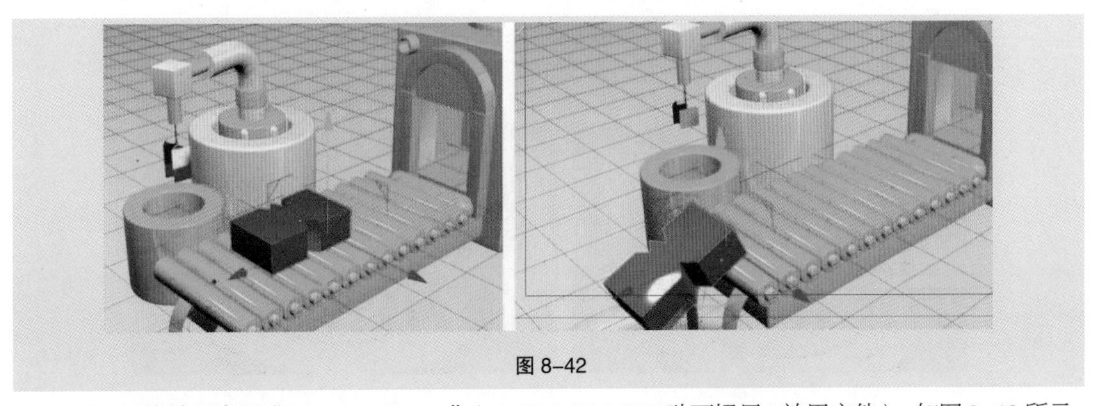

图 8-42

（8）最终效果参见“MTV_FIN.mp4”（ch08\8.4.1 MTV 动画场景\效果文件），如图 8-43 所示。

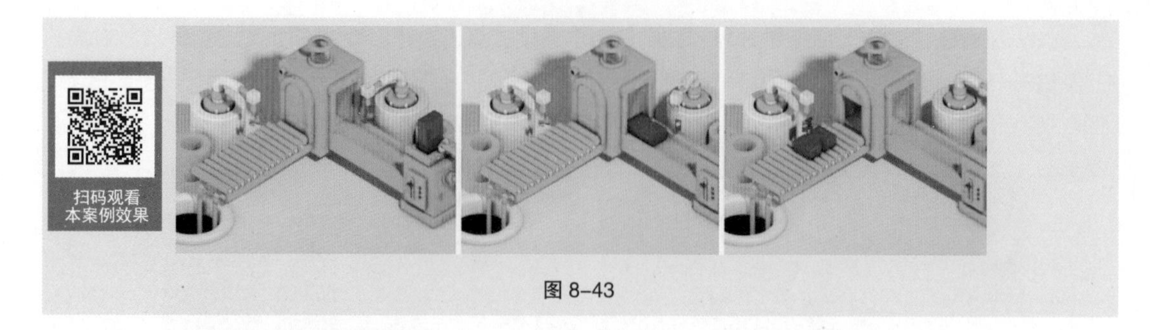

图 8–43

8.4.2 玩转地球循环动画

（1）按 Ctrl+O 组合键打开场景“玩转地球循环动画 _FIN.c4d”（ch08\8.4.2 玩转地球循环动画 \ 工程文件 \ 玩转地球循环动画 _FIN），如图 8–44 所示。

（2）在右侧“对象”面板中展开“内容物”>“大木齿轮”，选择子层级下的“Cogwheel”样条曲线，在第 0 ~ 200 帧做 *Y* 轴旋转的关键帧动画。选择“球体”群组对象，在第 0 ~ 200 帧做 *Y* 轴旋转的关键帧动画，如图 8–44 所示。

图 8–44

（3）在右侧“对象”面板中展开“内容物”>“扫描”生成器，选择子层级下的“样条”样条曲线，在第 0 ~ 200 帧做 *Y* 轴旋转的关键帧动画，在函数曲线窗口将关键帧类型设置为“线性”。选择“扫描 1”“扫描 2”“扫描 3”“扫描 4”“扫描 5”“扫描 6”6 个生成器，重复上一步“扫描”的关键帧动画设置，如图 8–45 所示。

图 8–45

（4）在右侧“对象”面板中展开“内容物”>“生长”，选择子层级下的“扫描”生成器，在第 60 ~ 140 帧做 *Y* 轴旋转的关键帧动画，在函数曲线窗口将关键帧类型设置为“线性”。选择“扫描 1”“扫描 2”“扫描 3”“扫描 4”“扫描 5”5 个生成器，重复上一步“扫描”的关键帧动画设置。

（5）在右侧“对象”面板选择“摄像机”，单击右键，在弹出的菜单中选择“Cinema 4D 标签”>“对齐曲线”，在主菜单执行“创建”>“样条”>“圆环”，在场景中创建一个“圆环”样条曲线。在“圆环”样条曲线属性面板“坐标”选项卡中设置坐标，X 为 0 cm，Y 为 3 246 cm，Z 为 0 cm；在“对象”选项卡中将“半径”设置为 2 028 cm。将“圆环”样条曲线拖曳到“对齐曲线”标签的“曲线路径”栏，选择“圆环”样条曲线，在第 0 ~ 200 帧做 *Y* 轴旋转 360°的关键帧动画，在“函数曲线”窗口将旋转曲线类型设置为“线性”，如图 8-46 所示。

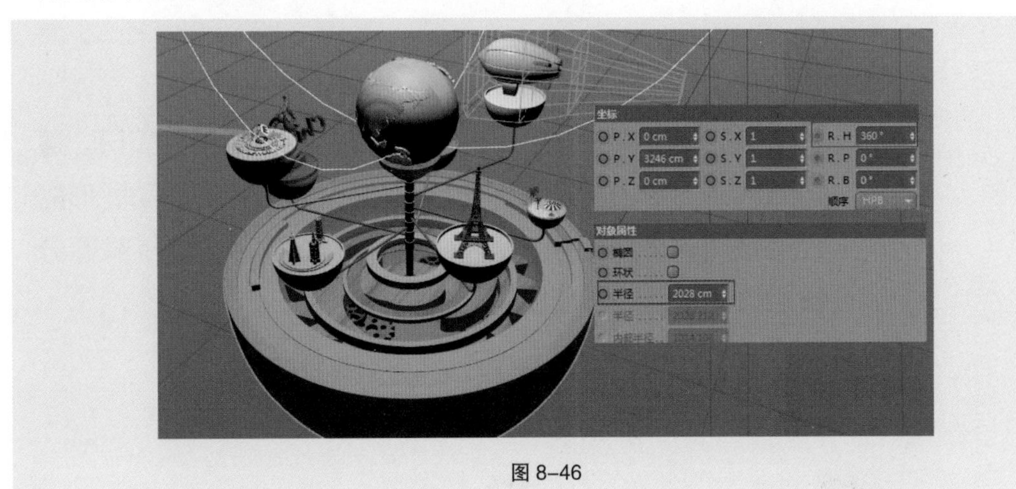

图 8-46

（6）最终效果参见“玩转地球循环动画 _FIN.mp4”（ch08\8.4.2 玩转地球循环动画 \ 效果文件），如图 8-47 所示。

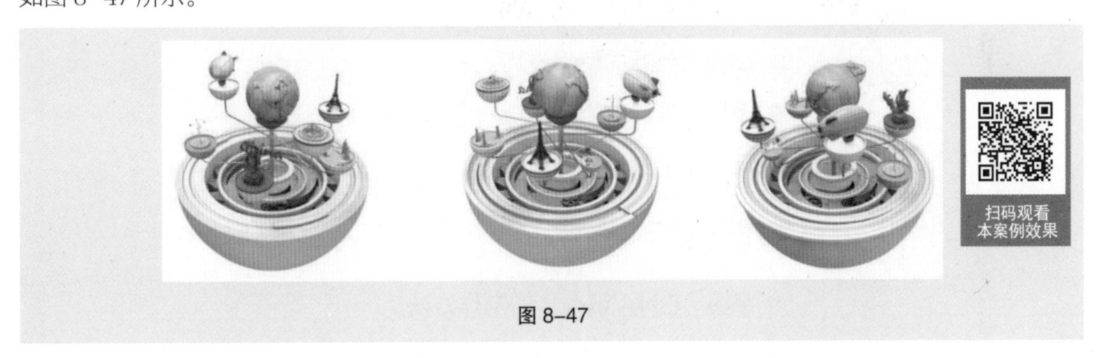

图 8-47

09

第 9 章 运动图形

本章导读

本章介绍 Cinema 4D 运动图形模块的相关知识。通过对本章的学习，读者可以了解 Cinema 4D 运动图形的使用技巧，掌握克隆和各效果器的参数调节，熟练掌握分裂和文本工具的使用技巧。

学习目标

- 掌握克隆的使用技巧。
- 掌握效果器的使用技巧。
- 掌握分裂的使用技巧。
- 掌握文本工具的使用技巧。

技能目标

- 掌握“DNA 链条”的制作方法。
- 掌握“效果器综合运用”的制作方法。
- 掌握“卡通文字”的制作方法。
- 掌握“金属链条动画”的制作方法。
- 掌握“文字动画”的制作方法。
- 掌握“文字加效果器动画”的制作方法。
- 掌握“水晶簇动画”的制作方法。
- 掌握“片头动画”的制作方法。

运动图形

9.1 克隆

MoGraph 运动图形模块在 Cinema 4D 9.6 版本中首次出现，它提供了一个全新的维度和方法，使类似矩阵的制图模式变得极为简单有效。一个单一的物体，经过奇妙的排列组合，并配合各种效果器，可以做出很多具有创意的效果。也正是因为 Cinema 4D 有运动图形模块的存在，所以其目前在栏目包装行业应用得非常广泛，如图 9-1 所示。

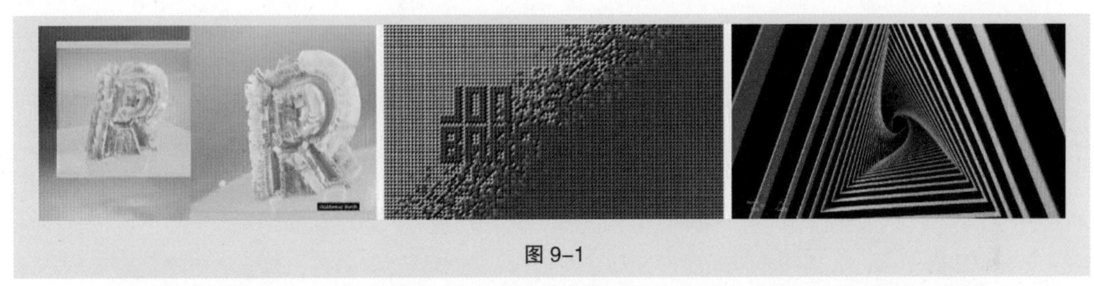

图 9-1

在主菜单选择“运动图形”>“克隆”，在场景中创建一个“克隆”对象，其属性面板如图 9-2 所示。

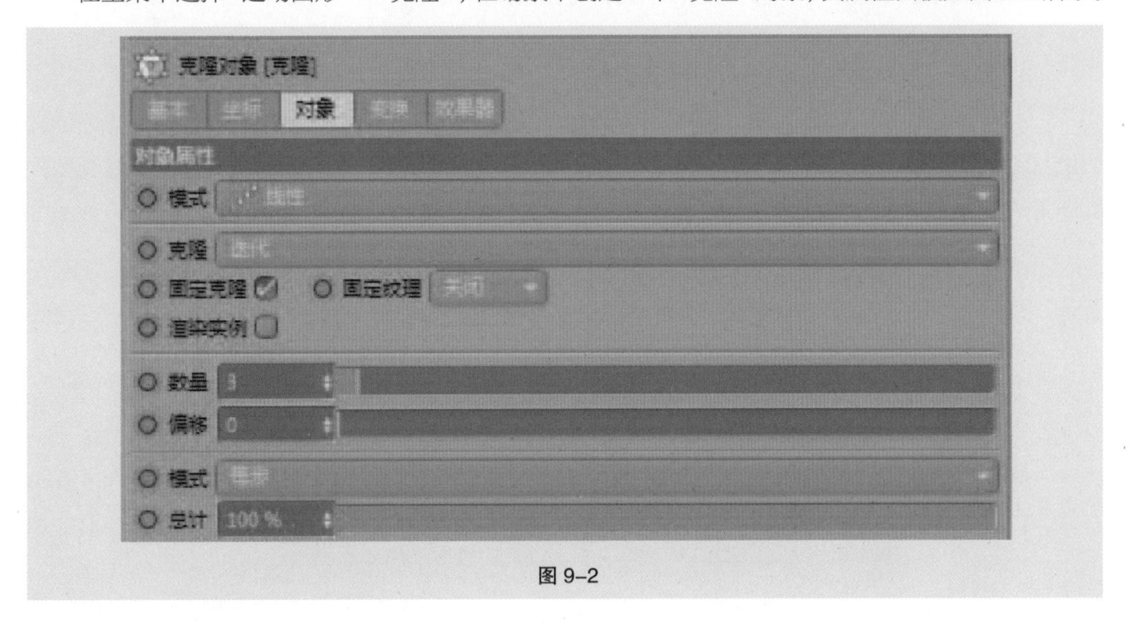

图 9-2

9.1.1 “对象”选项卡

“对象”选项卡用来设置克隆的不同模式以及相关的各项参数。克隆模式包括对象、线性、放射、网格排列和蜂窝阵列 5 种，如图 9-3 所示。克隆模式不同，则选项卡中的参数也不相同。因为蜂窝阵列与网络排列参数基本一致，不再赘述，下面详细介绍前 4 种。

图 9-3

1. 线性

当使用“线性”模式时，克隆对象将会以直线来排列，可以修改克隆的位置、旋转和缩放从而使子对象做相应的改变。

（1）固定克隆：如果同一个克隆下有多个被克隆的对象，并且这些物体的位置不同，勾选该选项后，每个物体的克隆结果将以自身所在位置为准，否则将统一以克隆位置为准。

（2）渲染实例：如果被克隆对象作为粒子发射器，除原始发射器外，其余的克隆发射器均不能在视力编辑窗口及渲染窗口可见，勾选该项后，可在视图窗口中看到。

（3）数量：设置当前的克隆数量。

（4）偏移：用于设置克隆物体的位置偏移。

（5）模式：分为“终点”和“每步”两个选项。选择“终点”模式，克隆计算的是从克隆的初始位置到结束位置的属性变化；选择“每步”模式，克隆计算的是相邻两个克隆物体间的属性变化，如图 9-4 所示。

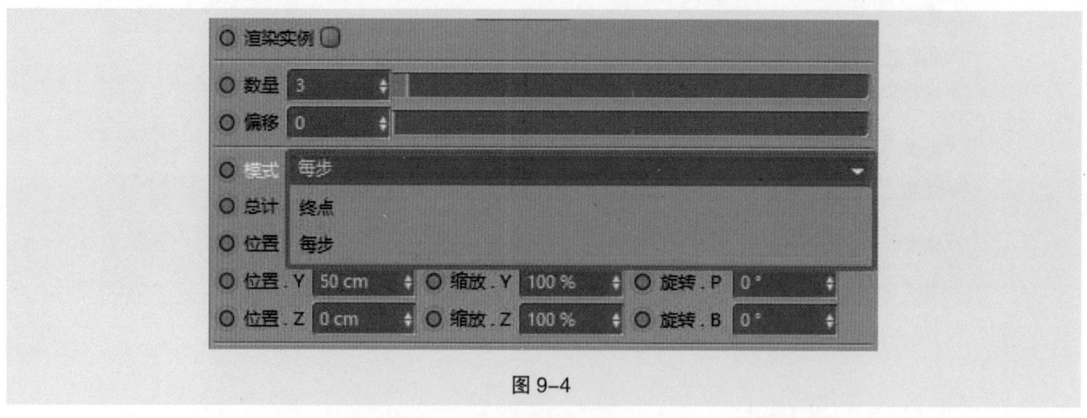

图 9-4

（6）总计：用于设置当前克隆物体占原有设置的位置、旋转、缩放的比率。

（7）步幅模式：分为“单一值”和“累积”两种模式。设置为“单一值”时，每个克隆物体间的属性变化量一致；设置为“累积”时，每相邻两个物体间的属性变化量将累计。

2. 对象

（1）对象：当克隆的模式设置为对象时，场景中需要有一个对象模型作为克隆分布的参考对象，这个对象可以是曲线，也可以是几何体，使用时需要将该物体拖曳至“对象”参数右侧的空白区域，如图 9-5 所示。

属性
模式 编辑 用户数据
克隆对象 [克隆]
基本 坐标 对象 变换 效果器
对象属性
模式 对象
克隆 迭代
固定克隆 固定纹理 关闭
渲染实例
对象 时光坐标教育LOGO
排列克隆
上行矢量 无
分布 顶点
选集 启用
启用缩放 缩放 100 %

图 9-5

（2）排列克隆：用于设置克隆物体在对象物体上的排列方式，勾选后将激活上行矢量。

（3）上行矢量：只有勾选“排列克隆”后，该选项才被激活。将上行矢量设定为某一轴向时，当前被克隆物体指向被设置的轴向。

（4）分布：用于设置当前克隆物体在对象物体表面的分布方式，默认以对象物体的顶点为克隆的分布方式，如图 9-6 所示。

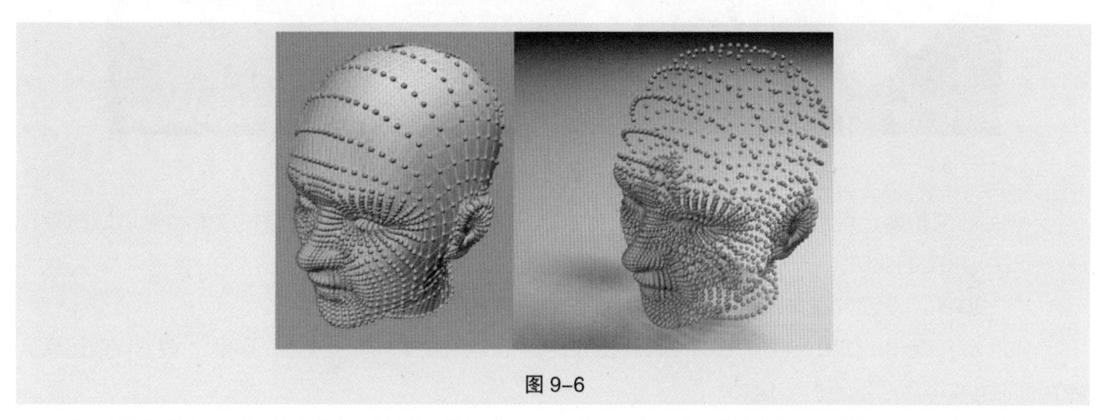

图 9-6

在下拉菜单里，有“顶点”“边”“多边形中心”“表面”“体积”5 种常用的分布方式，如图 9-7 所示。

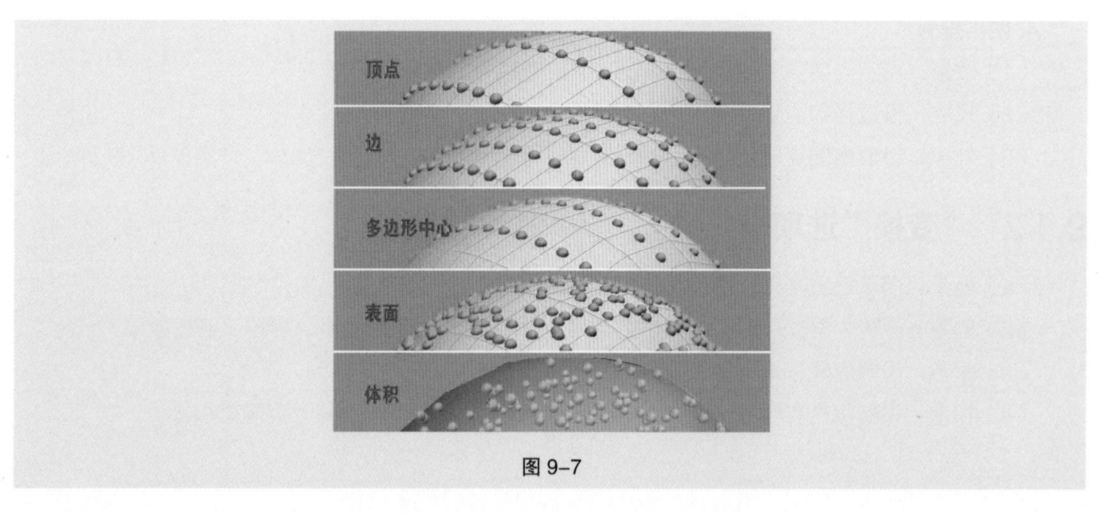

图 9-7

3. 放射

（1）数量：设置克隆的数量。

（2）半径：设置放射克隆的范围。数值越大，范围越大。

（3）平面：设置克隆的平面方式。

（4）对齐：设置克隆物体的方向。勾选该选项后，克隆物体指向克隆中心。

（5）开始角度：设置放射克隆的起始角度。默认值为 0，提高该数值可以将克隆以顺时针打开一个对应角度的缺口，如图 9-8 所示。

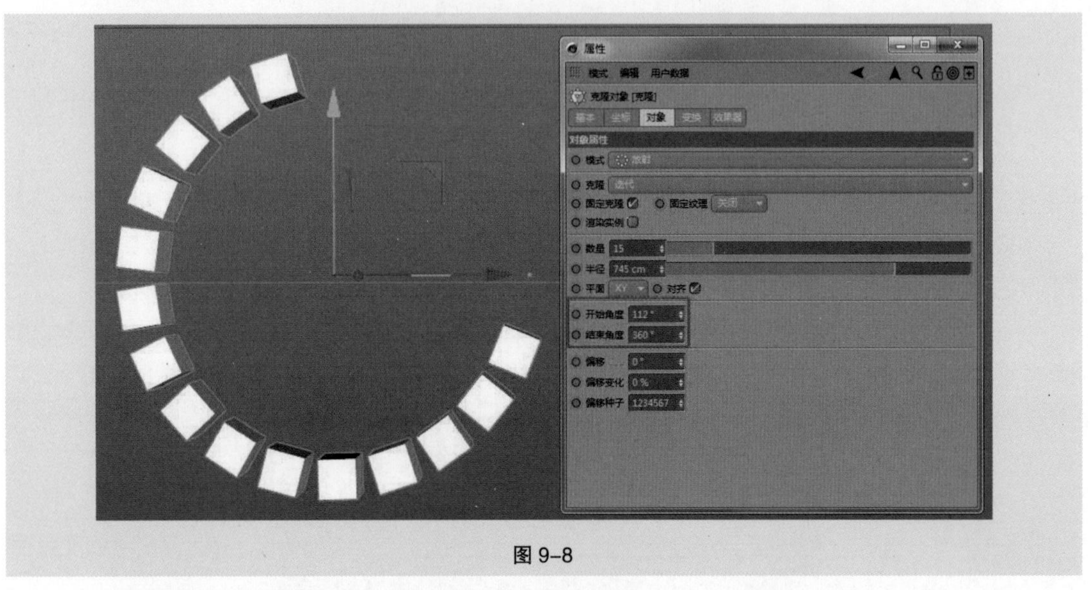

图 9-8

（6）结束角度：设置放射克隆的结束角度。默认值为 360° ，降低该值可以使克隆以逆时针打开一个对应角度的缺口。

（7）偏移：设置克隆物体在原有克隆状态上的位置偏移。

（8）偏移变化：如果该数值为 0，在偏移的过程中，克隆物体均保持相等的间距。调节该数值后，物体间的距离将会产生随机变化。

（9）偏移种子：用于设置在偏移过程中，克隆物体间距的随机值，只有在偏移变化不为 0 的情况下，该参数才有效。

4. 网格排列

（1）数量：设置当前克隆对象在 X、Y、Z 三个轴向上克隆的数量。

（2）尺寸：设置当前克隆对象在 X、Y、Z 三个轴向上克隆的大小。

（3）外形：设置当前克隆的形态，在下拉菜单中包含“立方体”“球体”“圆柱体”3 种。

9.1.2 “变换”选项卡

（1）显示：用于设置当前克隆物体的显示状态。

（2）位置 / 旋转 / 缩放：用于设置当前克隆物体沿自身轴向的位移、旋转、缩放效果。

（3）颜色：设置克隆物体的颜色。

（4）权重：设置每个克隆物体的初始权重，每个效果器都可影响每个克隆的权重。

9.2 效果器

效果器可以按照自身的操作特性对克隆物体产生不同效果的影响，同时效果器对物体也可以直接变形。效果器的使用非常灵活，可单独使用，也可以配合多个效果器使用来达到所需的效果。

“效果器”属性面板如图 9-9 所示。

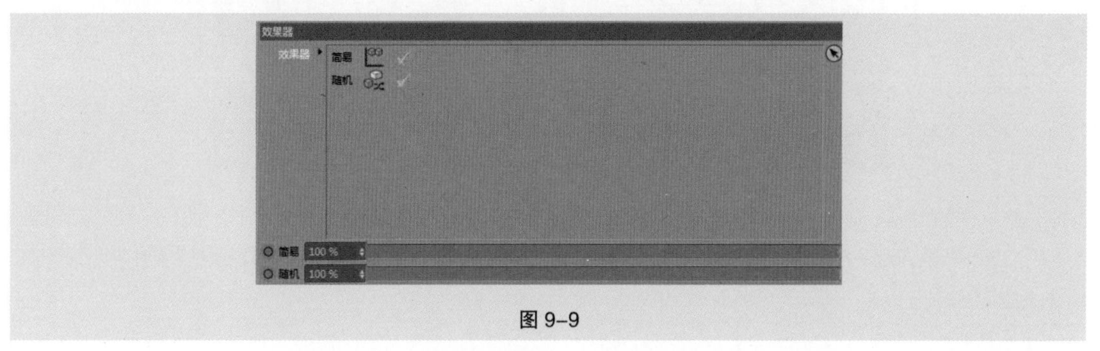

图 9-9

选中克隆对象，在主菜单中执行“运动图形”>“效果器”，在“效果器”菜单中单击就可以为克隆对象添加效果器。也可以在“对象”面板中选中效果器，使用鼠标拖曳至“效果器”选项卡中。

单击效果器右边的绿色复选图标，可以停用效果器，再次单击红色复选图标，将再次激活效果器。

在“效果器”选项卡下方，每一个效果器都有一个滑块，用来调整效果器的强度。当一个克隆对象添加了多个效果器时，在“效果器”选项卡列表中，这些效果器按照从上到下的顺序对最终结果产生影响。在“效果器”选项卡的效果器列表中拖曳鼠标可以更改效果器的排序。

9.2.1 “效果器”选项卡

在“效果器”选项卡中，“强度”用于调节效果器的整体强度，不同的效果器，其“效果器”选项卡中的参数也不相同。

1. 简易

（1）选择：如果对克隆对象添加过运动图形选集，可以将运动图形选集标签拖曳到“选择”右边的空白区域。

（2）最大 / 最小：通过这两个参数可以控制当前变换的范围。

2. 延迟

模式：“延迟”效果器提供了 3 种模式，分别是“平均”“混合”“弹簧”。

- 平均：在“平均”模式下，克隆对象产生延迟效果的过程中，速度保持不变，可以通过调节“强度”来修改延迟的强度。
- 混合：在“混合”模式下，克隆对象产生延迟效果的过程中，速度会由快变慢，可以通过调节“强度”来修改延迟的强度。
- 弹簧：在“弹簧”模式下，克隆对象会产生反弹效果，可以通过调节“强度”来修改延迟的强度。

3. 继承

（1）继承模式：控制当前克隆对象的继承模式，有“直接”和“动画”两种。

• 直接：选择“直接”模式后，继承对象直接自动激活位置、缩放和旋转的设置。

• 动画：选择“动画”模式后，继承物体可以继承克隆对象的动画，“衰减基于”和“变换空间”属性也会被激活，如图 9-10 所示。

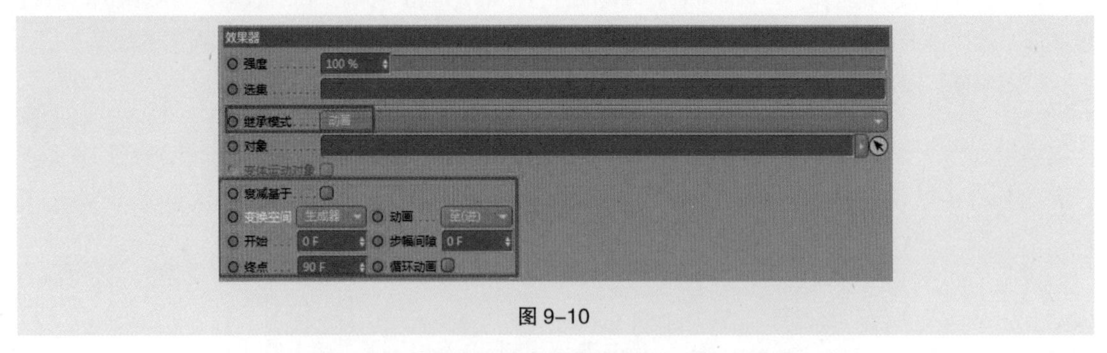

图 9-10

（2）对象：可以在“项目”窗口中将对象物体拖曳到“对象”栏中，这样继承物体就可以继承对象物体的状态。

4. 随机

（1）最小 / 最大：通过这两个参数可以控制当前变换的范围。随机效果器的最大值为 100%，最小值为 -100%。

（2）随机模式：提供了 5 种随机模式，不同的随机模式会产生不同的随机效果，如图 9-11 所示。

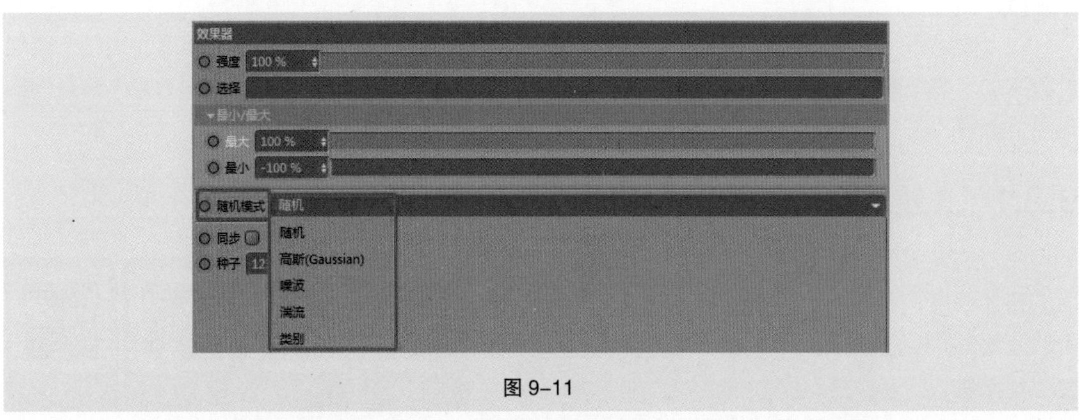

图 9-11

• 随机 / 高斯：这两种随机模式可以产生真正的随机效果，“高斯”产生的随机效果要比“随机”模式略低，通过调整“种子”的数值，可以产生不同的随机效果。

• 噪波 / 湍流：这两种随机模式在内部使用三维噪波对克隆对象产生随机影响。“噪波”随机模式适合用于设置随机值的动画，因为它可以恒定地修改随机值，可以通过调节“动画速率”来改变噪波的随机速率，通过“缩放”来控制内部 3D 噪波的纹理大小。“湍流”与“噪波”类似，“湍流”产生的随机效果较“噪波”均匀。

5. 着色

最小 / 最大：通过这两个参数来控制当前变换的范围。

6. 样条

（1）模式：用来控制样条的排列方式，提供了 3 种样条排列方式，“步幅”“衰减”和“相对”。

• 步幅：使用“步幅”方式，克隆对象将会以相同的间隔旋转在样条线上。

• 衰减：使用“衰减”方式，每个克隆对象的位置由效果器的“衰减”来控制，根据“衰减”

值的大小，克隆对象将沿着样条曲线排列。

• 相对：如果克隆对象在 X、Y、Z 轴向上存在不规则的相对位置，在“相对”模式下，克隆对象将保留这些位置信息湍流。

（2）样条：可以从“对象管理器”中将样条曲线拖曳到“样条”栏。

（3）上行矢量：可以在这里手动指定上行矢量，以避免克隆对象在样条曲线上出现 180° 旋转的情况。

（4）导轨：可以将样条曲线拖曳到“导轨”栏，以样条曲线作为目标导轨，当指定导轨以后，克隆物体的 Y 轴将指向目标导轨，如图 9-12 所示。

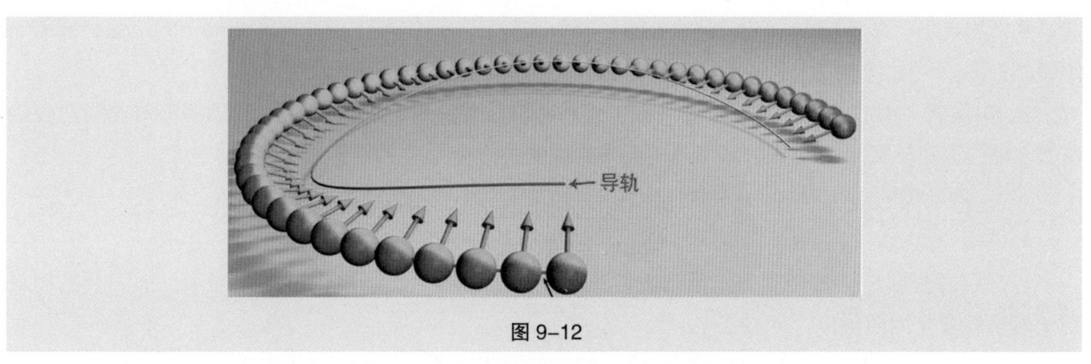

图 9-12

（5）偏移：调节“偏移”值，可以使克隆对象在样条曲线上偏移。

（6）开始 / 结束：每一条样条曲线都有开始点和结束点，使用“开始 / 结束”可以设置克隆对象在样条曲线上的分布范围。

7. 步幅

（1）最小 / 最大：通过这两个参数来控制当前变换的范围。

（2）样条：使用曲线编辑窗口可以设置克隆对象中第一个到最后一个对象受“步幅”效果器影响的插值。

（3）步幅间隙：控制克隆对象中，第一个到最后一个对象受到“步幅”效果器“强度”影响变化的差值方式，如图 9-13 所示。

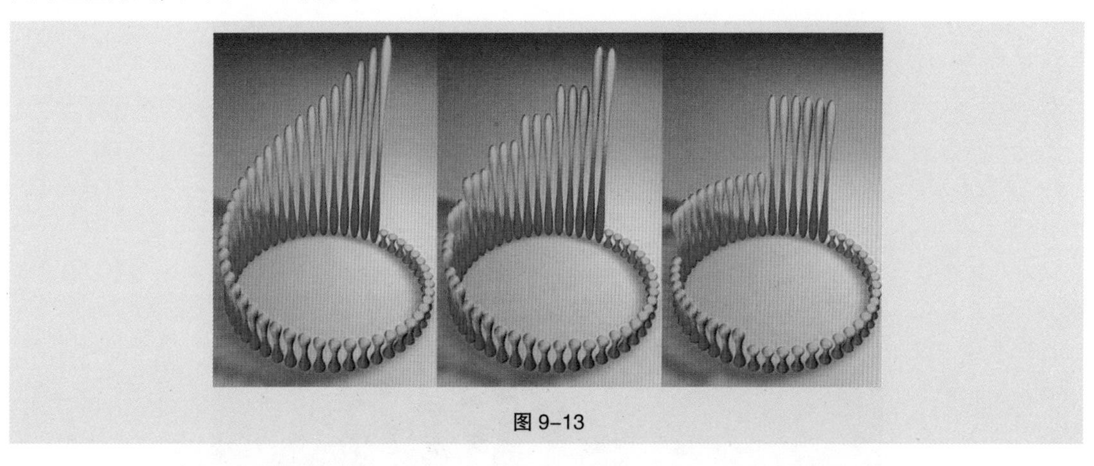

图 9-13

9.2.2 “参数”选项卡

“参数”选项卡用来调节效果器作用于物体上的参数，每个效果器有其各自的参数选项。

1. 简易

（1）变换模式：在下拉菜单中包含“相对”“绝对”“重映射”3 种模式，不同的变换模式会影响位置、缩放、旋转属性影响克隆对象的方式。

（2）变换空间：在下拉菜单中包含“节点”“效果器”“对象”3 种模式。

• 节点：当“变换空间”为“节点”时，调节“简易”效果器中参数属性面板中的位置、缩放、旋转属性时，克隆对象会以克隆子对象其自身的坐标进行变换。

• 效果器：当“变换空间”为“效果器”时，调节“简易”效果器中参数属性面板中的位置、缩放、旋转属性时，克隆对象会以“简易”效果器的坐标进行变换。

• 对象：当“变换空间”为“对象”时，调节“简易”效果器中参数属性面板中的位置、缩放、旋转属性时，克隆对象会以克隆物体的坐标进行变换。

（3）位置 / 缩放 / 旋转：当勾选位置 / 缩放 / 旋转复选框后，“简易”效果器将对克隆对象的位置 / 缩放 / 旋转属性产生影响，并通过下面的数值来改变相应的效果。

（4）颜色模式：在下拉菜单中包含“关闭”“开启”“自定义”3 种模式。

• 关闭：克隆对象使用其自身的颜色，效果器不会影响克隆对象的颜色。

• 开启：根据当前效果器的作用效果，对颜色产生影响，在“简易”效果器中，被影响的克隆对象颜色将会变为白色。

• 自定义：指定一个自定义的颜色，在“简易”效果器中，被影响的克隆对象颜色将会变为自定义的颜色。

（5）权重变换：可以将当前效果器的作用效果施加在克隆对象的每个节点上来控制每个克隆对象受其他效果器影响的强度。

（6）U 向变换：所有克隆对象都有内部 *UV* 坐标（与纹理无关），用于计算效果器的应用效果，“U 向变换”是用来调整作用于克隆对象的效果器 *U* 向的影响。

（7）V 向变换：用来调整作用于克隆对象的效果器 *V* 向的影响。

（8）修改克隆：当克隆对象有多个子对象时，调整“修改克隆”属性，可以调整克隆对象子对象的分布状态，如图 9-14 所示。

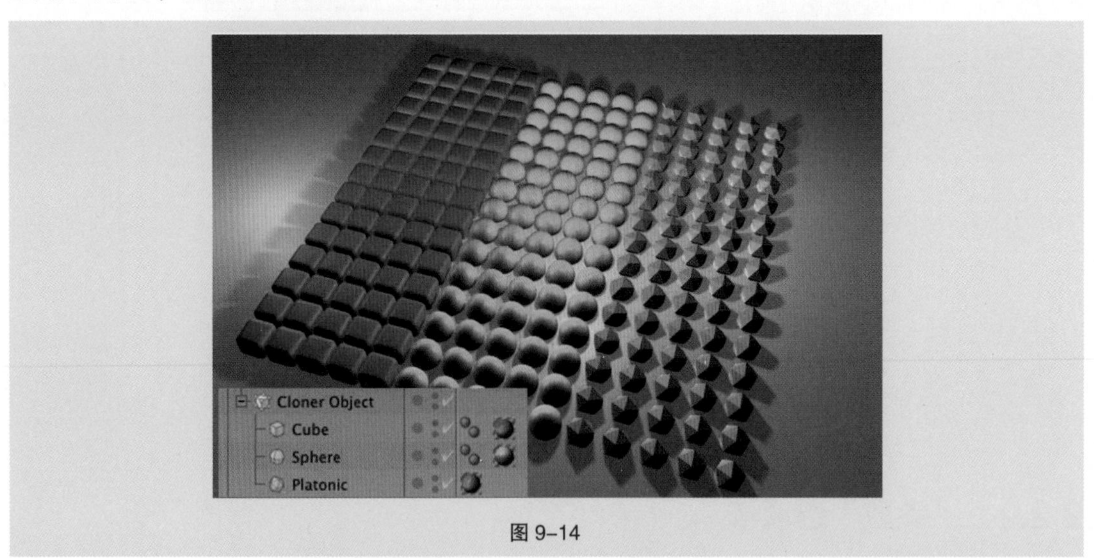

图 9-14

（9）时间偏移：当被克隆的对象带有动画时，可以通过调节“时间偏移”来改变动画的起始和结束位置。

（10）可见：当勾选“可见”复选框后，“效果器”选项卡中的“最大 / 最小”值可以设置为 0% ~ 100%，如果低于 50%，克隆对象便不可见。

2. 延迟

位置 / 缩放 / 旋转：定义“延迟”效果器是否对克隆对象的位置 / 缩放 / 旋转产生影响。

9.2.3 “变形器”选项卡

效果器除了可以作用于克隆对象，还可以作为变形器使用，当效果器作为变形器使用时，可以通过效果器面板中的“变形器”选项卡来设置效果器对物体的作用方式。

变形控制效果器对物体的作用方式，在下拉菜单中包含“关闭”“对象”“点”“多边形”4 项。

（1）关闭：设置为“关闭”后，效果器对物体不起作用。

（2）对象：设置为“对象”后，效果器作用于克隆对象里每一个独立的对象。

（3）点：设置为“点”后，效果器作用于克隆对象里物体所有的点。

（4）多边形：设置为“多边形”后，效果器作用于克隆对象里物体所有的多边形，如图 9-15 所示。

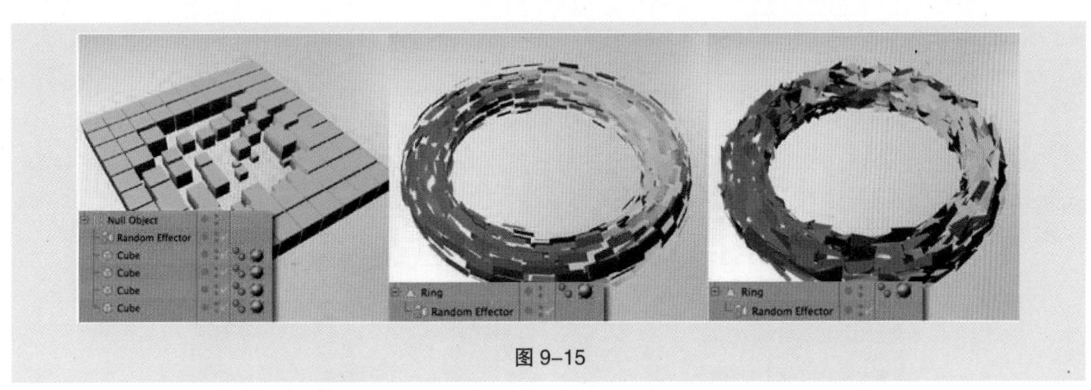

图 9-15

9.2.4 “衰减”选项卡

每个效果器都有一个空间范围来影响克隆对象，“衰减”选项卡可以改变这个空间范围，其属性面板如图 9-16 所示。

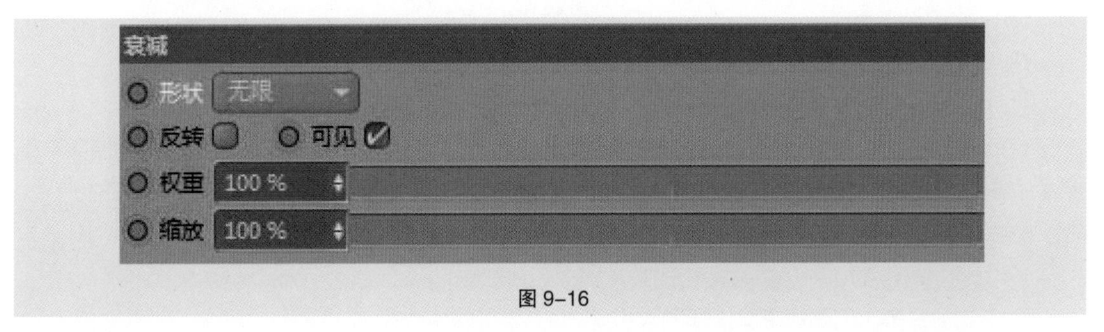

图 9-16

1. 形状

在“形状”右侧的下拉菜单中，可以根据需要选择相应的衰减方式，如图 9-17 所示。

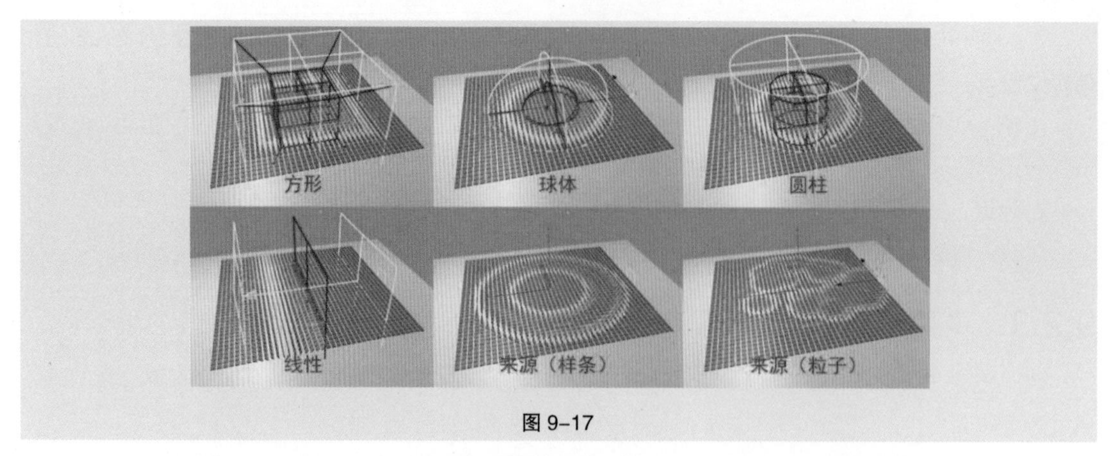

图 9-17

当为效果器设置了衰减后，场景中会出现控制衰减的图形，效果器只能影响黄色线条区域以内的克隆对象，黄色线条与红色线条之间的距离就是衰减距离，红线区域没有衰减。

2. 无限

当将衰减设置为“无限”时，效果器的效果将不会产衰减，与“无”效果类似。

3. 来源

将衰减设置为“来源”时，可以指定一个多边形对象作为衰减形态，在“对象管理器”窗口中选择多边形对象，将其拖曳到“原始链接”栏中，当前效果器就会按照指定的物体形态进行衰减。

4. 其他

在“衰减”下拉菜单中还有“圆柱”“圆环”“圆锥”“方形”“球体”“线性”“胶囊”7 种衰减类型，由于 7 种衰减类型参数雷同，只是外形有所差异，我们以“圆柱”为例对其参数进行讲解，如图 9-18 所示。

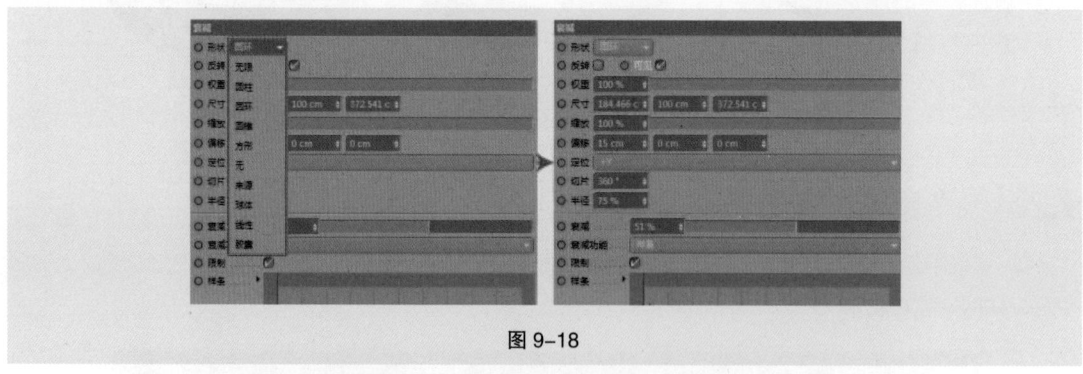

图 9-18

（1）反转：勾选“反转”复选框后，对当前衰减作用方式进行反向处理。

（2）可见：打开或者关闭衰减在视图中的显示（不影响衰减效果）。

（3）权重：当权重值为 100% 时，衰减的区域由红色线条区域到黄色线条区域边缘的范围产生衰减；降低“权重”的数值，衰减的区域将会由黄色线条区域向红色线条区域收缩；当权重值为 0% 时，效果器将完全衰减。

（4）尺寸：分别用来设置衰减图形在 3 个轴向上的大小。

（5）缩放：等比例缩放衰减图形的大小。

（6）偏移：分别用来设置衰减图形在 3 个轴向上的偏移值。

（7）切片：使衰减图形产生切片效果，该选项只在“圆柱”“圆环”“圆锥”“球体”4 个衰减类型中存在。

（8）衰减：使用“衰减”可以定义衰减图形的半径（红色线条）。

（9）衰减功能：控制衰减的插值方式，在下面的“样条”中，可以编辑样条来改变衰减效果，如图 9-19 所示。

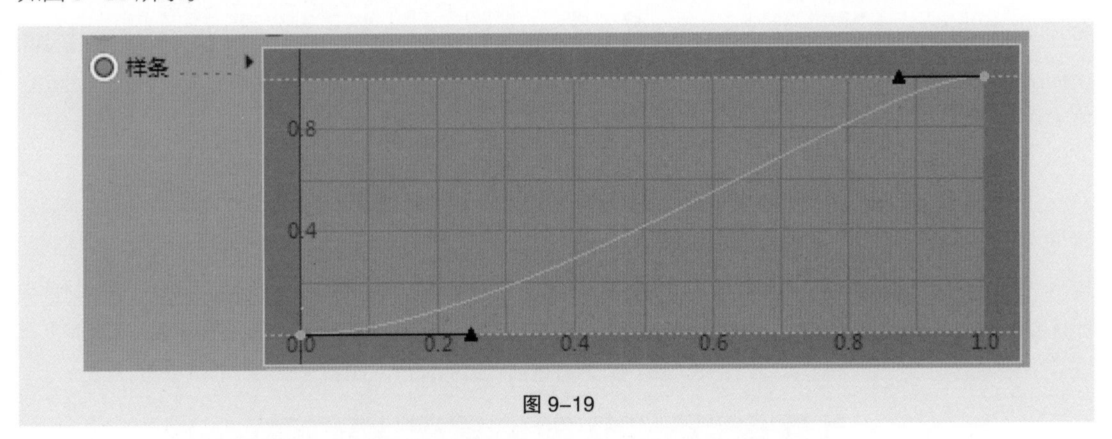

图 9-19

9.2.5 课堂案例——DNA 链条

（1）在主菜单中执行“创建”>“对象”>“立方体”，在场景中创建一个“立方体”对象。在“对象属性”选项卡中设置“尺寸”，X 为 20 cm，Y 为 4 cm，Z 为 4 cm，设置“分段”，X 为 10，Y 为 1，Z 为 1，勾选“圆角”复选框，将“圆角半径”设置为 2 cm，将“圆角细分”设置为 5。在主菜单中执行“运动图形”>“克隆”，在场景中创建一个“克隆 1”对象，将“立方体”对象设为“克隆 1”的子对象，在“克隆 1”的“对象”选项卡中，将“模式”设为“网格排列”，设置“数量”，X 为 1，Y 为 35，Z 为 1，如图 9-20 所示。

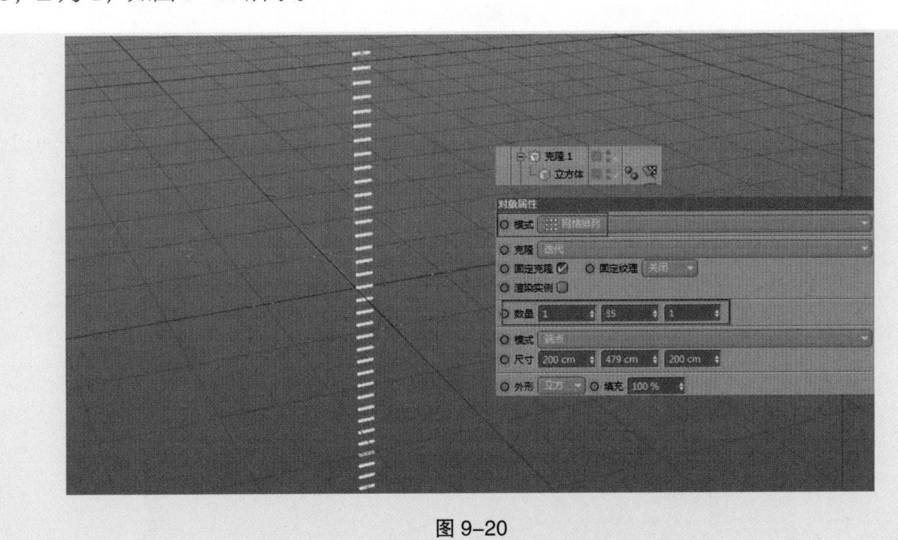

图 9-20

（2）在主菜单中执行“创建”>“立方体”，在场景中创建一个“立方体”对象。在属性面板“对象”选项卡中设置“尺寸”，X 为 6 cm，Y 为 500 cm，Z 为 6 cm，设置“分段”，X 为 1，Y 为 200，Z 为 1，勾选“圆角”复选框，将“圆角半径”设置为 3 cm；在“坐标”选项卡中设置坐标，

X 为 5 cm，Y 为 0 cm，Z 为 0 cm。

（3）在主菜单中执行”创建”>”变形器”>”扭曲”，在场景中创建一个“扭曲”变形器。在属性面板“对象”选项卡中设置“尺寸”，X 为 45 cm，Y 为 523 cm，Z 为 12 cm。在“对象管理器”窗口中选择“克隆 1”“立方体”和“扭曲”，按 Alt+G 组合键创建群组对象，命名为“R”，如图 9-21 所示。

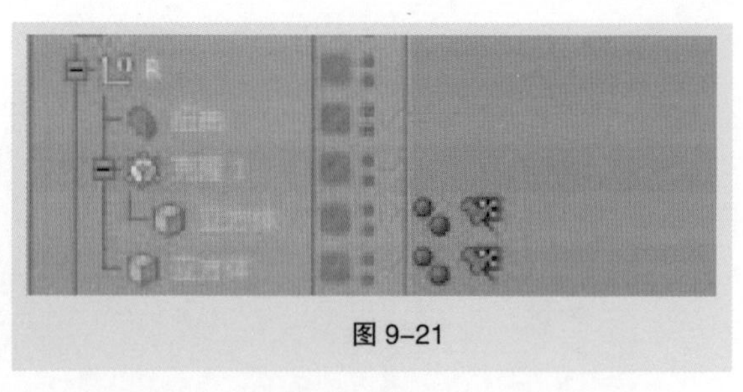

图 9-21

（4）选择“扭曲”变形器，将时间线指针移动到第 0 帧，在属性面板“对象”选项卡将“强度”设为 10°，单点“强度”前的灰色圆点，创建一个关键帧；将时间线指针移动到第 192 帧，将“强度”设置为 0°，单点“强度”前的灰色圆点，创建一个关键帧。在“对象管理器”窗口中选择“R”群组对象，按住 Ctrl 键拖曳鼠标，复制出一个新的群组对象，命名为“L”，选择“L”群组对象里子对象“立方体 1”，在“坐标”选项卡中设置坐标，X 为 −5 cm，Y 为 0 cm，Z 为 0 cm，如图 9-22 所示。

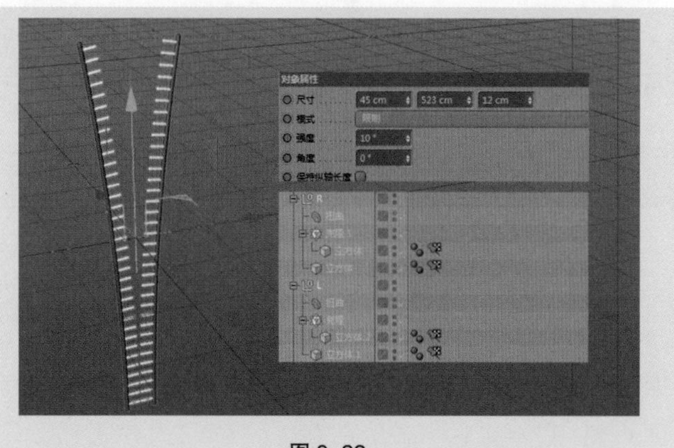

图 9-22

（5）在主菜单执行“创建”>“变形器”>“螺旋”，在场景中创建一个“螺旋”变形器。在“对象管理器”窗口选择“螺旋”“R”和“L”，按 Alt+G 组合键创建群组对象。选择“螺旋”，在属性面板“对象”选项卡中将设置尺寸，X 为 175 cm，Y 为 542 cm，Z 为 18 cm。将时间线指针移动到第 0 帧，在“对象”选项卡将“角度”设为 1 000°，单击前面的灰色圆点，创建一个关键帧；将时间线指针移动到第 192 帧，将“角度”设为 1 100°，单击前面的灰色圆点，创建一个关键帧，如图 9-23 所示。

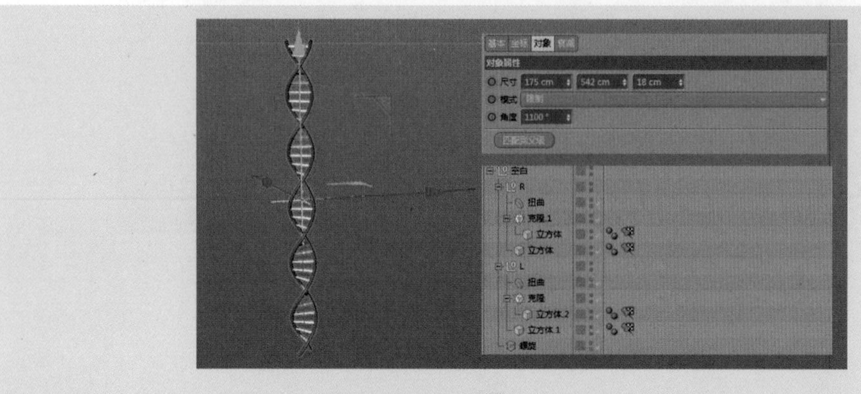

图 9-23

（6）在主菜单执行“创建”>“摄像机”>“摄像机”，在场景中创建一个“摄像机”，在“对象管理器”窗口单击摄像机后面的，进入摄像机视图。在属性面板“坐标”选项卡中设置坐标，X为240 cm，Y为−80 cm，Z为−406 cm，设置旋转角度，H为33°，P为−2°，B为38°，单击时间线上的“记录活动对象”按钮，创建位置关键帧动画。将时间线指针移动到第192帧，设置坐标，X为217 cm，Y为−88 cm，Z为−345 cm，单击时间线上的“记录活动对象”，创建位置关键帧动画。选择“空白”群组对象，在属性面板“坐标”选项卡中设置坐标，X为106 cm，Y为−99 cm，Z为−140 cm，设置旋转角度，H为42°，P为−19°，B为−19°，如图9−24所示。

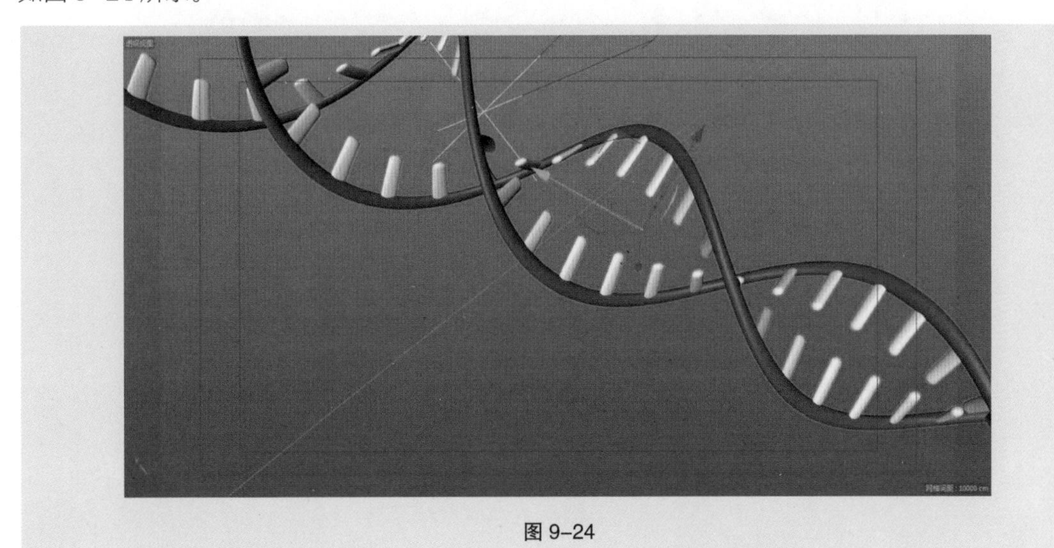

图 9−24

（7）最终效果参见“DNA 链条 _FIN.mp4”（ch09\9.2.5 课堂案例——DNA 链条 \ 效果文件），如图9−25所示。

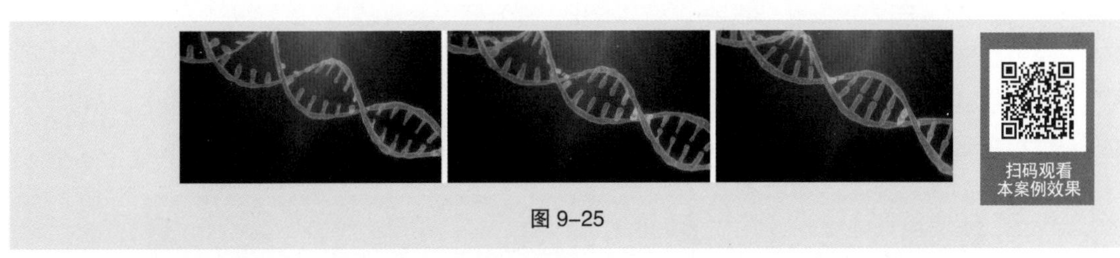

图 9−25

9.2.6 课后习题——效果器综合运用

习题知识要点：使用“扭曲”变形器实现文字的扭曲效果，通过对文字添加“简易”和“随机”效果器完成文字入场动画，使用“延迟”效果器完成文字弹簧效果，如图9−26所示。

图 9−26

9.3 分裂

分裂可以将场景中的模型对象分成不相连的若干部分，同时可以配合使用效果器来实现很多动画效果。在场景中将模型对象设为分裂的子级对象，分裂就将视对象模型为可受效果器影响的克隆物体。其属性面板如图 9-27 所示。

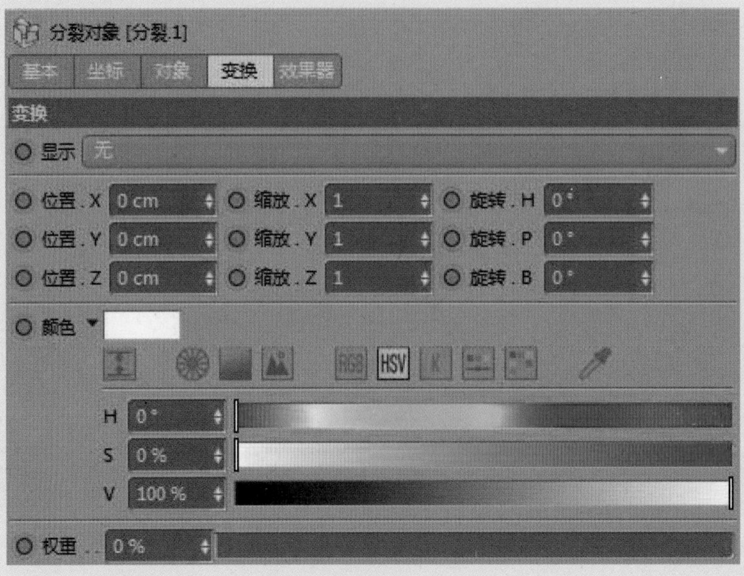

图 9-27

9.3.1 “对象”选项卡

在“模式”下拉菜单中有“直接”“分裂片段”“分裂片段 & 连接”3 种模式。

（1）直接：当选择“直接”模式，每个子对象将被视为单个的克隆物体。

（2）分裂片段：当选择“分裂片段”模式，每个字母没有连接的部分都作为分裂的最小单位，如图 9-28 所示。

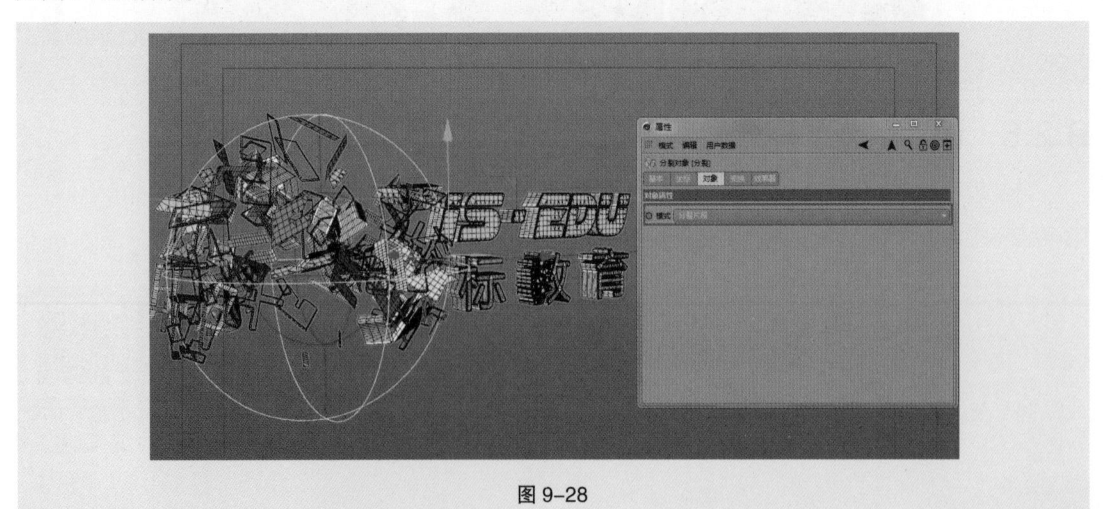

图 9-28

（3）分裂片段 & 连接：当选择“分裂片段 & 连接”模式，分裂效果以每个字母为分裂的最小单位，如图 9-29 所示。

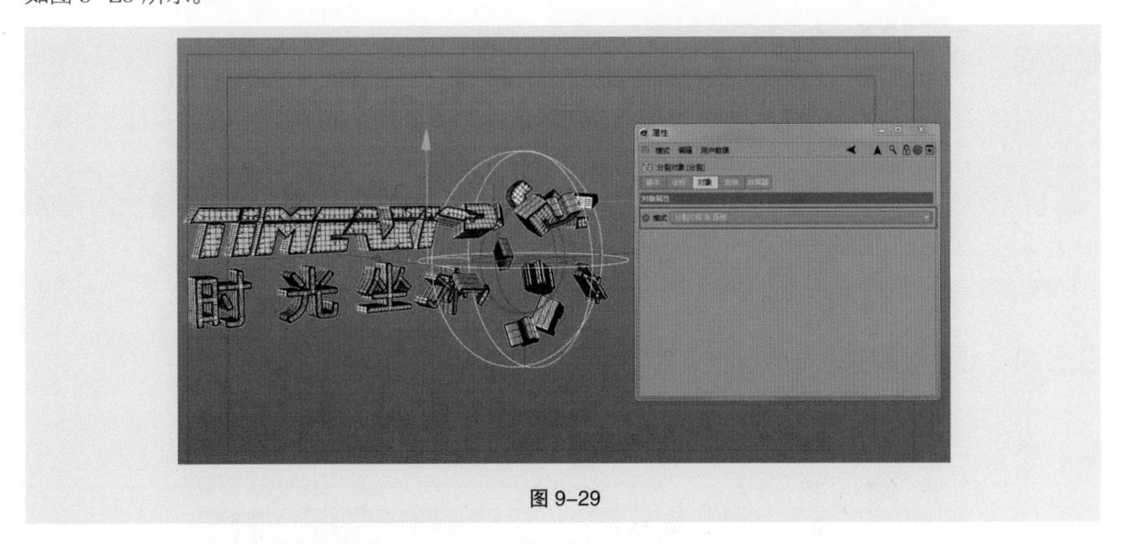

图 9-29

9.3.2 “变换”选项卡

1. 显示

在“显示”下拉菜单中提供的 5 种显示模式是用于辅助显示对象的各种克隆属性。

（1）无：关闭显示模式。

（2）权重：每个克隆的权重将被显示为从红色（权重为 0）到黄色（最大加权）的颜色渐变。

（3）UV：在分裂对象中显示每个克隆对象的内部 UV 坐标。

（4）颜色：在视图中显示分裂对象的颜色，可以通过下面的“颜色”选项来改变分裂对象的颜色，如图 9-30 所示。

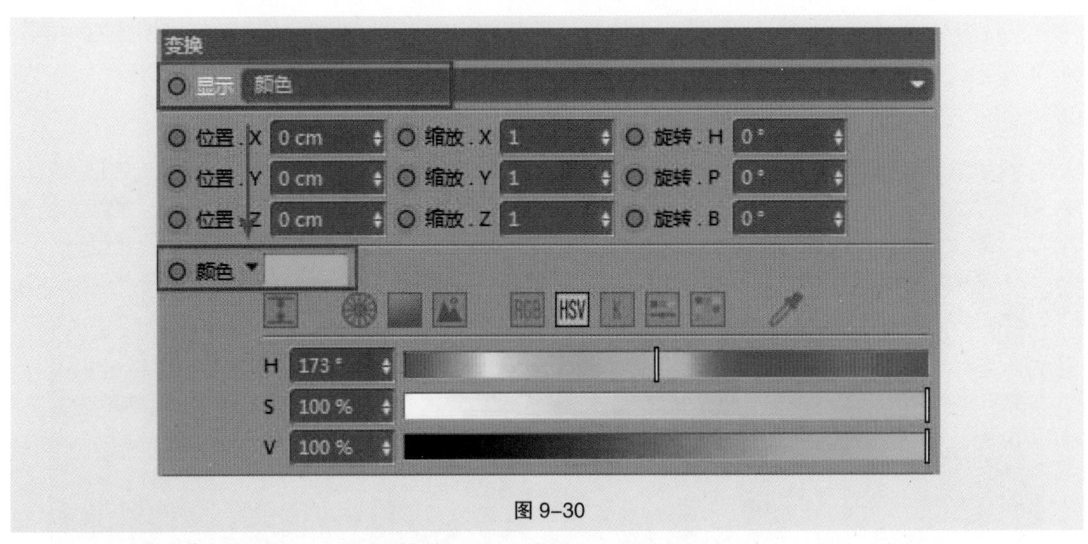

图 9-30

（5）索引：在此模式下，选定对象的索引号将显示在视图中。

2. 位置 / 缩放 / 旋转

分裂下的每一个子对象以各自的坐标进行位置 / 缩放 / 旋转的调节。

3. 权重

使用此设置为分裂子层级的每个对象定义初始权重，效果器对每个子对象的影响也受权重控制。

9.3.3 “效果器”选项卡

所有对分裂添加的效果器都会显示在“效果器”选项卡中。单击效果器右边的绿色复选图标，可以停用效果器；再次单击红色复选图标，将再次激活效果器。

在“效果器”选项卡下方，每一个效果器都有一个滑块用来调整效果器的强度。当一个分裂添加了多个效果器时，在“效果器”选项卡列表中，这些效果器按照从上到下的顺序对最终结果产生影响，在“效果器”选项卡效果器列表中拖曳鼠标可以更改效果器的排序。

9.3.4 课堂案例——卡通文字

（1）按 Ctrl+O 组合键打开“卡通文字 _Start.c4d”（ch09\9.3.4 课堂案例——卡通文字 \ 工程文件），如图 9-31 所示。

图 9-31

（2）在主菜单执行“运动图形”>“分裂”，在场景中创建一个“分裂”。在“对象管理器”窗口中选择“W”“e”“n”“d”“y”5 个挤压对象，将其设为“分裂”的子对象，在“分裂”的“对象”选项卡中将模式设为“分裂片段 & 连接”，如图 9-32 所示。

图 9-32

（3）在“对象管理器”窗口选择“分裂”，在主菜单中执行“运动图形”>“效果器”>“公式”，创建一个“公式”效果器。在“公式”效果器“参数”选项卡中，取消“位置”复选框，将“缩放”设为0.2，勾选“旋转”复选框，设置“旋转”，H为36°，P为22°，B为0°。将时间线指针移动到第0帧，在“效果器”选项卡中单击“强度”前面的灰色圆点设置关键帧；将时间线指针移动到第90帧，将“强度”设为0，单击“强度”前面的灰色圆点设置关键帧，如图9-33所示。

图 9-33

（4）在“对象管理器”窗口选择“分裂”，在主菜单中执行“运动图形”>“效果器”>“简易”，创建一个“简易”效果器。在“简易”效果器“参数”选项卡中，取消“位置”复选框，勾选“缩放”复选框，将“缩放”设为-1；在“衰减”选项卡中将“形状”设为“线性”，将“定位”设为-X，如图9-34所示。

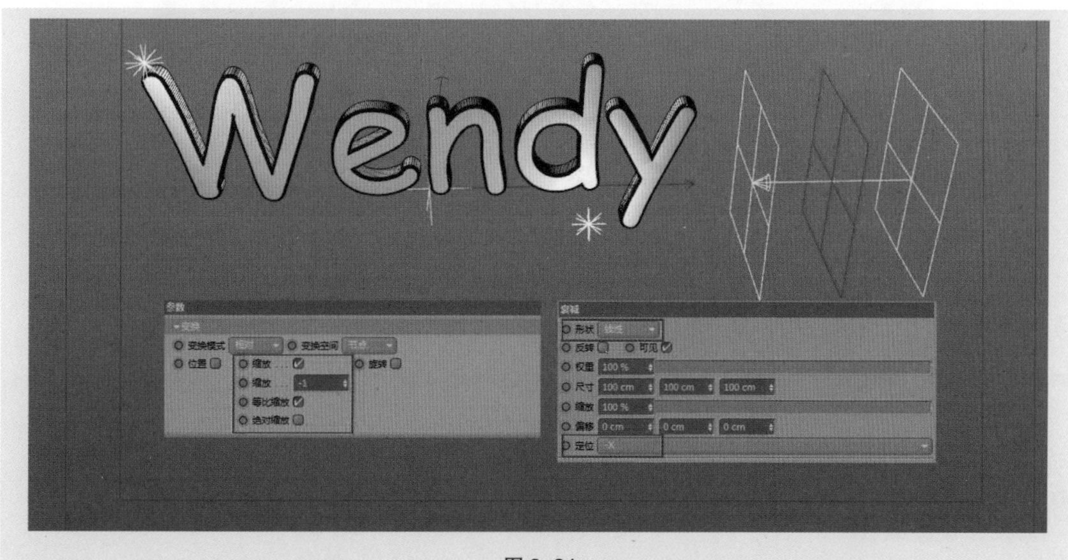

图 9-34

（5）在“对象管理器”窗口中选择“简易”效果器，将时间线指针移动到第 0 帧，在属性面板“坐标”选项卡中设置坐标，X 为 -577cm，Y 为 0 cm，Z 为 0 cm，单击时间线上的“记录活动对象”按钮，创建位置关键帧动画。将时间线指针移动到第 90 帧，设置坐标，X 为 490 cm，Y 为 0 cm，Z 为 0 cm，单击时间线上的“记录活动对象”，创建位置关键帧动画，如图 9-35 所示。

图 9-35

（6）在主菜单执行“创建” > “变形器” > “公式”，在场景中创建一个“公式”变形器。在“对象”选项卡中设置尺寸，X 为 755 cm，Y 为 96 cm，Z 为 211 cm。在“对象管理器”窗口中选择“分裂”和“公式”变形器，按 Alt+G 组合键创建群组对象，最终效果参见“卡通文字 _FIN.mp4”（ch09\9.3.4 课堂案例——卡通文字 \ 效果文件），如图 9-36 所示。

图 9-36

9.3.5 课后习题——金属链条动画

习题知识要点：使用克隆完成链条的制作，并制作链条旋转动画，使用“分裂”并结合“时间”效果器完成 3 个齿轮旋转的动画，最终效果参见“金属链条 _FIN.mp4”（ch09\9.3.5 课后习题——金属链条动画 \ 效果文件），如图 9-37 所示。

图 9-37

9.4 文本

文本工具是 Cinema 4D 运动图形中非常重要的一个工具，使用文本工具结合效果器可以实现很多动画效果。所有效果器都可以用来控制文本工具的字母和单词。文本工具属性面板如图 9-38 所示。

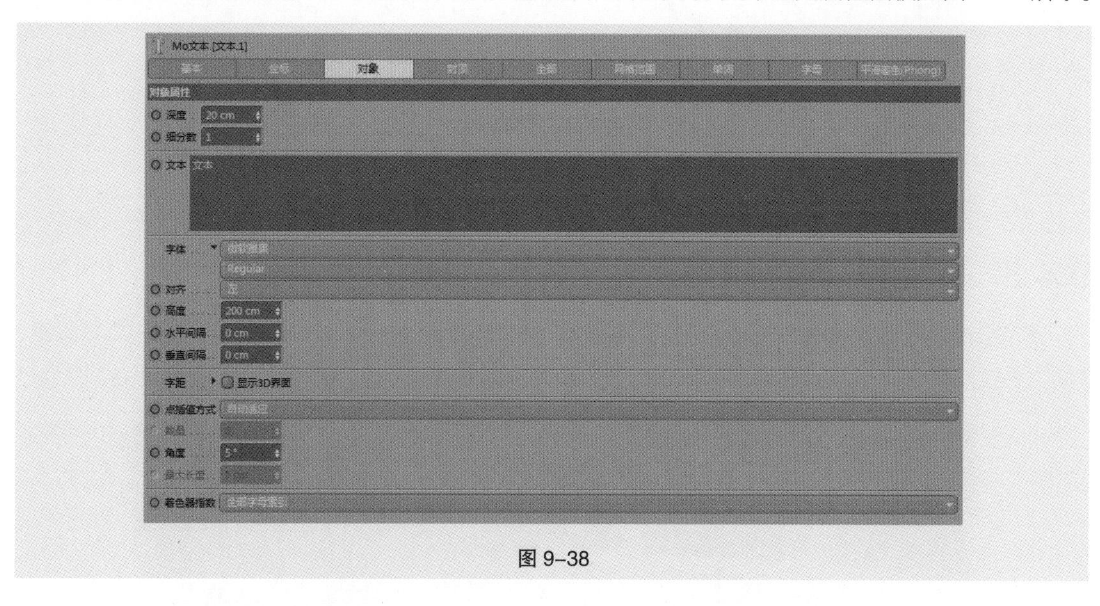

图 9-38

9.4.1 “对象”选项卡

（1）深度：用于设置文字的挤压厚度。数值越大，厚度越大。

（2）细分数：设置挤出厚度的分段数。数值越高，分段数越多。

（3）文本：在这里输入文字。

（4）对齐：设置文字输入的对齐方式。默认左对齐。

（5）高度：设置文字的大小。

（6）水平间隔：设置文字的字间距。

（7）垂直间隔：设置文字的行间距。

（8）点插值方式：用于细分文本中间点样条。选择其中一种点插值方式，配合下方的“数量”“角度”“最大长度”来调节文本的点插值方式，如图 9-39 所示。

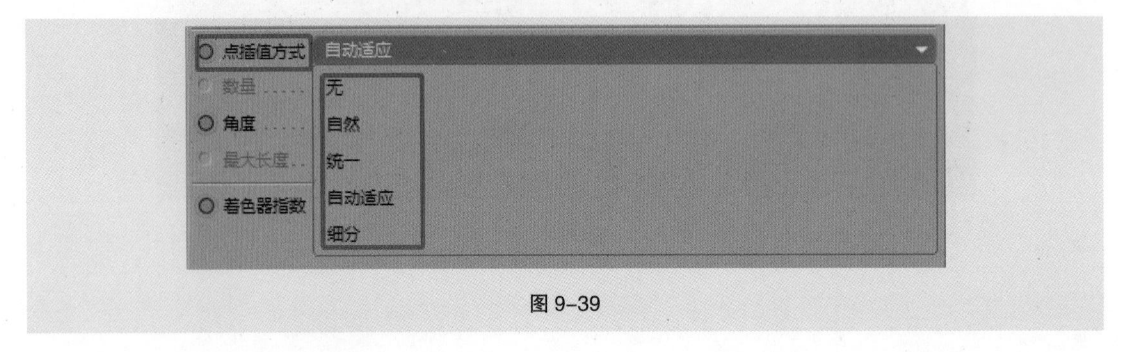

图 9-39

9.4.2 “封顶”选项卡

（1）顶端 / 末端：可以设置挤压的类型，包含“无”“封顶”“圆角”“圆角封顶”4 个选项。

（2）步幅 / 半径：这两个参数分别控制圆角处的分段数和圆角半径。

（3）圆角类型：设置圆角的类型，包含“线性”“凸起”“凹陷”“半圆”“1 步幅”“2 步幅”“雕刻”7 种。

（4）穿孔向内：当挤压对象上有穿孔时，可以设置穿孔是否向内。

（5）约束：以原始样片作为外轮廓。

（6）类型：包含“三角面”“四边形”“N-gon”3 种类型。

9.4.3 “全部”选项卡

在“全部”选项卡中添加效果器将对文本整体产生影响，例如在场景中创建一个“公式”效果器，将其拖曳至“全部”选项卡效果器窗口中，“公式”效果器就会对文本产生作用，如图 9-40 所示。

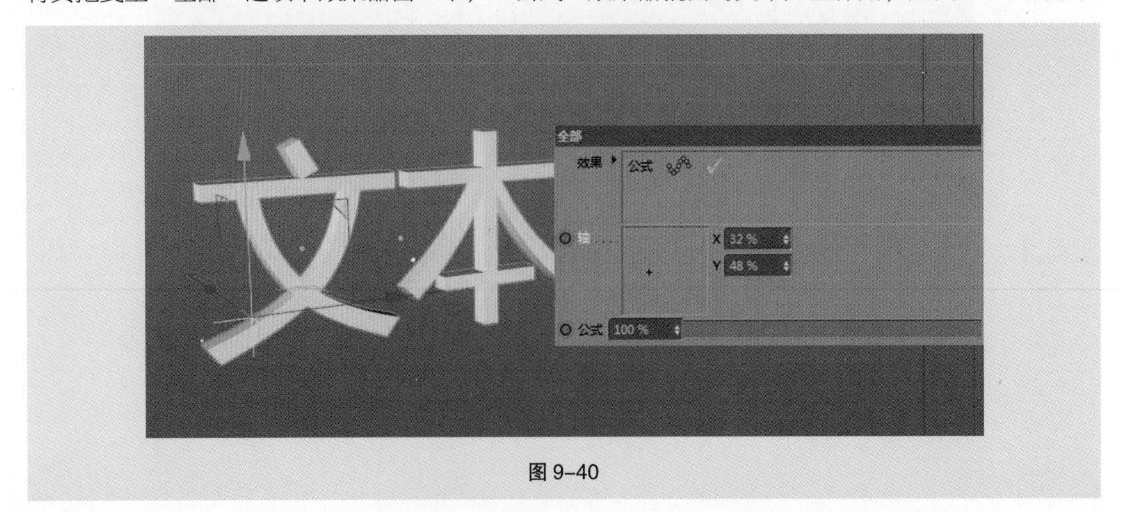

图 9-40

9.4.4 课堂案例——文字动画

（1）在主菜单中执行“运动图形”>“文本”，在场景中创建一个“文本”对象。在属性面板“对象”选项卡中输入“CINEMA”，命名为“CINEMA”，将字体设为“Arial”，将“对齐”设为“中对齐”，在“坐标”选项卡中设置坐标，X 为 −137 cm，Y 为 0 cm，Z 为 0 cm。

（2）在主菜单中执行“运动图形”>“文本”，在场景中创建一个“文本”对象。在属性面板“对象”选项卡中输入“MAXON”，命名为“MAXON”，将字体设为“Arial”，将“高度”设为 140 cm；在“坐标”选项卡中设置坐标，X 为 −530 cm，Y 为 155 cm，Z 为 0 cm。

（3）在主菜单中执行“运动图形”>“文本”，在场景中创建一个“文本”对象。在属性面板“对象”选项卡中输入“4D”，命名为“4D”，将字体设为“Arial”，将“高度”设为 352 cm；在“坐标”选项卡中设置坐标，X 为 300 cm，Y 为 0 cm，Z 为 0 cm，如图 9-41 所示。

图 9-41

（4）在主菜单选择“运动图形”>“效果器”>“简易”，在场景中创建一个“简易”效果器，命名为“简易 1”。在属性面板“参数”选项卡中取消勾选“位置”复选框，勾选“缩放”复选框，将“缩放”设为 −1，在“衰减”选项卡中将“形状”设为“线性”。在“对象管理器”窗口中选择“MAXON”文本，单击“单词”选项卡，将“简易 1”效果器拖曳至“效果”列表。在“对象管理器”窗口选择“简易 1”，在属性面板“坐标”选项卡中设置坐标，X 为 −533 cm，Y 为 0 cm，Z 为 0 cm。将时间线指针移动到第 0 帧，单击时间线上的“记录活动对象”按钮，创建位置关键帧动画。将时间线指针移动到第 10 帧，设置坐标，X 为 44 cm，Y 为 0 cm，Z 为 0 cm，单击时间线上的“记录活动对象”按钮，创建位置关键帧动画，如图 9-42 所示。

图 9-42

（5）在主菜单选择“运动图形” > “效果器” > “简易”，在场景中创建一个“简易”效果器，命名为“简易”。在属性面板“参数”选项卡中取消勾选“位置”复选框，勾选“缩放”复选框，将“缩放”设为 -1；在“衰减”选项卡中将“形状”设为“线性”。在“对象管理器”窗口中选择“CINEMA”文本，单击“字母”选项卡，将“简易”效果器拖曳至“效果”列表。在“对象管理器”窗口选择“简易”，在属性面板“坐标”选项卡中设置坐标，X 为 -533 cm，Y 为 0 cm，Z 为 0 cm。将时间线指针移动到第 10 帧，单击时间线上的“记录活动对象”按钮，创建位置关键帧动画。将时间线指针移动到第 35 帧，设置坐标，X 为 600 cm，Y 为 0 cm，Z 为 0 cm，单击时间线上的“记录活动对象”按钮，创建位置关键帧动画，如图 9-43 所示。

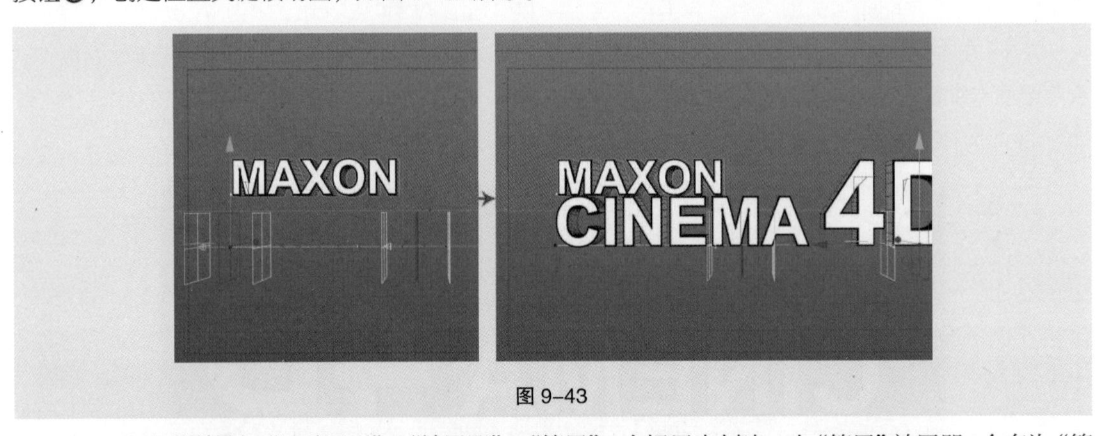

图 9-43

（6）在主菜单选择“运动图形” > “效果器” > “简易”，在场景中创建一个“简易”效果器，命名为“简易 2”。在属性面板“参数”选项卡中设置“位置”，X 为 0 cm，Y 为 0 cm，Z 为 1 500 cm；在“衰减”选项卡中将“形状”设为“线性”。在“对象管理器”窗口中选择“4D”文本，单击“字母”选项卡，将“简易”效果器拖曳至“效果”列表。在“对象管理器”窗口选择“简易 2”，在属性面板“坐标”选项卡中设置坐标，X 为 298 cm，Y 为 0 cm，Z 为 0 cm。将时间线指针移动到第 30 帧，单击时间线上的“记录活动对象”按钮，创建位置关键帧动画。将时间线指针移动到第 50 帧，设置坐标，X 为 757 cm，Y 为 0 cm，Z 为 0 cm，单击时间线上的“记录活动对象”按钮，创建位置关键帧动画，如图 9-44 所示。

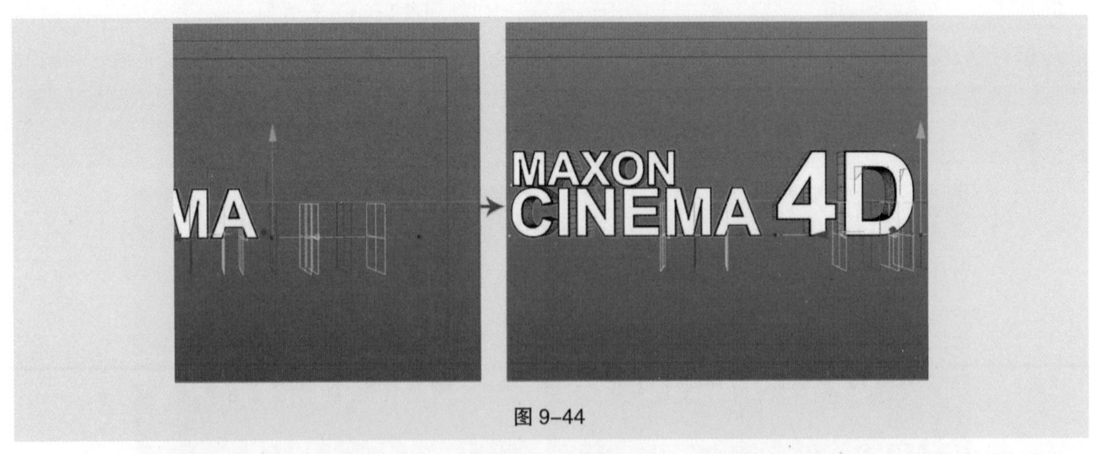

图 9-44

（7）在主菜单选择“运动图形” > “效果器” > “延迟”，在场景中创建一个“延迟”效果器。在属性面板“效果器”选项卡“模式”下拉菜单中选择“弹簧”，将“延迟”效果器分别添加到“MAXON”文件对象的“单词”选项卡、“CINEMA”和“4D”文本对象的“字母”选项卡中。

（8）最终效果参见“文字 - 简易 & 延迟 _FIN.mp4”（ch09\9.4.4 课堂案例——文字动画 \ 效果文件），如图 9-45 所示。

图 9-45

9.4.5 课后习题——文字加效果器动画

习题知识要点：在场景中创建“文本”并调整大小和排版，使用“简易”和随机效果器完成文本字母入场动画效果，使用“延迟”效果器完成文字弹簧效果，通过使用“简易”效果器完成文本出场动画效果。最终效果参见“文字加效果器动画 _FIN.mp4”（ch09\9.4.5 课后习题——文字加效果器动画 \ 效果文件），如图 9-46 所示。

图 9-46

9.5 运动图形综合实例

9.5.1 水晶簇动画

（1）在主菜单执行“创建”>“对象”>“胶囊”，在场景中创建一个“胶囊”对象。在属性面板“对象”选项卡中将“半径”设为 12 cm，将“高度”设为 81 cm，将“高度分段”和“封顶分段”设为 1，将“旋转分段”设为 6。

（2）在主菜单执行“创建”>“对象”>“球体”，在场景中创建一个“球体”对象。在属性面板“对象”选项卡“类型”下拉菜单中选择“二十面体”。

（3）在主菜单中执行“运动图形”>“克隆”，在场景中创建一个“克隆”对象。在属性面板“对象”选项卡“模式”下拉菜单中选择“对象”。在“对象管理器”中选择“球体”，将其拖曳至“对象”栏，在“分布”下拉菜单中选择“顶点”，如图 9-47 所示。

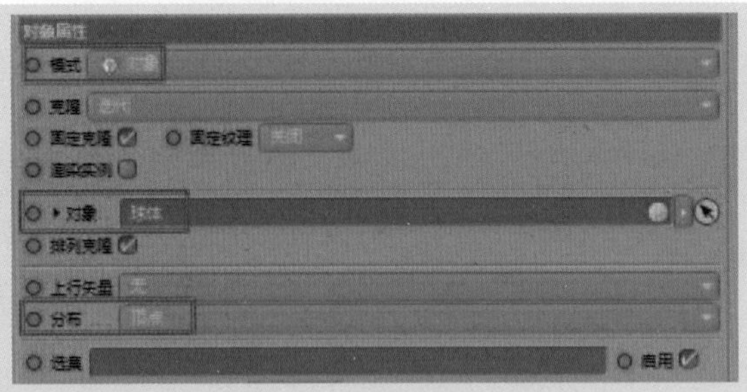

对象属性
模式 对象
克隆 迭代
固定克隆 固定纹理 关闭
渲染实例
对象 球体
排列克隆
上行矢量 无
分布 顶点
选集 启用

图 9-47

（4）在“对象管理器”窗口选择“克隆”对象，在主菜单中执行“运动图形”>“效果器”>“随机”。在“随机”效果器属性面板“参数”选项卡中勾选“缩放”和“旋转”复选框，设置“位置”，X 为 0 cm，Y 为 20 cm，Z 为 0 cm，将“缩放”设置为 0.26，设置“旋转”，H 为 0°，P 为 28°，B 为 0°，如图 9-48 所示。

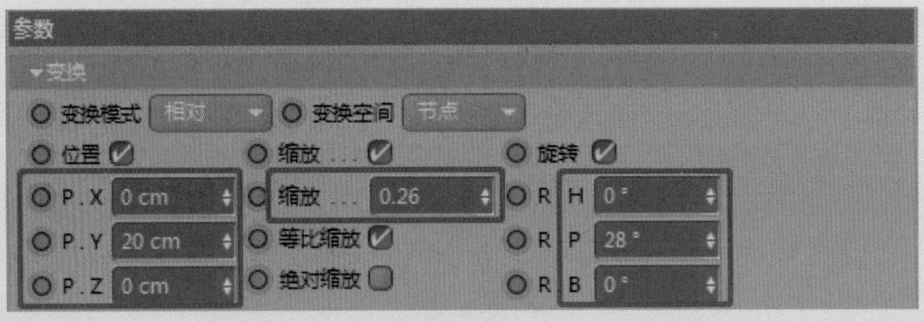

参数
变换
变换模式 相对　变换空间 节点
位置　缩放 ...　旋转
P . X 0 cm　缩放 ... 0.26　R H 0°
P . Y 20 cm　等比缩放　R P 28°
P . Z 0 cm　绝对缩放　R B 0°

图 9-48

（5）在主菜单执行“运动图形”>“效果器”>“简易”，在场景中创建一个“简易”效果器。在属性面板“参数”选项卡中取消勾选“位置”复选框，勾选“缩放”和“旋转”复选框，将“缩放”设为 -1，设置旋转，H 为 0°，P 为 90°，B 为 90°；在“衰减”选项卡中将“形状”设为“线性”；在“坐标”选项卡中设置坐标，X 为 0 cm，Y 为 -242 cm，Z 为 0 cm。将时间线指针移动到第 0 帧，单击时间线上的“记录活动对象”按钮，创建位置关键帧动画。将时间线指针移动到第 34 帧，设置坐标，X 为 0 cm，Y 为 231 cm，Z 为 0 cm，单击时间线上的“记录活动对象”按钮，创建位置关键帧动画，如图 9-49 所示。

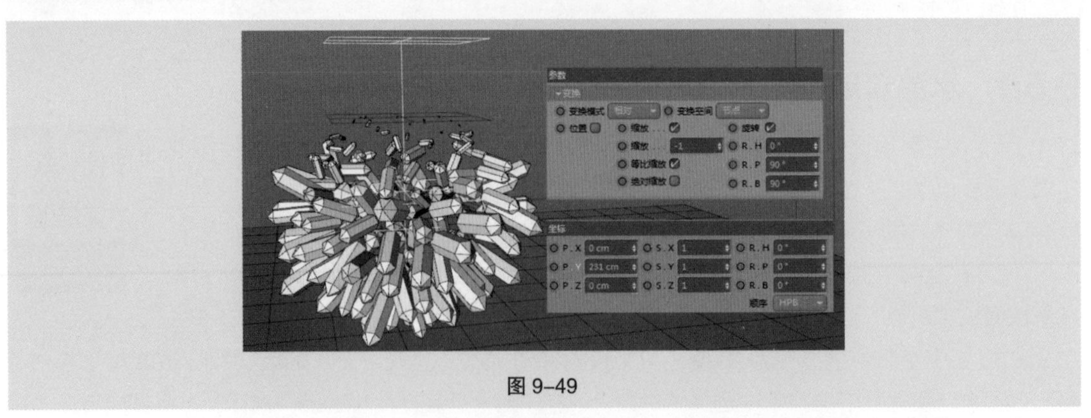

图 9-49

（6）在“对象管理器”窗口中，按住 Ctrl 键不放，拖曳“克隆”子层级下的“胶囊”对象，复制出 4 个新的胶囊对象，在“材质管理器”窗口创建材质，为“胶囊”对象添加材质，如图 9-50 所示。

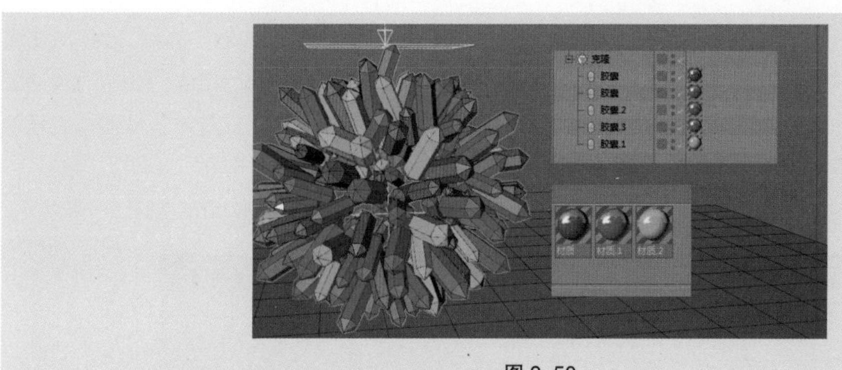

图 9-50

（7）最终效果参见“水晶簇动画 _FIN.mov”（ch09\9.5.1 水晶簇动画 \ 效果文件），如图 9-51 所示。

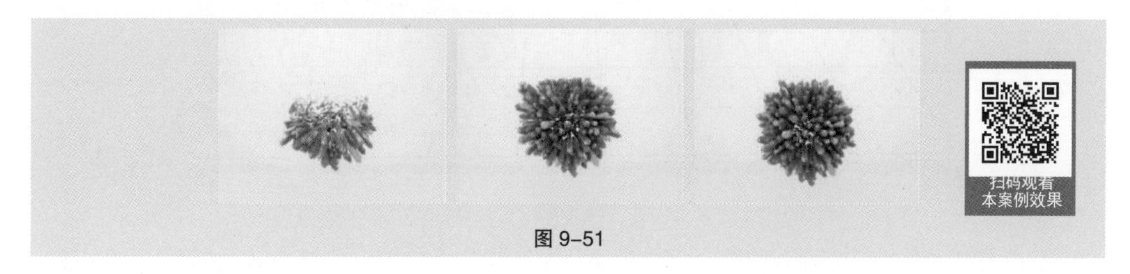

图 9-51

9.5.2 片头动画

（1）在主菜单执行“创建”>“对象”>“平面”，在场景中创建一个“平面”对象。在属性面板“对象”选项卡中将“宽度”和“高度”设置为 4 000 cm，将“宽度分段”和“高度分段”设置为 60。在主菜单继续执行“创建”>“造型”>“晶格”，在“晶格”属性面板“对象”选项卡中将“圆柱半径”设为 0.5 cm，将“球体半径”设为 2 cm；在“对象管理器”窗口将“平面”对象设为“晶格”的子对象。在主菜单执行“运动图形”>“效果器”>“随机”，在“随机”效果器属性面板“参数”选项卡中设置位置，X 为 10 cm，Y 为 10 cm，Z 为 28 cm；在“效果器”选项卡“随机模式”下拉菜单中选择“噪波”，将“动画速率”设为 20%，将“缩放”设为 30%；在“对象管理器”窗口中将“随机”效果器设为“平面”的子对象，如图 9-52 所示。

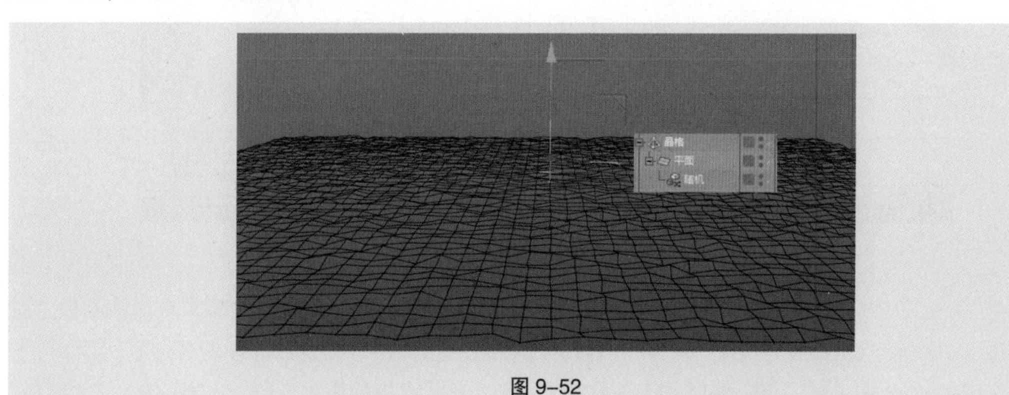

图 9-52

（2）在主菜单执行“创建”>“对象”>“立方体”，在场景中创建一个“立方体”对象。在属性面板“对象”选项卡中设置“尺寸”，X为200 cm，Y为20 cm，Z为200 cm，勾选“圆角”复选框，将“圆角半径”设为2 cm。在主菜单继续执行“运动图形”>“克隆”，将“立方体”设为“克隆”的子对象，在“克隆”属性面板“对象”选项卡“模式”下拉菜单中选择“网格排列”，设置“数量”，X为11，Y为1，Z为11，设置“尺寸”，X为2 000 cm，Y为0 cm，Z为2 000 cm，如图9-53所示。

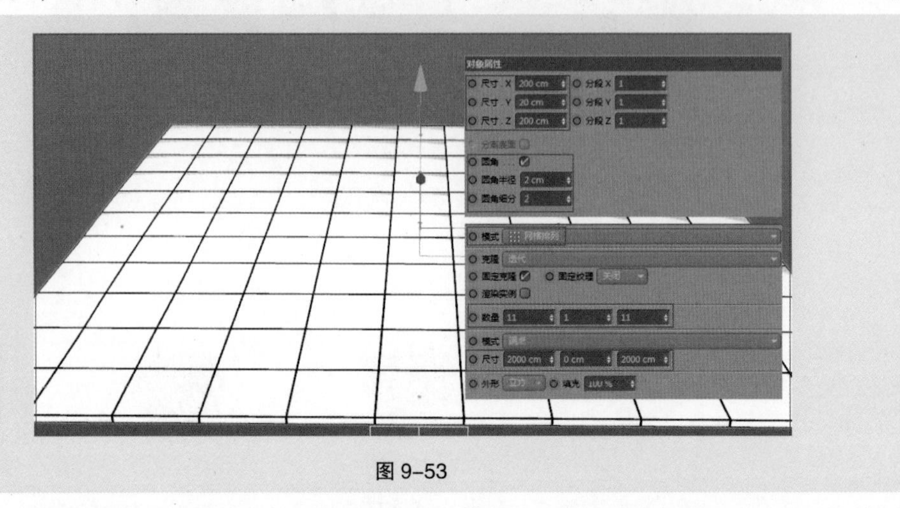

图 9-53

（3）在主菜单执行“运动图形”>“效果器”>“简易”，在场景中创建一个“简易”效果器。在属性面板“参数”选项卡中取消勾选“位置”复选框，勾选 “旋转”复选框，设置旋转，H为0°，P为−180°，B为0°；在“衰减”选项卡中将“形状”设为“线性”；在“坐标”选项卡中设置坐标，X为0 cm，Y为0 cm，Z为1 495 cm。将时间线指针移动到第0帧，单击时间线上的“记录活动对象”按钮，创建位置关键帧动画；将时间线指针移动到第92帧，设置坐标，X为0 cm，Y为0 cm，Z为−1 081 cm，单击时间线上的“记录活动对象”按钮，创建位置关键帧动画。在主菜单执行“运动图形”>“效果器”>“随机”，在场景中创建一个“随机”效果器，在属性面板“参数”选项卡中取消勾选“位置”复选框，将“权重变换”设为100%，如图9-54所示。

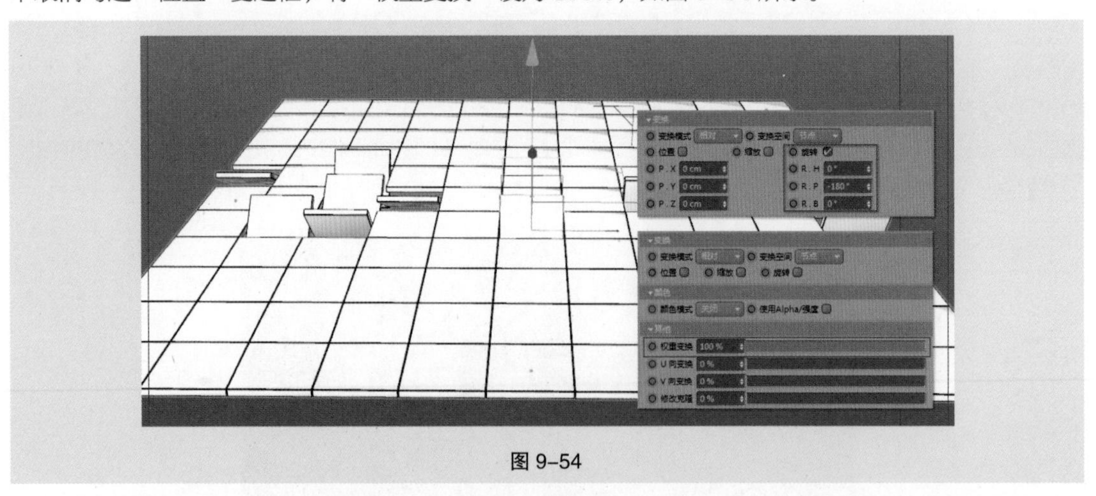

图 9-54

（4）在主菜单执行“运动图形”>“文本”，在场景中创建一个“文本”对象。在属性面板“对象”选项卡中输入“CINEMA 4D”，将“深度”设为40 cm，将“细分数”设为2，在“字体”下拉菜单选择“Arial Black”，将“对齐”设为“中对齐”，将“点插值方式”设为“统一”，将“数量”

设为 10。在“封顶”选项卡中将“顶端”和“末端”设为“圆角封顶”，将“步幅”设为 1，将“半径”设为 1 cm，在“类型”下拉菜单选择“四边形”，勾选“标准网格”复选框，将“宽度”设为 8 cm，如图 9–55 所示。

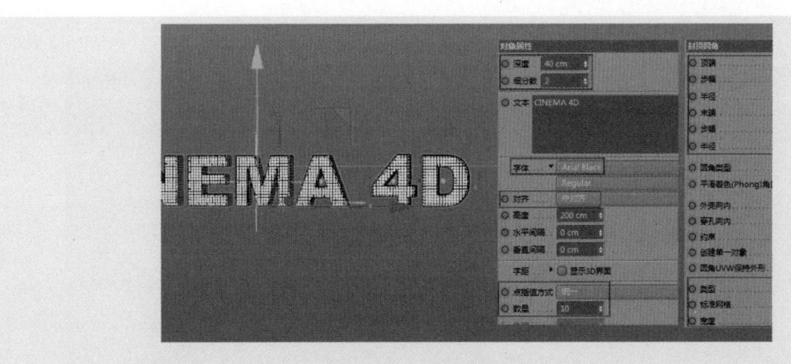

图 9–55

（5）在主菜单执行“运动图形”>“多边形 FX”，在场景中创建一个“多边形 FX”对象。在“对象管理器”窗口选择“文本”和“多边形 FX”，按 Alt+G 组合键创建群组对象，命名为“字”。在主菜单执行“运动图形”>“效果器”>“随机”，在场景中创建一个“随机”效果器，选择“多边形 FX”，单击“效果器”选项卡，将“随机”效果器拖曳至“效果器”列表。选择“随机”效果器，在属性面板 “参数”选项卡中勾选“位置”和“旋转”复选框，设置“位置”，X 为 500 cm，Y 为 200 cm，Z 为 500 cm，设置“旋转”，H 为 180 °，P 为 180 °，B 为 180 °。在“衰减”选项卡将“形状”设置为“圆柱”，勾选“反转”复选框，设置“尺寸”，X 为 1 500 cm，Y 为 1 024 cm，Z 为 1 500 cm，将“缩放”设为 12%，将时间线指针移动到第 0 帧，单击“缩放”前在的灰色圆点，记录关键帧动画。将时间线指针移动到第 100 帧，将“缩放”设为 100%，再次单击“缩放”前面的黄色圆点记录关键帧，如图 9–56 所示。

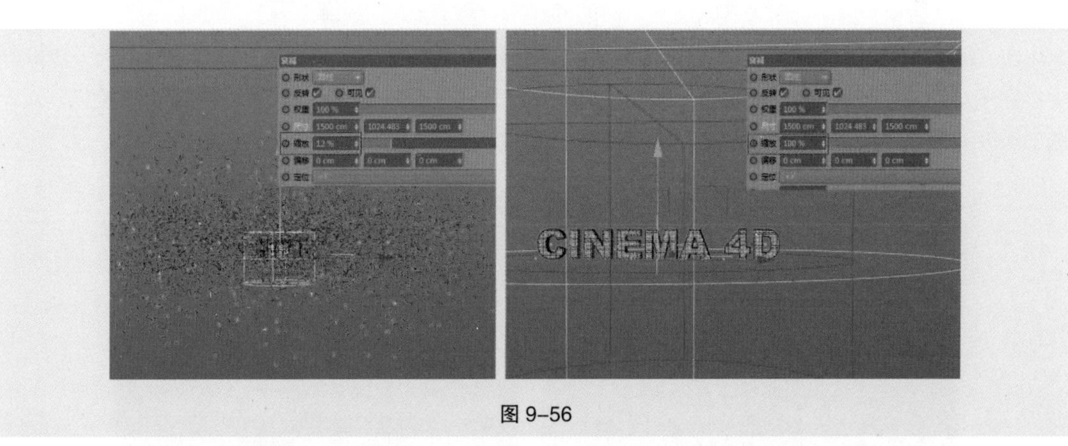

图 9–56

（6）在“对象管理器”中选择“文本”，在属性面板“坐标”选项卡中设置旋转角度，H 为 −360 °，P 为 0°，B 为 0 °，将时间线指针移动到第 0 帧，单击时间线“记录活动对象”按钮，创建关键帧。将时间线指针移动到第 75 帧，设置旋转角度，H 为 0°，P 为 0°，B 为 0°，单击时间线“记录活动对象”按钮，创建旋转关键帧动画。在主菜单执行“运动图形”>“效果器”>“简易”，在场景中创建一个“简易”效果器，选择“多边形 FX”，单击“效果器”选项卡，将“简易”效果器拖曳至“效果器”列表。选择“简易”效果器，在属性面板“参数”选项卡中设置“位置”，X 为 0 cm，Y 为

326 cm，Z 为 0 cm。在“衰减”选项卡中将“形状”设置为“圆柱”，勾选“反转”复选框，设置“尺寸”，X 为 1 500 cm，Y 为 1 024.483 cm，Z 为 1 500 cm，将“缩放”设为 12%。将时间线指针移动到第 0 帧，单击“缩放”前在的灰色圆点，记录关键帧动画。将时间线指针移动到第 100 帧，将“缩放”设为 100%，再次单击“缩放”前面的黄色圆点记录关键帧，如图 9–57 所示。

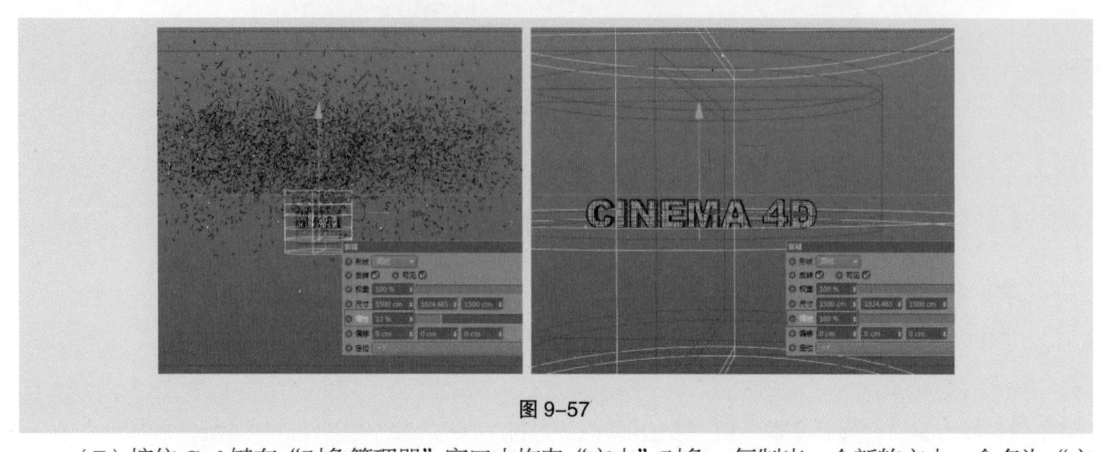

图 9–57

（7）按住 Ctrl 键在“对象管理器”窗口中拖曳“文本”对象，复制出一个新的文本，命名为“文本 2”。在主菜单执行“运动图形”>“多边形 FX”，在场景中创建一个“多边形 FX”对象。在“对象管理器”窗口选择“文本 2”和“多边形 FX”，按 Alt+G 组合键创建群组对象，命名为“字”。在主菜单执行“运动图形”>“效果器”>“简易”，在场景中创建一个“简易”效果器，选择“多边形 FX”，单击“效果器”选项卡，将“简易”效果器拖曳至“效果器”列表。选择“简易”效果器，在属性面板“参数”选项卡中取消勾选“位置”复选框，勾选“缩放”复选框，将“缩放”设为 −1。在“衰减”选项卡中将“形状”设置为“圆柱”，勾选“反转”复选框，设置“尺寸”，X 为 1 300 cm，Y 为 866 cm，Z 为 1 300 cm，将“缩放”设为 0%。将时间线指针移动到第 66 帧，单击“缩放”前在的灰色圆点，记录关键帧动画。将时间线指针移动到第 108 帧，将“缩放”设为 100%，再次单击“缩放”前面的黄色圆点记录关键帧。按住 Ctrl 键在“对象管理器”窗口中拖曳上一步操作中创建的“简易”效果器，复制出一个新的简易效果器，并命名为“简易 1”，在属性面板“衰减”选项卡取消勾选“反转”复选框，在时间线选择“缩放”的关键帧并向后移动 10 帧，如图 9–58 所示。

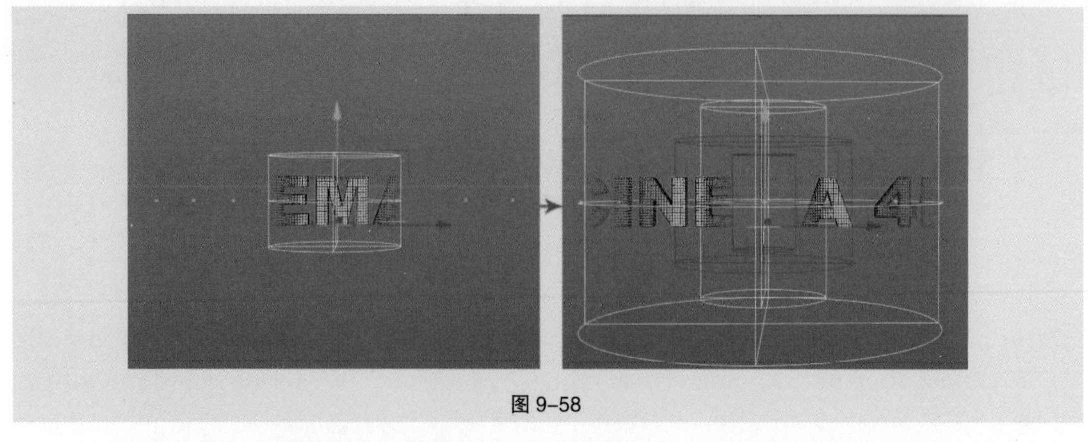

图 9–58

（8）在主菜单中“选择创建”>“摄像机”>“目标摄像机”，在场景中创建一个“目标摄像机”。在“对象管理器”窗口单击摄像机后面的，进入摄像机视图。在属性面板“对象”选项卡中将“焦距”

设为 25；在“坐标”选项卡将设置位置坐标，X 为 100 cm，Y 为 −62 cm，Z 为 −162 cm。单击时间线“记录活动对象”按钮，创建关键帧。将时间线指针移动到第 75 帧，设置位置坐标，X 为 0 cm，Y 为 −188 cm，Z 为 −1 750 cm。单击时间线“记录活动对象”按钮，创建位置关键帧动画。在“对象管理器”窗口选择“摄像机目标 1”对象，在属性面板“坐标”选项卡设置位置坐标，X 为 0 cm，Y 为 40 cm，Z 为 0 cm，单击时间线“记录活动对象”按钮，创建关键帧。将时间线指针移动到第 75 帧，设置位置坐标，X 为 0 cm，Y 为 0 cm，Z 为 0 cm，单击时间线“记录活动对象”按钮，创建位置关键帧动画，如图 9−59 所示。

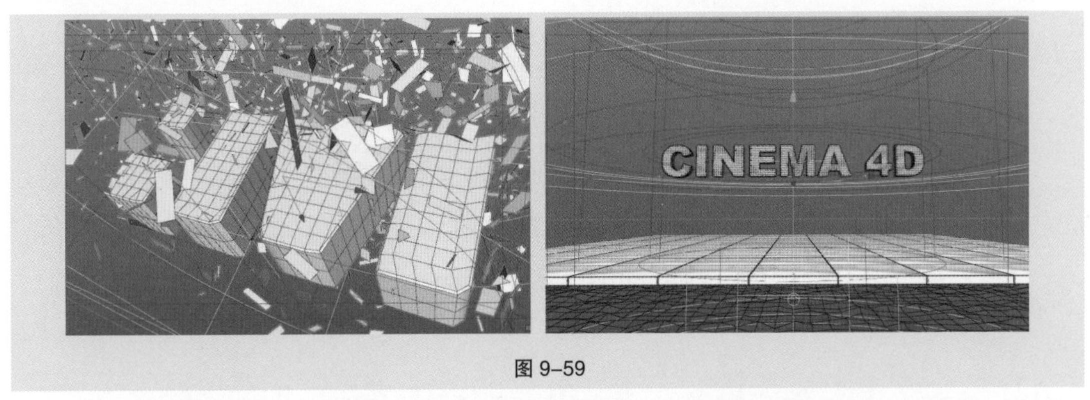

图 9−59

（9）最终效果参见“片头动画 _FIN.mp4”（ch09\9.5.2 片头动画 \ 效果文件），如图 9−60 所示。

图 9−60

10

第 10 章 综合实战

本章导读

本章介绍 Cinema 4D 的综合运用技巧。通过对本章的学习，读者可以掌握建模、动画、材质、运动图形的综合运用，达到能够使用 Cinema 4D 完成动画短片的目的。

学习目标

- 掌握建模和变形器的综合使用技巧。
- 掌握关键帧动画和运动图形的综合使用技巧。
- 掌握灯光、材质的综合使用技巧。
- 掌握渲染输出设置。

综合实战

技能目标

- 掌握“片头落版动画”的制作方法。
- 掌握“地球城市动画”的制作方法。

10.1 片头落版动画

10.1.1 场景搭建

（1）在主菜单中执行“创建”>“样条”>“矩形”，在场景中创建一个“矩形”样条曲线。在“对象”选项卡中将“宽度”设置为 479 cm，将“高度”设置为 190 cm，勾选“圆角”复选框，将“半径”设置为 50 cm；在“坐标”选项卡中设置坐标，X 为 29 cm，Y 为 346 cm，Z 为 −13 cm。在主菜单中执行“创建”>“生成器”>“挤压”，在场景中创建一个“挤压”生成器，将“矩形”对象设为“挤压”的子对象。在“挤压”的“对象”选项卡中设置“移动”， X 为 15 cm，Y 为 5 cm，Z 为 −5 cm；在“封顶”选项卡中将“顶端”和“末端”设为“圆角封顶”，将顶端“步幅”设置为 46，将“半径”设置为 2 cm，将底端 “步幅”设置为 17，将“半径”设置为 2 cm，如图 10−1 所示。

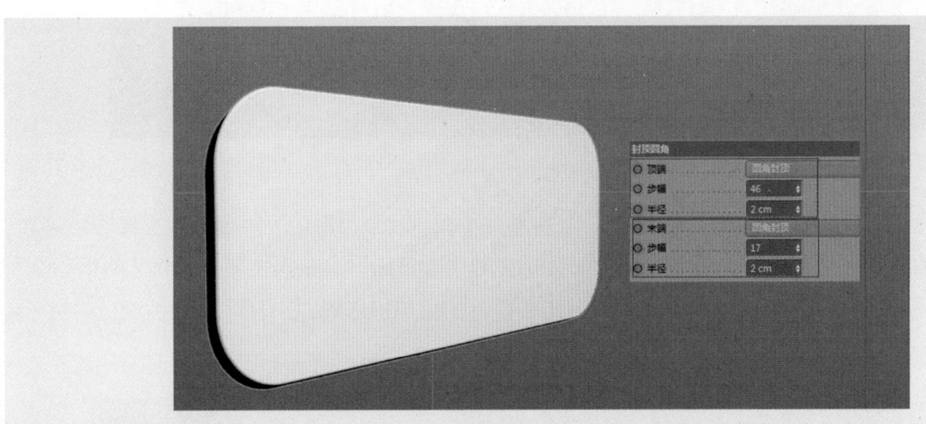

图 10−1

（2）重复上一步操作继续制作出第二个模型，参数设置如图 10−2 所示。

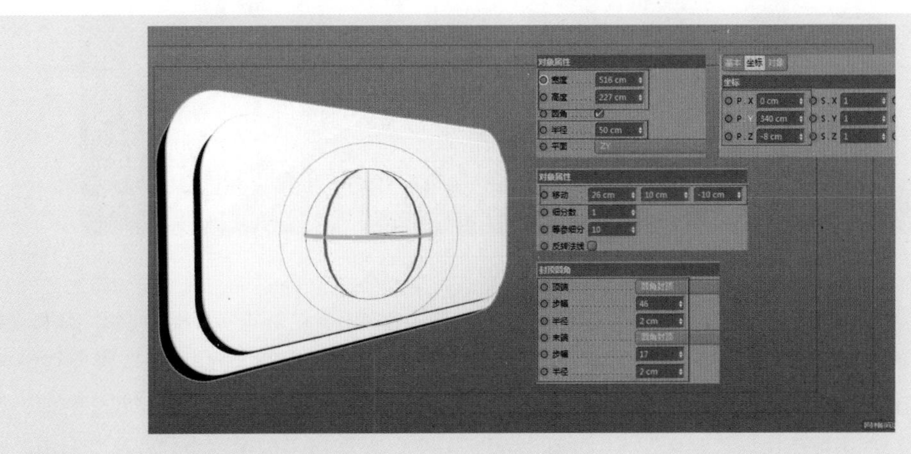

图 10−2

（3）在主菜单中执行“运动图形”>“文本”，在场景中创建一个“文本”对象。在属性面板“对象”选项卡“文本”中输入“F”，将“深度”设为 20 cm，将“高度”设为 90 cm，在“字体”下拉菜单中选择“Arial Black”；在“坐标”选项卡中设置坐标，X 为 64 cm，Y 为 314 cm，Z 为 −234 cm，设置旋转角度，H 为 90°，P 为 0°，B 为 0°。在左侧工具栏单击“转为可编辑对象”按钮（或者按 C 快捷键），将“文本”转换为可编辑模式。在“对象管理器”窗口中展开“文本”>“1”>“FUTURE”群组对象，选择“F”，再次单击“转为可编辑对象”按钮。选择“F”以及子对象“封顶 1”和“封顶 2”，单击鼠标右键，在弹出的菜单中选择“连接对象 + 删除”。其余文本重复前述操作，如图 10-3 所示。

图 10-3

（4）在“对象管理器”窗口中选择“F”，单击左侧工具栏“多边形”按钮，进入面编辑模式。选择 F 外侧的面，单击鼠标右键，在弹出的菜单中选择“内部挤压”，在属性面板中将“偏移”设为 2.5 cm。保持面选中的状态下，再次单击鼠标右键，在弹出的菜单中选择“挤压”，在属性面板中将“偏移”设为 −2 cm。其余文本重复前述操作，如图 10-4 所示。

图 10-4

（5）在主菜单执行“创建”>“对象”>“圆锥”，在场景中创建一个“圆锥”对象。在属性面板“对象”选项卡中将“底部半径”设置为 68 cm，将“高度”设为 48 cm，将“旋转分段”设为 90。在左侧工具栏单击“转为可编辑对象”按钮，单击“多边形”进入面编辑模式，选择底部的面，按 Delete 键删除。在主菜单执行“创建”>“对象“>“圆柱”，在场景中创建一个“圆柱”对象，在属性面板“对象”选项卡中将“半径”设为 3 cm。在左侧工具栏单击“转为可编辑对象”按钮，选择“圆锥”和“圆柱”单击右键，在弹出的菜单中选择“连接对象 + 删除”。在属性面板“坐标”选项卡中设置坐标，X 为 12 cm，Y 为 408 cm，Z 为 187，设置旋转角度，H 为 -85°，P 为 -34°，B 为 -24°，如图 10-5 所示。

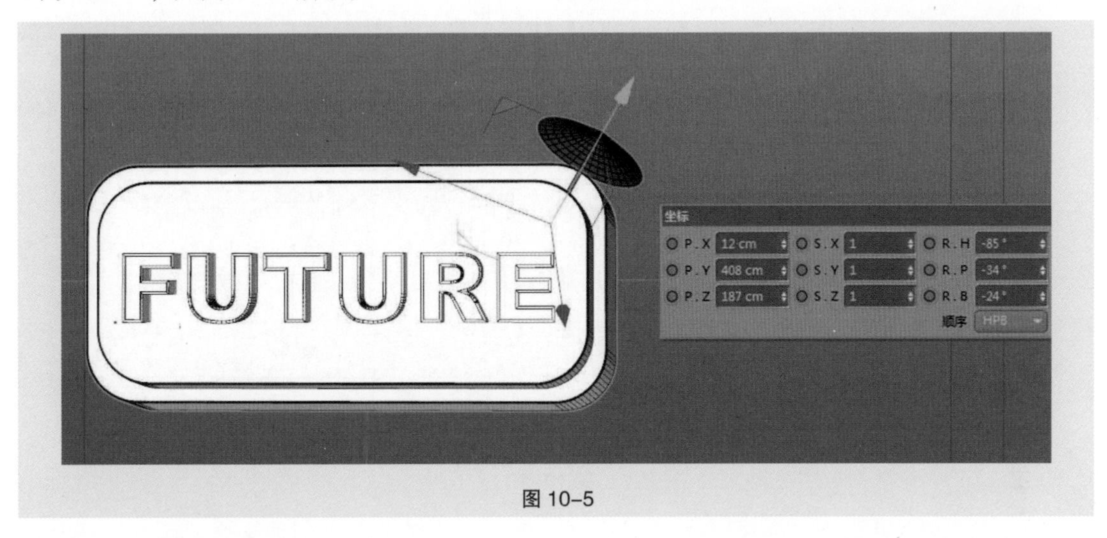

图 10-5

10.1.2 制作动画

（1）在主菜单执行“创建”>“摄像机”>“摄像机”，在场景中创建一个“摄像机”，在“对象管理器”窗口单击摄像机后面的，进入摄像机视图，选择“挤压”和“挤压 1”，按 Alt+G 组合键创建群组对象。将时间线指针移动到第 0 帧，在“坐标”选项卡中设置“缩放”，X 为 0，Y 为 0，Z 为 0，单击时间线上的“记录活动对象”按钮记录缩放关键帧动画。将时间线指针移动到第 10 帧，在“坐标”选项卡中设置“缩放”，X 为 1，Y 为 1，Z 为 1，在单击时间线上的“记录活动对象”按钮记录缩放关键帧动画。在主菜单中执行“运动图形”>“分裂”，在场景中创建一个“分裂”，将“空白”群组对象设为“分裂”的子对象。在主菜单执行“运动图形”>“效果器”>“延迟”，为“分裂”添加“延迟”效果器，在属性面板“效果器”选项卡中将“模式”设为“弹簧”，如图 10-6 所示。

图 10-6

（2）在“对象管理器”窗口中选择多边形对象“F”，将时间线指针移动到第 25 帧，在“坐标”

选项卡中设置坐标，X 为 355 cm，Y 为 -280 cm，Z 为 -200 cm，设置旋转角度，H 为 0°，P 为 0°，B 为 90°，单击时间线上的“记录活动对象”按钮记录关键帧动画。将时间线指针移动到第 45 帧，设置坐标，X 为 53 cm，Y 为 -12 cm，Z 为 -200 cm，设置旋转角度，H 为 0°，P 为 0°，B 为 0°，单击时间线上的“记录活动对象”按钮记录关键帧动画。在主菜单中执行“窗口”>“时间线（函数曲线）”，打开时间线窗口，在左侧展开“F” 位置 *X* 的动画函数曲线，调整动画函数曲线，如图 10-7 所示。

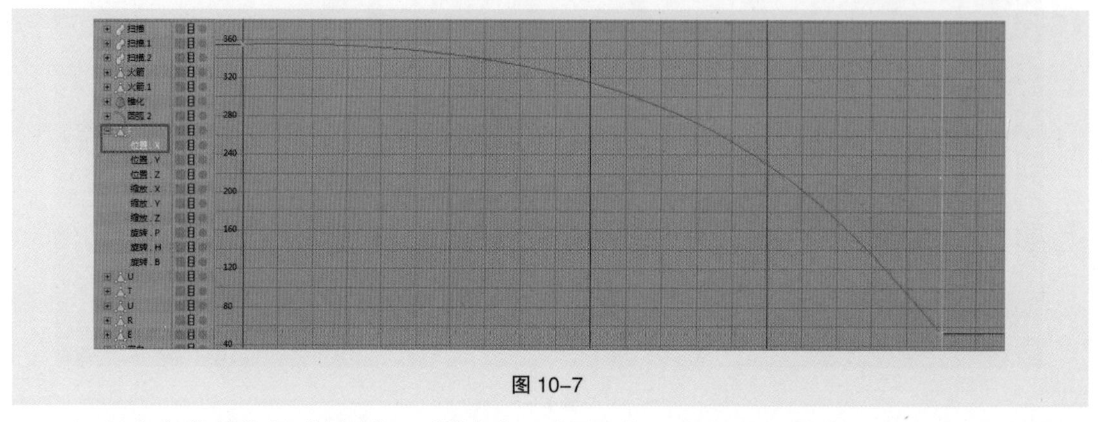

图 10-7

（3）在主菜单执行“创建”>“样条”>“圆环”，在场景中创建一个“圆环”样条曲线，在属性面板 “坐标”选项卡中设置坐标，X 为 -10 cm，Y 为 342 cm，Z 为 -171 cm，设置旋转角度，H 为 -23°，P 为 -30°，B 为 204°，在“对象”选项卡中将“半径”设为 200 cm。在主菜单执行“创建”>“样条”>“圆环”，在场景中创建一个“圆环”样条曲线，在属性面板“对象”选项卡中将“半径”设为 2.5 cm。在主菜单执行“创建”>“生成器”>“扫描”，将上两步操作创建的圆环设为“扫描”的子对象，将时间线指针移动到第 62 帧，在属性面板“基本”选项卡中在“编辑器可见”和“渲染器可见”下拉菜单中选择“关闭”，单击“编辑器可见”和“渲染器可见”前面的灰色圆点，记录关键帧。将时间线指针向后移动一帧，在“编辑器可见”和“渲染器可见”下拉菜单中选择“开启”，单击“编辑器可见”和“渲染器可见”前面的黄色圆点，记录关键帧动画，如图 10-8 所示。

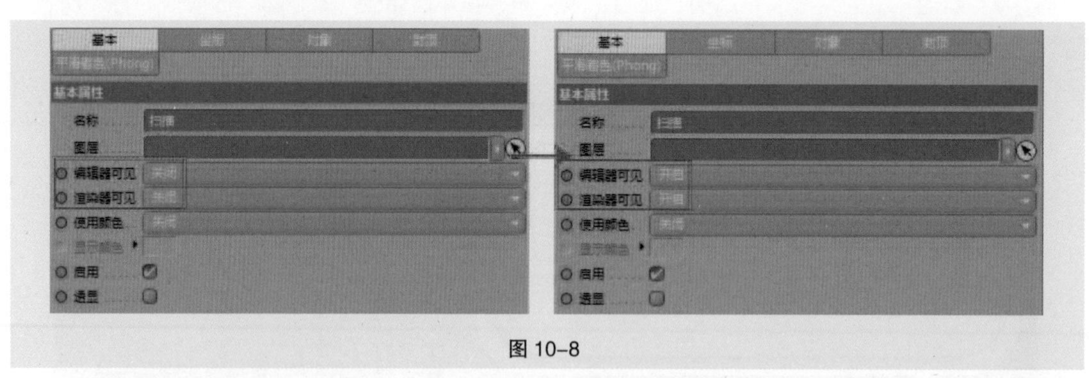

图 10-8

（4）将时间线指针移动到第 65 帧，在“扫描”生成器属性面板“对象”选项卡中将“开始生长”设为 21%，将“结束生长”设为 22%，单击“结束生长”前面的灰色圆点，记录关键帧。将时间线指针针对到第 94 帧，将“结束生长”设为 72%，单击“结束生长”前面的黄色圆点，记录关键帧动画。使用相同的制作方法继续制作出两个“扫描”线条生长动画，具体参数如图 10-9 所示。

图 10-9

（5）创建“火箭”模型，在主菜单执行“创建”>“对象”>“空白”，在场景中创建一个“空白”对象，将“火箭”模型设为“空白”对象的子对象。在“对象管理器”窗口右键单击“空白”对象，添加“对齐曲线”标签，将“圆环”样条曲线拖曳至 “对齐曲线”标签属性面板“曲线路径”栏，勾选“切线”复选框。将时间线指针移动到第 60 帧，将“位置”设为 11%，单击“结束生长”前面的灰色圆点，记录关键帧。将时间线指针移动到第 94 帧，将“结束生长”设为 72%，单击“结束生长”前面的黄色圆点，记录关键帧动画。调整“火箭”模型至合适位置，如图 10-10 所示。

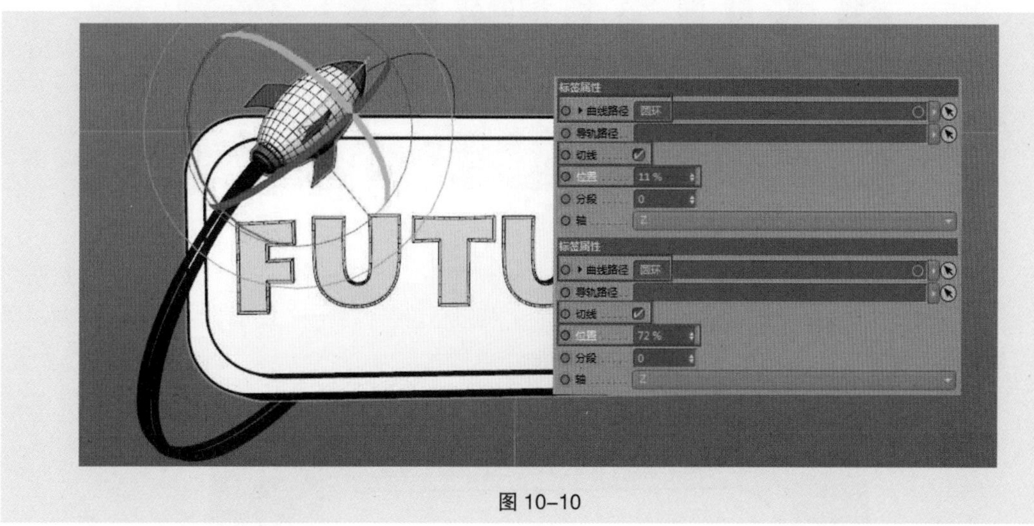

图 10-10

（6）在主菜单执行“创建”>“变形器”>“锥化”，在场景中创建一个“锥化”变形器，将“锥化”变形器设为“伞”模型的子对象，在属性面板“坐标”选项卡中设置坐标，X 为 23 cm，Y 为 -130 cm，Z 为 -1 cm，设置旋转角度，H 为 0 °，P 为 0°，B 为 -7°，单击时间线上的“记录活动对象”按钮记录关键帧动画。将时间线指针移动到第 45 帧，设置坐标，X 为 -13 cm，Y 为 175 cm，Z 为 -1 cm，设置旋转角度，H 为 0 °，P 为 0 °，B 为 -7 °，单击时间线上的“记录活动对象”按钮记录关键帧动画。在“对象”选项卡中设置“尺寸”，X 为 102 cm，Y 为 112 cm，Z 为 112 cm，如图 10-11 所示。

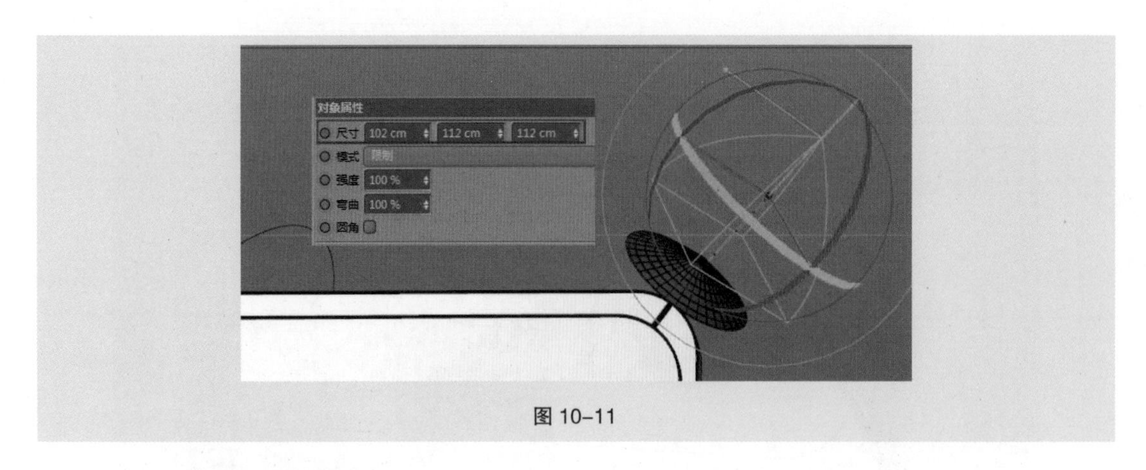

图 10-11

10.1.3 材质与渲染

（1）在材质窗口空白区域双击，创建一个新的材质球，命名为“材质 1”，双击材质球，在“颜色”通道将“颜色”设为淡蓝色（115，210，229），关闭“反射”通道，将“材质 1”指定给“挤压”，如图 10-12 所示。

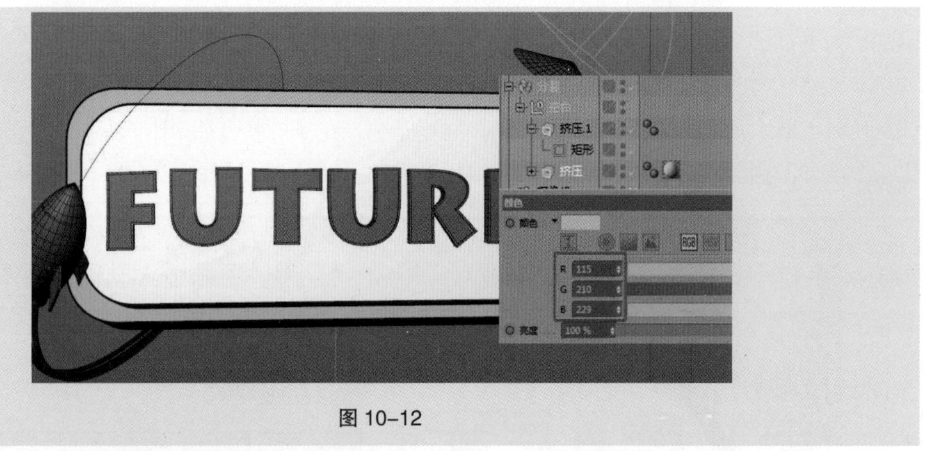

图 10-12

（2）重复上一步操作继续创建材质球，命名为“材质”，将“颜色”设为纯白色，将“材质”指定给“挤压 1”。创建材质球，命名为“材质 2”，将颜色设置为黄色（234，236，76），将“材质 2”指定给“文字”空白对象，如图 10-13 所示。

图 10-13

（3）在材质窗口空白区域双击，创建一个新的材质球，命名为“放射”，双击材质球，在“颜色”通道单击“纹理”后面的三角，添加“平铺”贴图。单击“平铺”进入属性面板，将“平铺颜色 1”设为红色（127，0，0），将“平铺颜色 2”设为白色（255，255，255），将“堵塞宽度”设为 0.5%，将“斜角宽度”设为 1%，将“半径缩放”设为 200%。在“颜色”通道右键单击“纹理”，在弹出的菜单中选择“复制”，勾选“发光”通道，右键单击“纹理”，在弹出的菜单中选择“粘贴”，将“平铺”复制给“发光”通道。将“放射”材质指定给“伞”模型，在“对象管理器”窗口单击“伞”模型对象后面的“放射”材质，在下方的属性面板“投射”下拉菜单中选择“立方体”，如图 10-14 所示。

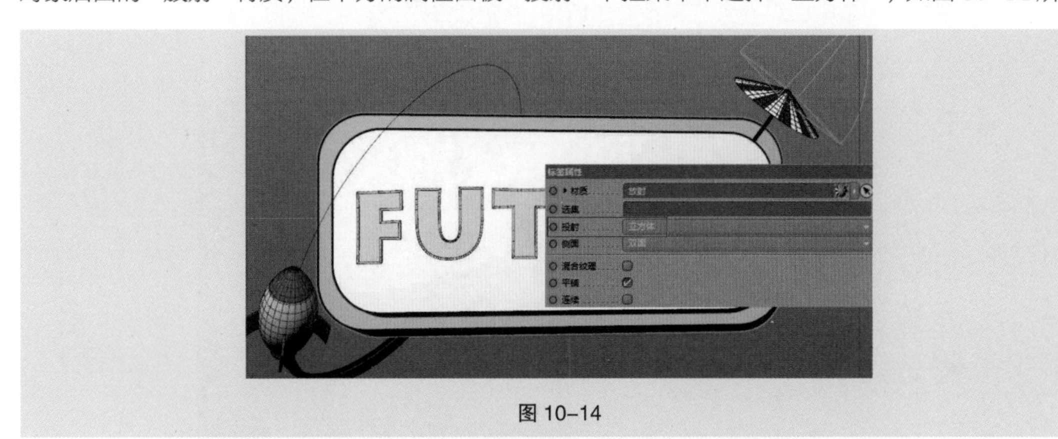

图 10-14

（4）在主菜单执行“创建” > “灯光” > “灯光”，在场景中创建一盏“灯光”。在属性面板“坐标”选项卡中设置坐标，X 为 874 cm，Y 为 874 cm，Z 为 −370 cm；在“常规”选项卡中将“投影”设为区域。使用同样方法再次创建一盏灯光，在属性面板“坐标”选项卡中设置坐标，X 为 827 cm，Y 为 1 345 cm，Z 为 593 cm；在“常规”选项卡中将“强度”设为 41%。单击工具栏“编辑渲染设置”按钮，在左侧单击“效果”添加“全局光照”和“环境吸收”。选择“全局光照”，将“首次反弹算法”设为“辐照缓存”，将“采样”设为“中”。

（5）最终效果参见“片头动画 _FIN.mp4”（ch10\10.1 片头落版动画 \ 效果文件），如图 10-15 所示。

图 10-15

10.2 地球城市动画

10.2.1 场景搭建

（1）在主菜单中执行“创建”>“摄像机”>“摄像机”，在场景中创建一个“摄像机”，在“对象管理器”窗口单击摄像机后面的，进入摄像机视图。在主菜单中执行“创建”>“样条”>“圆弧”，在场景中创建一个“圆弧”样条曲线。在属性面板“对象”选项卡中将“半径”设为 468 cm，将“结束角度”设为 180 °；在“坐标”选项卡中设置坐标，X 为 0 cm，Y 为 0 cm，Z 为 13 cm，设置旋转角度，H 为 0°，P 为 90°，B 为 0 °。在主菜单执行“创建”>“生成器”>“旋转”，在场景中创建一个“旋转”生成器，将“圆弧”设为“旋转”生成器的子对象，如图 10-16 所示。

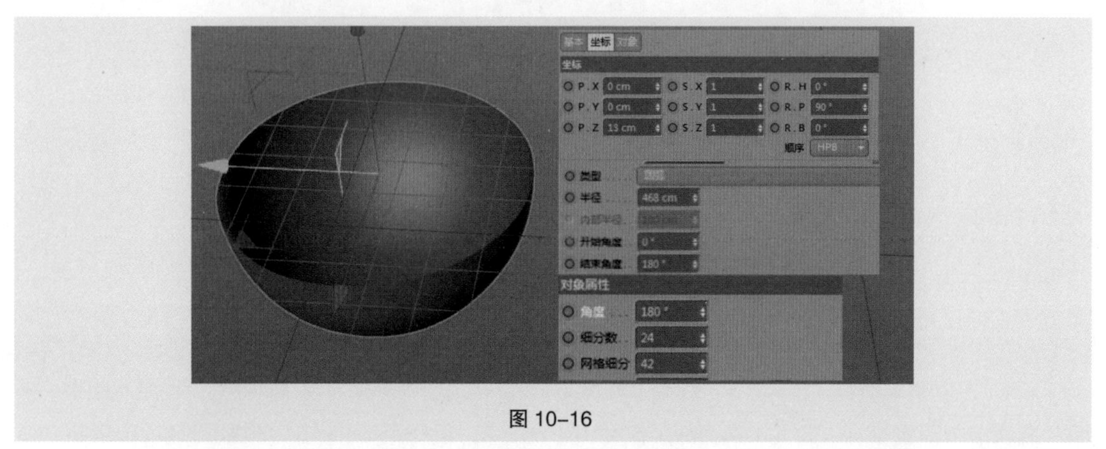

图 10-16

（2）在主菜单执行“创建”>“对象”>“圆柱”，在场景中创建一个“圆柱”对象。在属性面板“坐标”选项卡中设置坐标，X 为 -57 cm，Y 为 42 cm，Z 为 1 200 cm；在“对象”选项卡中将“半径”设为 200 cm，将“高度”设为 155 cm。再次创建“圆柱”对象，命名为“铅笔”，在属性面板“对象”选项卡中将“半径”设为 16.5 cm。按左侧“转为可编辑对象”按钮，将“圆柱”转为可编辑对象，使用多边形建模工具将其做成铅笔的形状，按住 Ctrl 键在“对象管理器”窗口拖曳“铅笔”模型，复制出一个新的对象，调整位置和旋转角度，如图 10-17 所示。

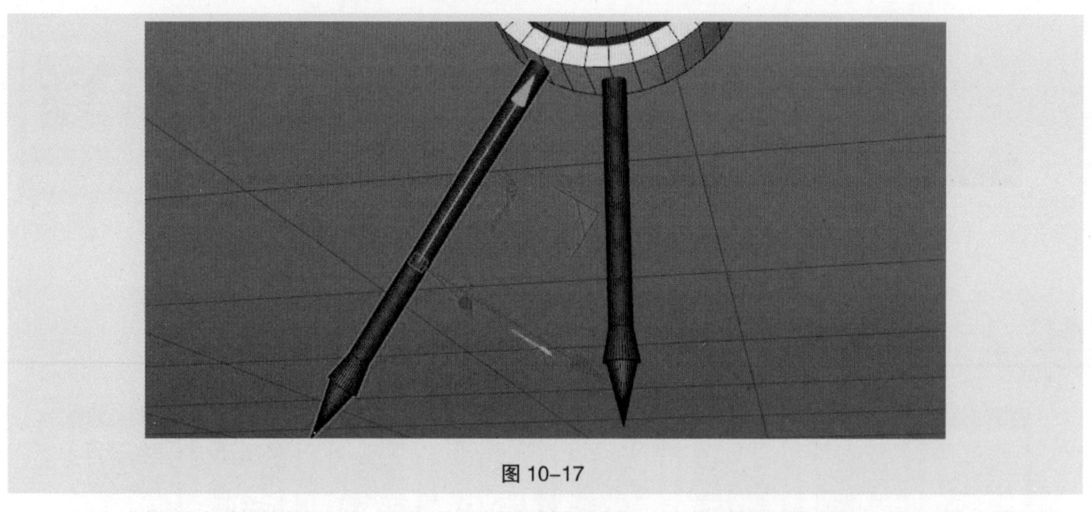

图 10-17

（3）在场景中分别创建一个“圆柱”和“角锥”对象，调节属性面板参数，并放至适当位置，如图 10-18 所示。

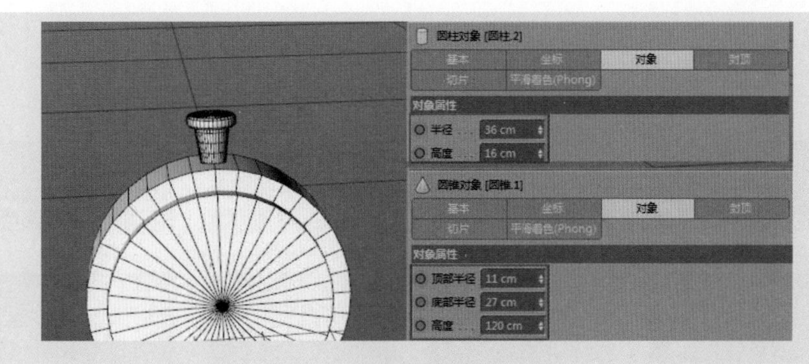

图 10-18

（4）在主菜单执行“创建”>“对象”>“圆柱”，在场景中创建一个“圆柱”对象。在属性面板“对象”选项卡中，将“半径”设为 165 cm，将“高度”设为 157 cm；在“坐标”选项卡中设置坐标，X 为 −62 cm，Y 为 322 cm，Z 为 −52 cm。在“对象管理器”中将“铅笔 1”“铅笔 2”“圆柱 2”“圆锥 1”设为“圆柱”的子对象。在场景中创建一个“布尔”造型工具，将“圆柱”和“圆柱 1”设为“布尔”的子对象，在“布尔”属性面板中将“布尔类型”设为“A 减 B”，如图 10-19 所示。

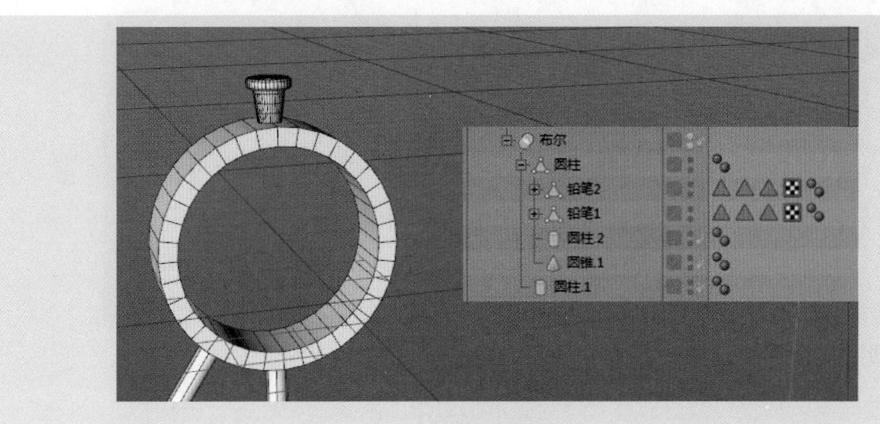

图 10-19

（5）在主菜单中执行“文件”>“合并”，在资源管理器中选择“电话亭.c4d”(ch10\10.2 地球城市动画\工程文件\地球城市_Start\素材)，将其合并到当前场景。在“对象管理器”窗口选择“电话亭”对象模型，在属性面板“坐标”选项卡中设置坐标，X 为 257 cm，Y 为 145 cm，Z 为 289 cm，设置旋转角度，H 为 45°，P 为 −5°，B 为 76°，如图 10-20 所示。

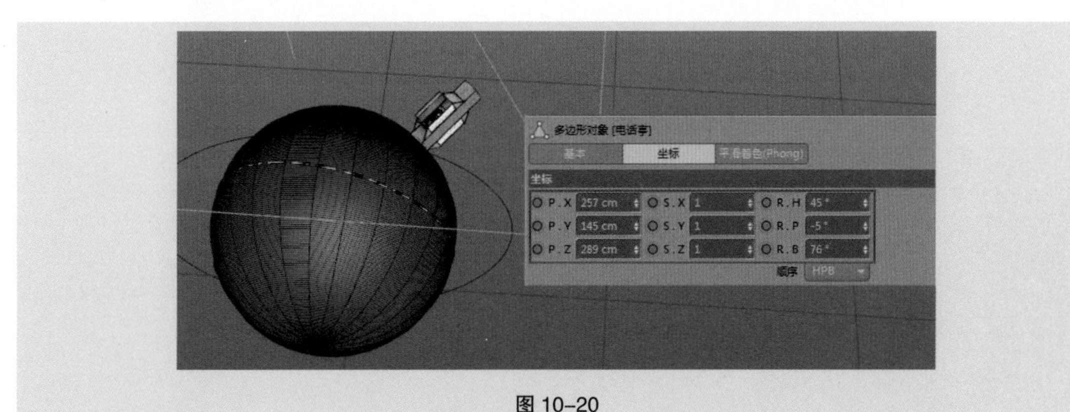

图 10-20

（6）重复上一步操作，依次将“灯泡”“电视机”“红绿灯”“楼”“苹果”“亭子”“云”合并到当前场景中，如图 10-21 所示。

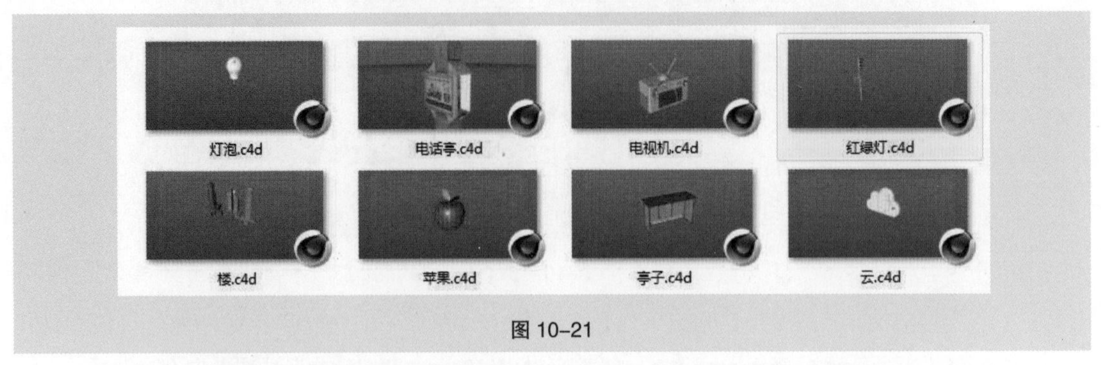

图 10-21

（7）将上一步操作中合并到场景中的模型对象摆放至“旋转”表面，如图 10-22 所示。

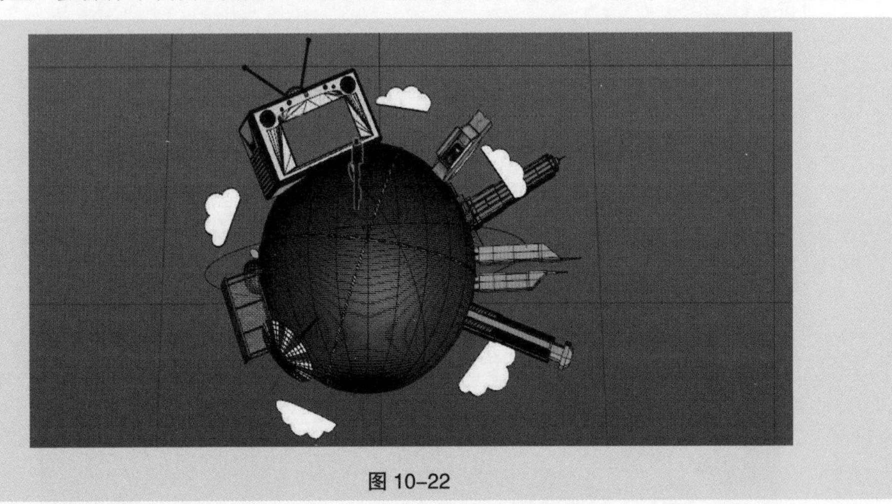

图 10-22

（8）在“场景管理器”窗口选择“灯光”模型对象，在主菜单执行“创建”>“样条”>“圆环”。在属性面板“对象”选项卡中将“半径”设为 468cm；在“坐标”选项卡中设置坐标，X 为 −52 cm，Y 为 21 cm，Z 为 −15 cm。在主菜单执行“运动图形”>“克隆”，在场景中创建一个“克隆”对象，将“灯泡”设为“克隆”对象的子对象。在“克隆”属性面板“对象”选项卡“模式”下拉菜单中选择“对象”，将“圆环”拖曳至“对象”栏，将“数量”设为 6，将“开始”设为 66%，将“结束”设为 64%，如图 10-23 所示。

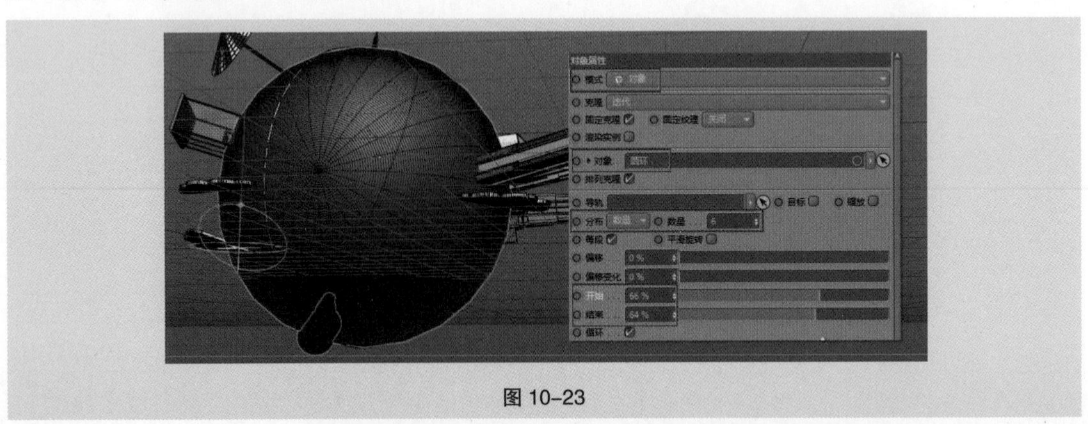

图 10-23

10.2.2 制作动画

（1）在“对象管理器”窗口选择“苹果”群组对象，将时间线指针移动到第 0 帧，在“坐标”选项卡中设置“缩放”，X 为 0，Y 为 0，Z 为 0，单击时间线上的“记录活动对象”按钮，记录缩放关键帧动画。将时间线指针移动到第 10 帧，在“坐标”选项卡中设置“缩放”，X 为 1，Y 为 1，Z 为 1，在单击时间线上的“记录活动对象”按钮，创建缩放关键帧动画。

（2）在主菜单执行“运动图形”>“分裂”，将“苹果”设为“分裂”的子对象。在主菜单执行“运动图形”>“效果器”>“延迟”，为“分裂”添加“延迟”效果器，在属性面板“效果器”选项卡中将“模式”设为“弹簧”，将“强度”设为 68%，如图 10-24 所示。

（3）将时间线指针移动到第 25 帧，选择“分裂”，在属性面板“基本”选项卡“编辑器可见”和“渲染器可见”下拉菜单中选择“关闭”，单击“编辑器可见”和“渲染器可见”前面的灰色圆点，记录关键帧。将时间线指针向后移动一帧，在“编辑器可见”和“渲染器可见”下拉菜单中选择“开启”，单击“编辑器可见”和“渲染器可见”前面的黄色圆点，记录关键帧动画。

图 10-24

（4）按住 Ctrl 键在“对象管理器”窗口拖曳“苹果”群组对象，复制出一个新的“苹果”群组对象。将时间线指针移动到第 23 帧，在属性面板“基本”选项卡“编辑器可见”和“渲染器可见”下拉菜单中选择“关闭”，单击“编辑器可见”和“渲染器可见”前面的灰色圆点，记录关键帧。将时间线指针向后移动一帧，在“编辑器可见”和“渲染器可见”下拉菜单中选择“开启”，单击“编辑器可见”和“渲染器可见”前面的黄色圆点，记录关键帧动画。

（5）将时间线指针移动到第 25 帧，在“坐标”选项卡中设置坐标，X 为 0 cm，Y 为 −114 cm，Z 为 0 cm，设置旋转角度，H 为 0 °，P 为 0 °，B 为 0 °，单击时间线上的“记录活动对象”按钮，记录关键帧动画。将时间线指针移动到第 37 帧，设置坐标，X 为 −168 cm，Y 为 186 cm，Z 为 −872 cm，设置旋转角度，H 为 16°，P 为 26 °，B 为 5 °，单击时间线上的“记录活动对象”按钮，记录关键帧动画。

（6）选择“布尔”子对象，将时间线指针移动到第 29 帧，在“坐标”选项卡中设置坐标，X 为 0 cm，Y 为 −56 cm，Z 为 0 cm，设置旋转角度，H 为 0°，P 为 0°，B 为 0 °，单击时间线上的“记录活动对象”按钮，记录关键帧动画，将时间线指针移动到第 38 帧，设置坐标，X 为 −672 cm，Y 为 731 cm，Z 为 554 cm，设置旋转角度，H 为 13°，P 为 63°，B 为 −26 °，单击时间线上的“记录活动对象”按钮，记录关键帧动画。选择“挤压 1”和“叶子 1”子对象，在第 28 ~ 41 帧做移出画面的关键帧动画，如图 10-25 所示。

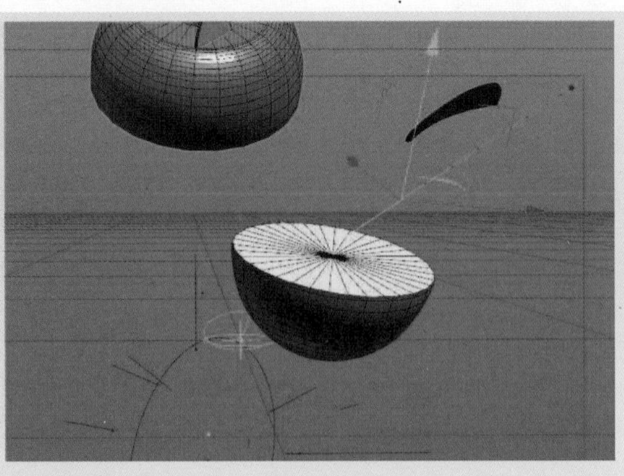

图 10-25

（7）在“对象管理器”窗口选择“苹果”群组对象里的“苹果底部”模型对象，将时间线指针移动到第 37 帧，在“坐标”选项卡中设置坐标，X 为 -1.9 cm，Y 为 -54 cm，Z 为 -1 cm，设置旋转角度，H 为 0°，P 为 0°，B 为 0° 单击时间线上的“记录活动对象”按钮，记录关键帧动画。将时间线指针移动到第 44 帧，设置坐标，X 为 -345 cm，Y 为 217 cm，Z 为 -221 cm，设置旋转角度，H 为 4°，P 为 64°，B 为 -22°，单击时间线上的“记录活动对象”按钮记录关键帧动画。

（8）选择“苹果”群组对象，将时间线指针移动到第 44 帧，在属性面板“基本”选项卡“编辑器可见”和“渲染器可见”下拉菜单中选择“关闭”，单击“编辑器可见”和“渲染器可见”前面的灰色圆点，记录关键帧。将时间线指针向后移动一帧，在“编辑器可见”和“渲染器可见”下拉菜单中选择“开启”，单击“编辑器可见”和“渲染器可见”前面的黄色圆点，记录关键帧动画，如图 10-26 所示。

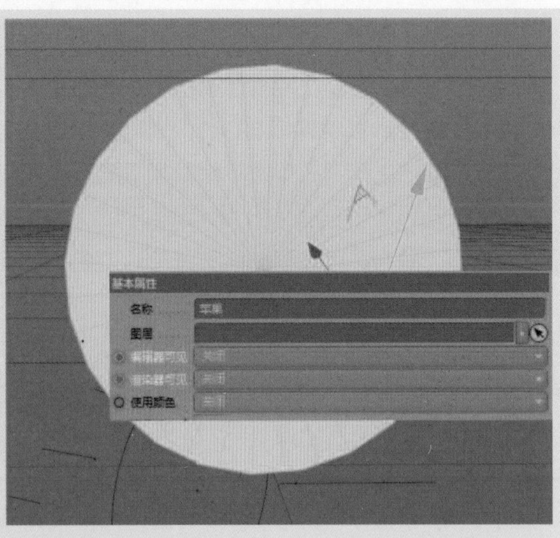

图 10-26

（9）在“对象管理器”窗口中选择“布尔”造型工具，按 Alt+G 组合键创建群组对象，命名为“空白”。选择“空白”群组对象，再次按 Alt+G 组合键创建群组对象，命名为“空白 1”。在主菜单执行“运动图形”>“分裂”，在场景中创建一个“分裂”，将“空白 1”设为“分裂”的子对象，如图 10-27 所示。

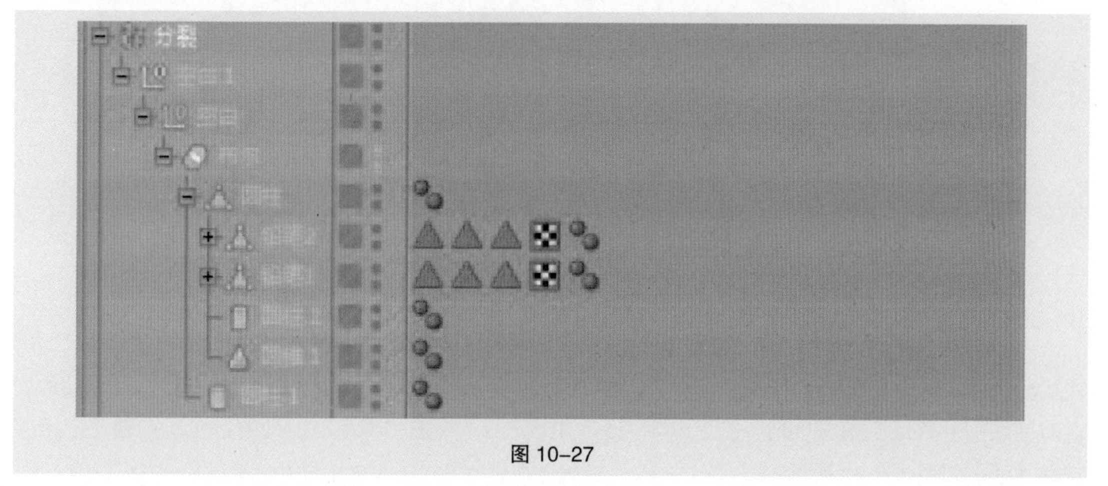

图 10-27

（10）选择“布尔”生成器，将时间线指针移动到第 45 帧，在属性面板“基本”选项卡“编辑器可见”和“渲染器可见”下拉菜单中选择“关闭”，单击“编辑器可见”和“渲染器可见”前面的灰色圆点，记录关键帧。将时间线指针向后移动一帧，在“编辑器可见”和“渲染器可见”下拉菜单中选择“开启”，单击“编辑器可见”和“渲染器可见”前面的黄色圆点，记录关键帧动画。

（11）将时间线指针移动到第 46 帧，在“坐标”选项卡中设置坐标，X 为 5 cm，Y 为 −13 cm，Z 为 −1 414 cm，单击时间线上的“记录活动对象”按钮，记录关键帧动画。将时间线指针移动到第 58 帧，设置坐标，X 为 5 cm，Y 为 −280 cm，Z 为 1 253 cm，单击时间线上的“记录活动对象”按钮，记录关键帧动画，如图 10-28 所示。

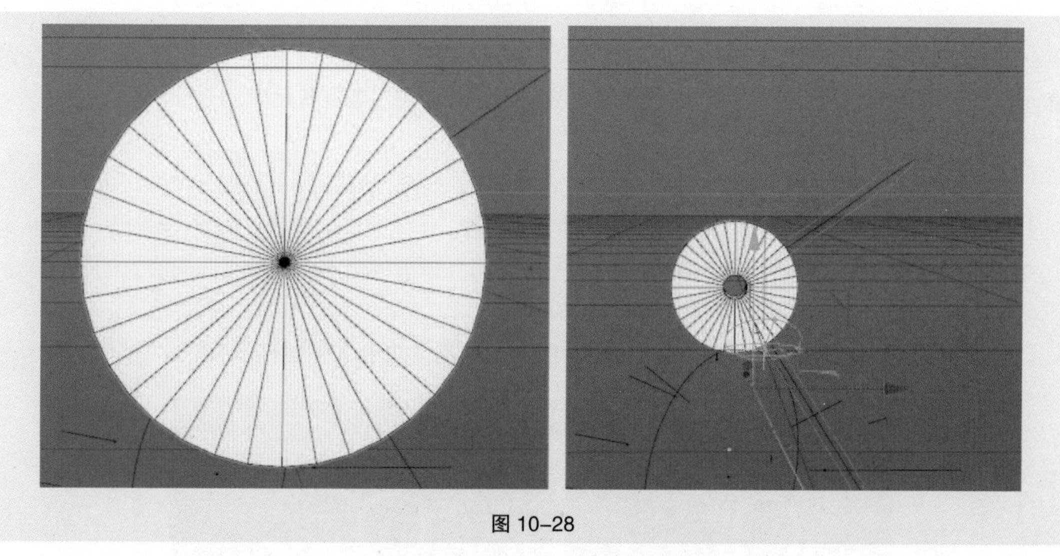

图 10-28

（12）在“对象管理器”窗口选择“布尔”造型工具下的子对象“圆柱 2”和“角锥 1”，将时间线移动到第 54 帧，单击时间线上的“记录活动对象”按钮，记录关键帧动画。将时间线指针移动到第 46 帧，将“圆柱 2”和“角锥 1”通过移动和旋转移出画外，单击时间线上的“记录活动对象”按钮，记录关键帧动画，如图 10-29 所示。

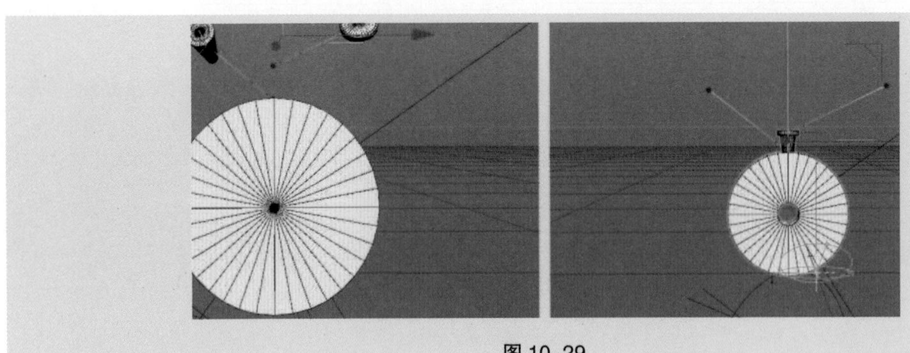

图 10-29

（13）在“对象管理器”窗口选择“布尔”造型工具下的子对象“圆柱 1”，将时间线移动到第 52 帧，在属性面板“对象”选项卡中将“半径”设为 0 cm，单击“半径”前面的灰色圆点，记录关键帧。将时间线指针移动到第 57 帧，将“半径”设为 165 cm，单击“半径”前面的黄色圆点，记录关键帧动画，如图 10-30 所示。

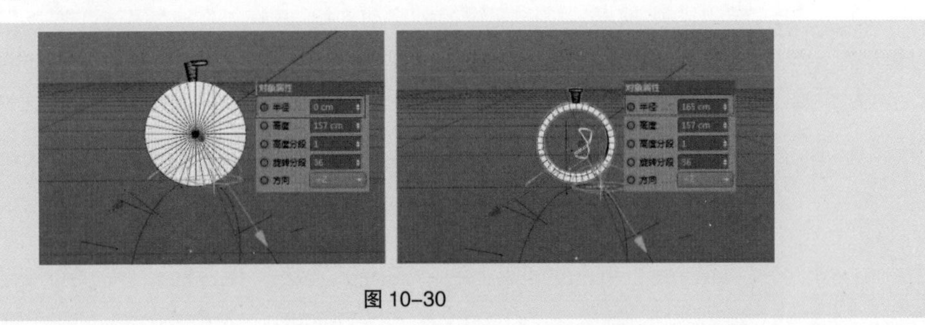

图 10-30

（14）在主菜单中执行“创建” > “变形器” > “锥化”，在场景中创建一个“锥化”变形器，在“对象管理器”窗口中将“锥化”变形器设为“铅笔 1”的子对象。在“锥化”变形器“对象”选项卡中设置尺寸，X 为 80 cm，Y 为 50 cm，Z 为 80 cm，将强度设为 100%。在主菜单中执行“网格” > “重置轴心” > “对齐到父级”，在“锥化”变形器“坐标”选项卡中设置旋转角度，H 为 0 °，P 为 0 °，B 为 180 °。

（15）将“锥化”变形器沿 *Y* 轴移动到“铅笔 1”的根部，使其在场景中不可见，将时间线移动到第 58 帧，单击时间线上的“记录活动对象”按钮，记录关键帧动画。将时间线指针移动到第 61 帧，将“锥化”变形器沿 *Y* 轴向外移动，使“铅笔 1”模型完全出现，单击时间线上的“记录活动对象”按钮，记录关键帧动画，如图 10-29 所示。

（16）使用相同的制作方法完成“铅笔 2”的入场动画，如图 10-31 所示。

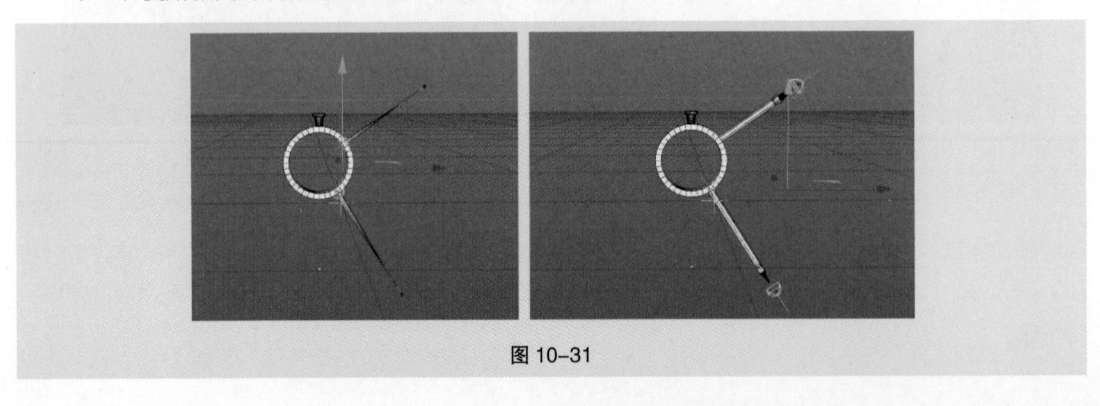

图 10-31

（17）在“对象管理器”窗口中选择“铅笔 1”，将时间线指针移动到第 62 帧，在属性面板“坐标”选项卡中设置旋转角度，H 为 0 °，P 为 0 °，B 为 −123°，单击旋转“B”前面的灰色圆点，记录关键帧。将时间线指针移动到第 68 帧，设置旋转角度，H 为 0 °，P 为 0 °，B 为 0°，单击“半径”前面的黄色圆点，记录旋转关键帧动画，如图 10−32 所示。

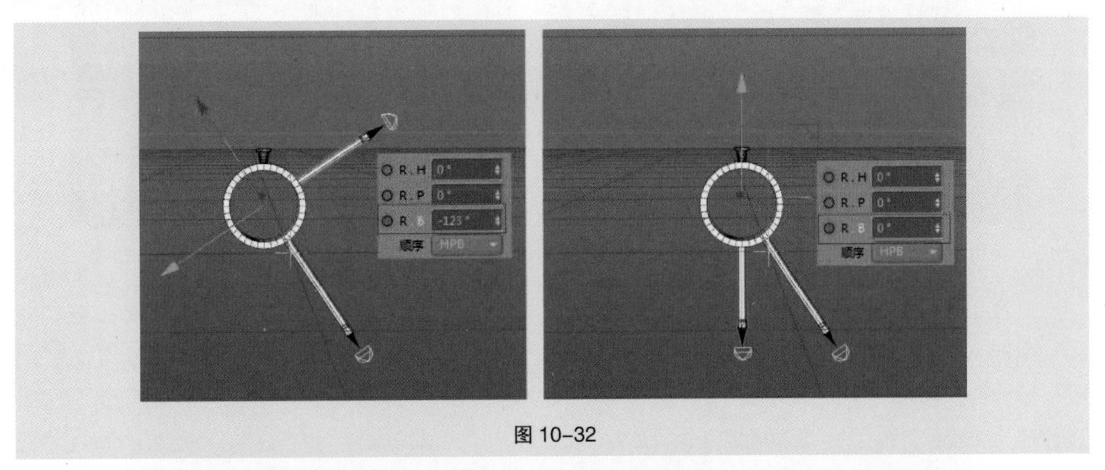

图 10−32

（18）使用相同的制作方法完成“铅笔 2”的旋转关键帧动画，如图 10−33 所示。

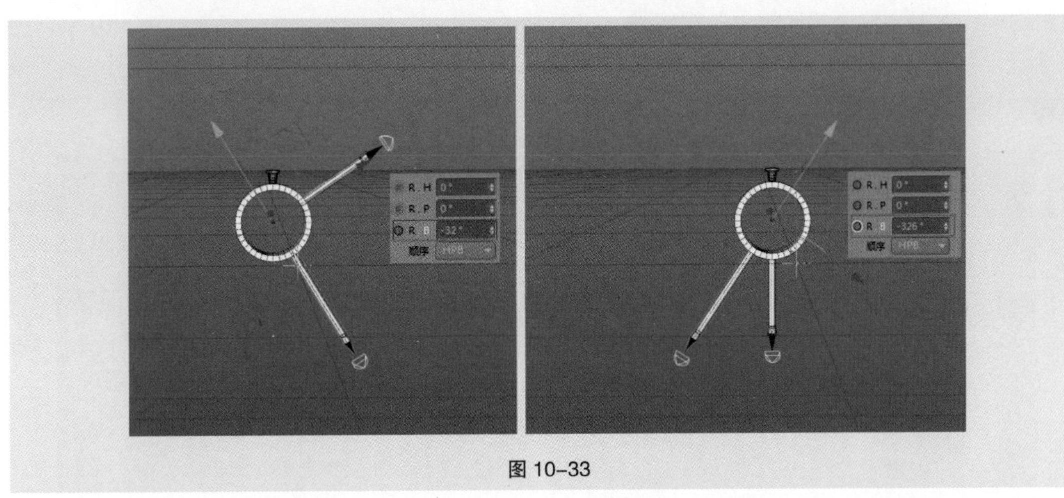

图 10−33

（19）在“对象管理器”窗口中选择“分裂”子层级下的“空白 1”群组，将时间线指针移动到第 70 帧，在属性面板“坐标”选项卡中设置旋转角度，H 为 0 °，P 为 0 °，B 为 0°，单击旋转“H”前面的灰色圆点，记录关键帧。将时间线指针移动到第 90 帧，设置旋转角度，H 为 360°，P 为 0 °，B 为 0°，单击“半径”前面的黄色圆点，记录旋转关键帧动画。

（20）在“对象管理器”窗口中选择“摄像机”，在属性面板“坐标”选项卡中设置坐标，X 为 −144 cm，Y 为 376 cm，Z 为 −2 487 cm，设置旋转角度，H 为 −1 °，P 为 −6 °，B 为 0°。将时间线移动到第 77 帧，单击时间线上的“记录活动对象”按钮，记录关键帧动画。将时间线指针移动到第 87 帧，设置坐标，X 为 −68 cm，Y 为 2 415 cm，Z 为 1 175 cm，设置旋转角度，H 为 0 °，P 为 −50°，B 为 0°，单击时间线上的“记录活动对象”按钮，记录关键帧动画。将时间线移动到第 96 帧，设置坐标，X 为 −79 cm，Y 为 3 182 cm，Z 为 1 213 cm，设置旋转角度，H 为 0 °，P 为 −90°，B 为 0° 单击时间线上的“记录活动对象”按钮，记录关键帧动画，如图 10−34 所示。

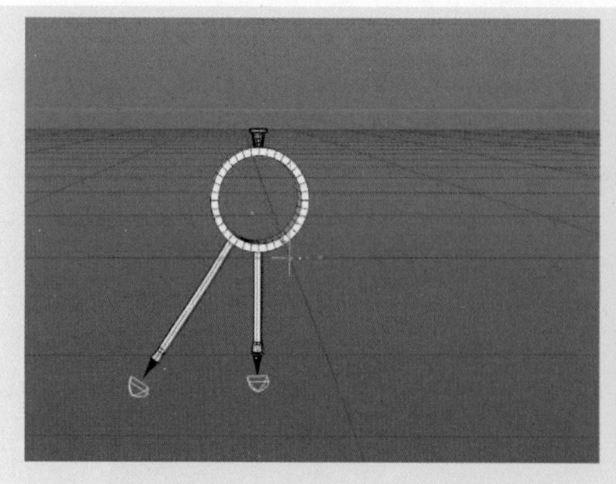
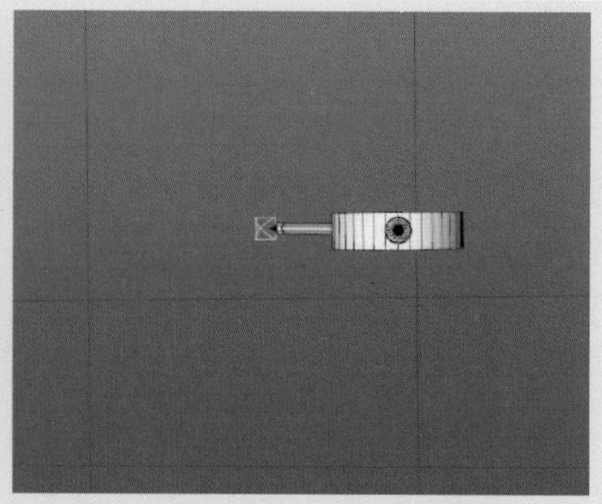

图 10-34

（21）在“对象管理器”窗口中选择“分裂”，执行“运动图形”>“效果器”>“简易”，给“分裂”添加一个“简易”效果器。在属性面板“参数”选项卡中取消勾选“位置”复选框，勾选“缩放”复选框，勾选“等比例缩放”，将“缩放”设为 1，在“衰减”选项“形状”下拉菜单中选择“线性”，设置“尺寸”，X 为 327 cm，Y 为 341 cm，Z 为 259 cm，将“定位”设为 +Y。在“坐标”选项卡中设置坐标，X 为 −122 cm，Y 为 −172 cm，Z 为 1 201 cm。将时间线移动到第 99 帧，单击时间线上的“记录活动对象”按钮，记录关键帧动画。将时间线指针移动到第 110 帧，设置坐标，X 为 −122 cm，Y 为 −1 211 cm，Z 为 1 201 cm，单击时间线上的“记录活动对象”按钮，记录关键帧动画，如图 10-35 所示。

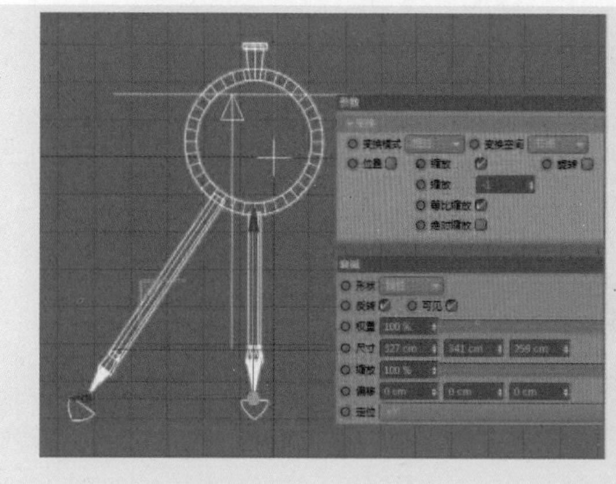
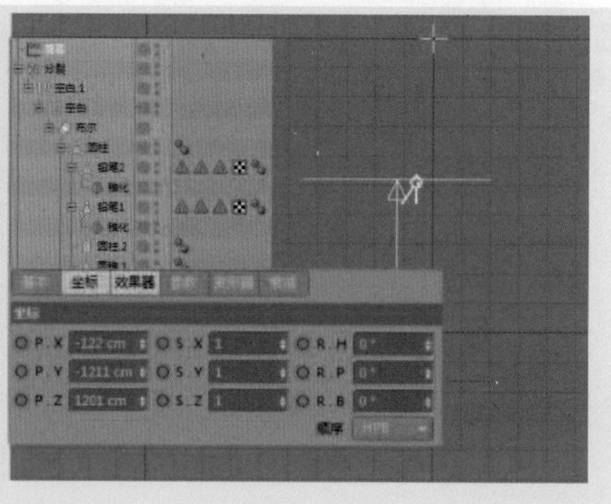

图 10-35

（22）在“对象管理器”窗口选择“旋转”造型工具，将时间线指针移动到第 96 帧，在属性面板“基本”选项卡“编辑器可见”和“渲染器可见”下拉菜单中选择“关闭”，单击“编辑器可见”和“渲染器可见”前面的灰色圆点，记录关键帧。将时间线指针向后移动一帧，在“编辑器可见”和“渲染器可见”下拉菜单中选择“开启”，单击“编辑器可见”和“渲染器可见”前面的黄色圆点，记录关键帧动画。

（23）在“对象”选项卡中将“角度”设为 180°，单击“角度”前面的灰色圆点，记录关键帧。将时间线指针移动到第 111 帧，将“角度”设为 360°，单击“角度”前面的黄色圆点，记录关键帧动画，如图 10-36 所示。

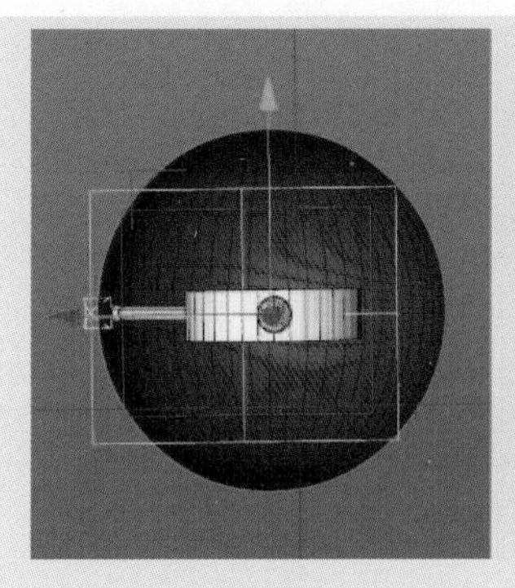

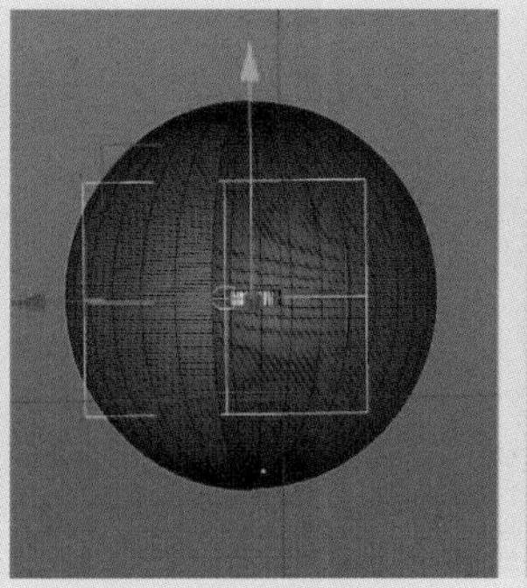

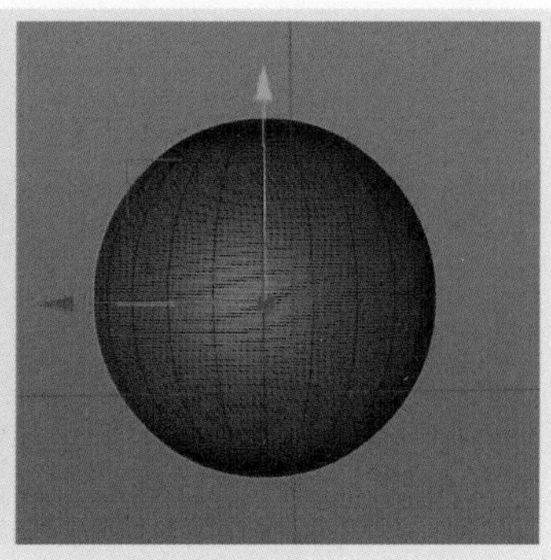

图 10-36

（24）在“对象管理器”窗口中选择“空白”群组对象，在属性面板“坐标”选项卡中设置坐标，X 为 −59 cm，Y 为 −645 cm，Z 为 1 189 cm，将时间线移动到第 111 帧，单击时间线上的“记录活动对象”按钮记录关键帧动画。将时间线指针移动到第 120 帧，设置坐标，X 为 −59 cm，Y 为 276 cm，Z 为 1 077 cm，单击时间线上的“记录活动对象”按钮记录关键帧动画。将时间线移动到第 138 帧，单击时间线上的“记录活动对象”按钮记录关键帧动画。将时间线指针移动到第 170 帧，设置旋转角度，H 为 0°，P 为 0°，Z 为 11°，单击时间线上的“记录活动对象”按钮记录旋转关键帧动画，如图 10-37 所示。

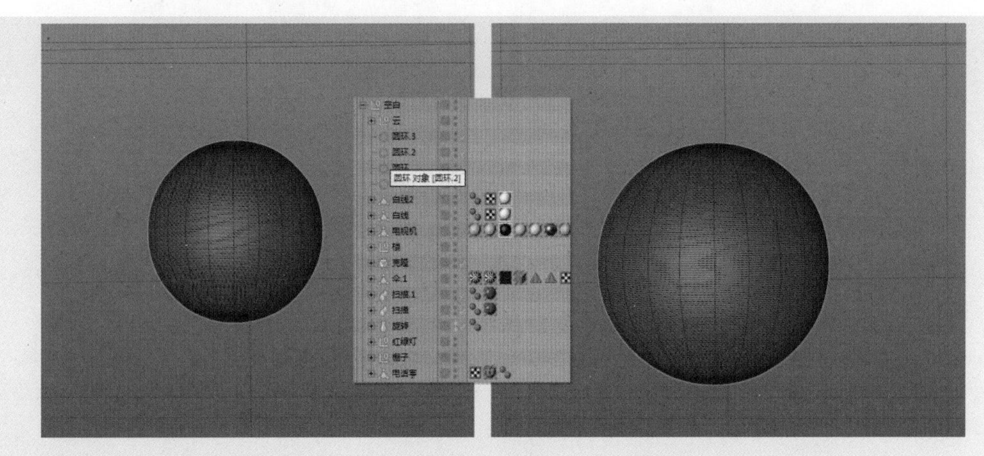

图 10-37

（25）在主菜单中执行“创建”>“变形器”>“锥化”，在场景中创建一个“锥化”变形器，在“对象管理器”窗口中将“锥化”变形器设为“电视机”的子对象。在“锥化”变形器“对象”选项卡中设置尺寸，X 为 581 cm，Y 为 555 cm，Z 为 241 cm，将强度设为 100%。在主菜单中执行“网格”>“重置轴心”>“对齐到父级”，在“锥化”变形器“坐标”选项卡中设置旋转角度，H 为 0°，P 为 0°，B 为 90°。

（26）将“锥化”变形器沿 *Y* 轴移动到“电视机”模型对象的根部，使其在场景中不可见，将时间线移动到第 116 帧，单击时间线上的“记录活动对象”按钮记录关键帧动画。将时间线指针移动到第 127 帧，将“锥化”变形器沿 *Y* 轴向外移动，使“电视机”模型对象完全出现，单击时间线上的“记录活动对象”按钮记录关键帧动画，如图 10-38 所示。

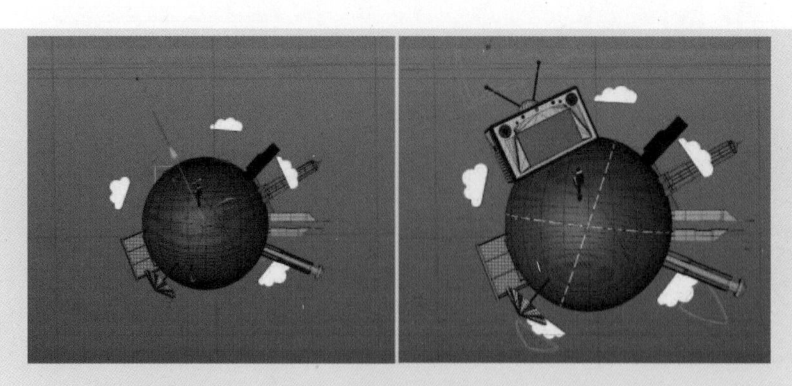

图 10-38

（27）使用相同的制作方法为“白云”“红绿灯”“楼”等模型对象添加“锥化”变形器，并设置入场关键帧动画，如图 10-39 所示。

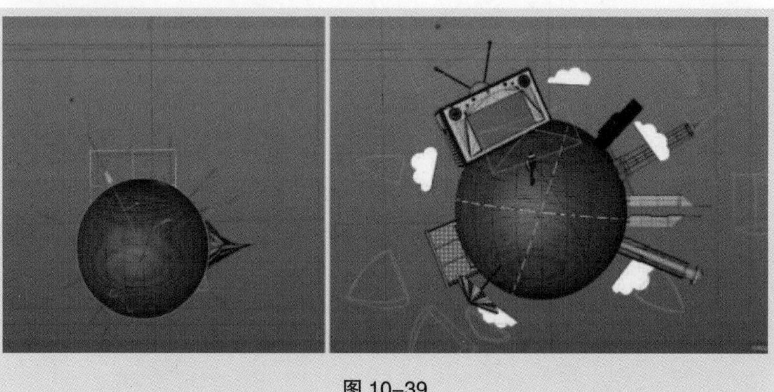

图 10-39

（28）在主菜单执行“创建”>“样条”>“圆环”，在场景中创建一个“圆环”样条曲线，在属性面板“对象”选项卡中将“半径”设为 470 cm。在场景中继续创建一个“矩形”样条曲线，在属性面板“对象”选项卡中将“宽度”设为 1 cm，将“高度”设为 111 cm。

（29）在主菜单执行“创建”>“生成器”>“扫描”，在场景中创建一个“扫描”生成器，将上一步操作中创建的“矩形”和“圆环”设为“扫描”生成器的子对象。在“坐标”选项卡中设置坐标，X 为 0 cm，Y 为 0 cm，Z 为 13 cm，设置旋转角度，H 为 70°，P 为 0°，B 为 0°。将时间线指针移动到第 96 帧，在属性面板“对象”选项卡中将“开始生长”设为 100%，单击“开始生长”前面的灰色圆点，记录关键帧。将时间线指针移动到第 123 帧，将“开始生长”设为 0%，单击“开始生长”前面的黄色圆点，记录关键帧动画，如图 10-40 所示。

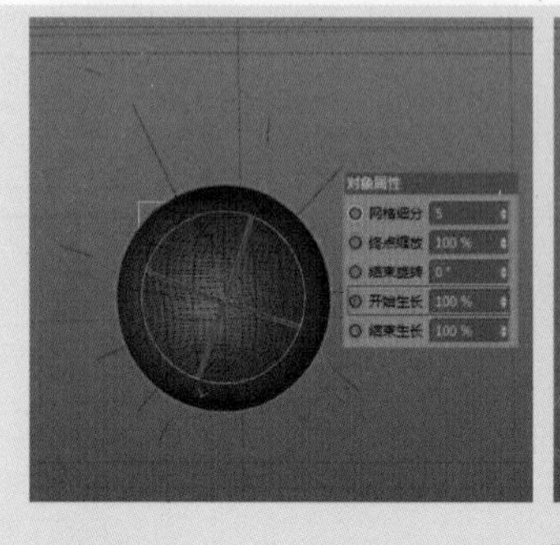

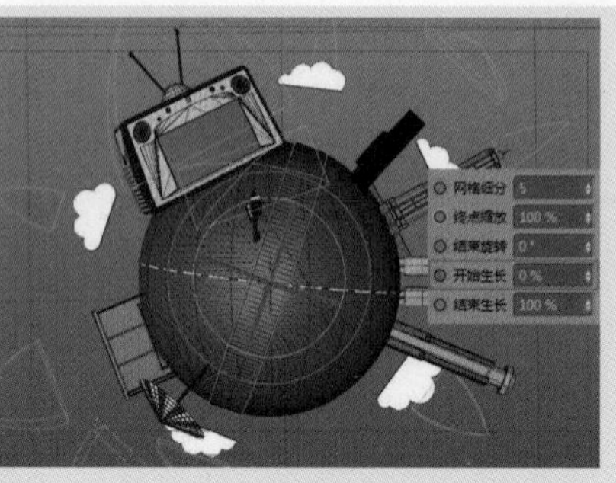

图 10-40

（30）按住 Ctrl 键不放，在“对象管理器”窗口中拖曳上一步操作中创建的“扫描”生成器，在属性面板“坐标”选项卡中设置坐标，X 为 0 cm，Y 为 0 cm，Z 为 13 cm，设置旋转角度，H 为 −6°，P 为 0°，B 为 0°，如图 10−41 所示。

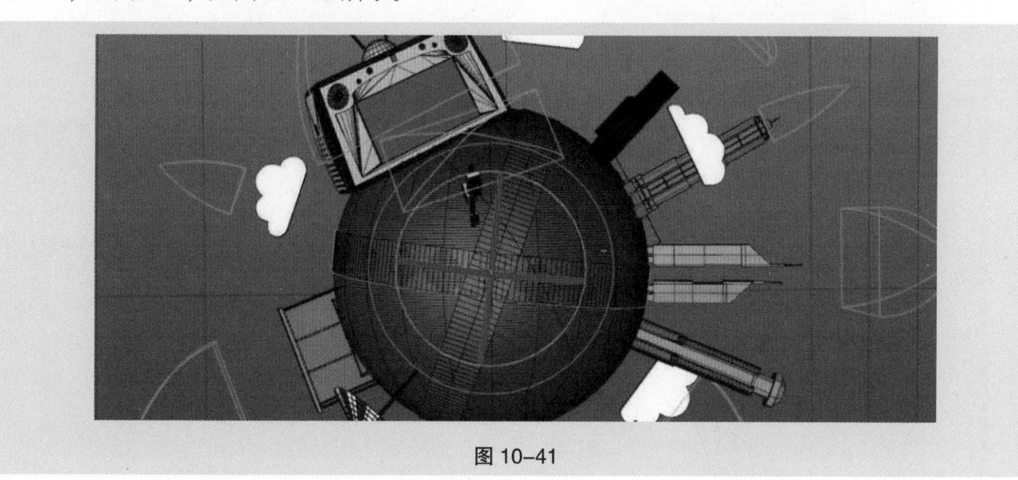

图 10−41

（31）在主菜单中执行“创建”>“样条”>“圆环”，在场景中创建一个“圆环”样条曲线。在属性面板“对象”选项卡中将“半径”设为 688 cm；在“坐标”选项卡中设置坐标，X 为 −5 cm，Y 为 1 cm，Z 为 15 cm，设置旋转角度，H 为 4°，P 为 0°，B 为 0°。按住 Ctrl 键不放，在“对象管理器”窗口拖曳“苹果”群组对象，删除其时间线上的关键帧。在“对象管理器”窗口右键单击“苹果”群组对象，在弹出的菜单中选择“CINEMA 4D 标签”>“对齐曲线”，添加“对齐曲线”标签。将“圆环”拖曳至“曲线路径”栏，将时间线指针移动到第 137 帧，在属性面板“标签”选项卡中将“位置”设为 60%，单击“位置”前面的灰色圆点，记录关键帧。将时间线指针移动到第 170 帧，将“位置”设为 65%，单击“位置”前面的黄色圆点，记录关键帧动画，如图 10−42 所示。至此“地球城市动画”综合实战的动画部分完成。

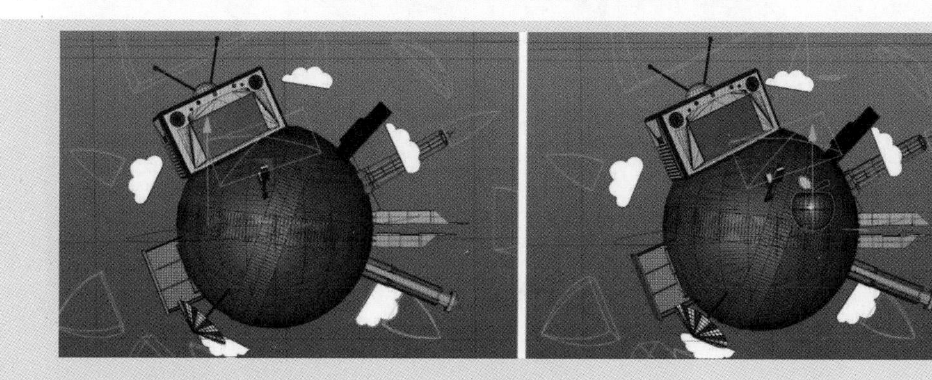

图 10−42

10.2.3 材质与渲染

（1）在材质窗口双击，创建一个新的材质球，命名为“地球”，双击“地球”材质球，打开“材质编辑器”，在“颜色”通道中将颜色设置为淡蓝色（140，211，255），在“反射”通道中单击“添加”按钮，在下拉菜单中选择“GGX”，将“反射强度”设为 73%，将“高光强度”设为 20%，在“层颜色”栏中将“亮度”设为 19%，单击“纹理”后面的三角，在弹出的菜单中选择“菲涅耳（Fresnel）”，将“混合强度”设为 33%，如图 10-43 所示。将“地球”材质指定给“旋转”生成器。

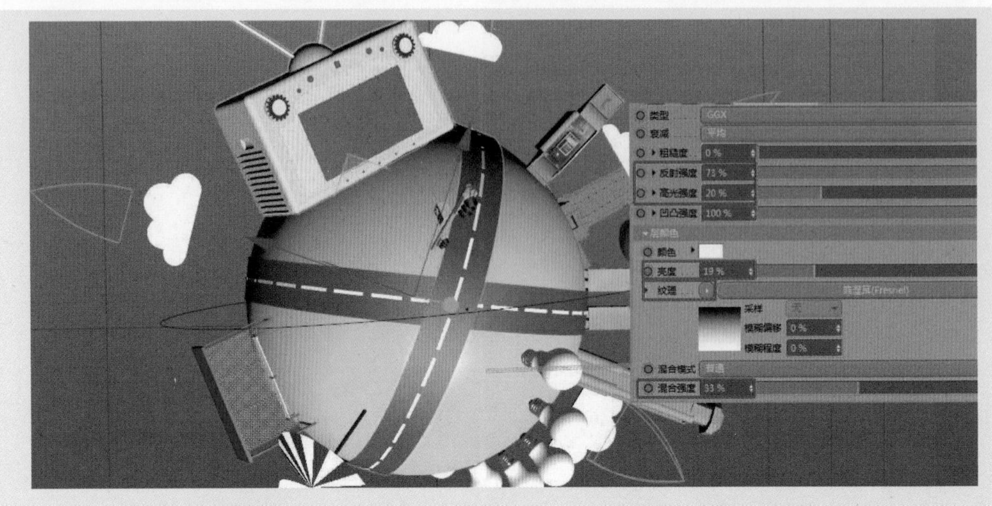

图 10-43

（2）在材质窗口双击，创建一个新的材质球，命名为“道路”，双击“道路”材质球，打开“材质编辑器”，在“颜色”通道中将颜色设置为紫色（131，59，140），在“反射”通道中单击“添加”按钮，在下拉菜单中选择“GGX”，将“高光强度”设为 20%，在“层”中将“全局反射亮度”设为 6%。将“道路”材质指定给“扫描”和“扫描 1”生成器，如图 10-44 所示。

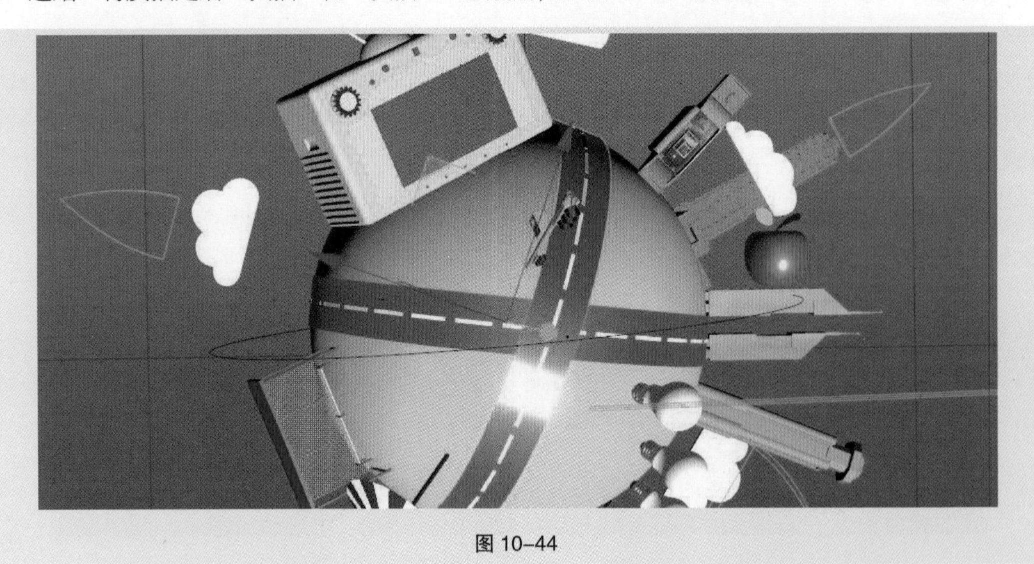
图 10-44

（3）在主菜单执行“创建”>“场景”>“天空”，在场景中创建一个“天空”。在材质窗口双击，创建一个新的材质球，命名为“天空背景”，双击“天空背景”材质球，打开“材质编辑器”，取消勾选“颜色”和“反射”复选框，勾选“发光”复选框，单击“纹理”载入“01_Studio_Soft.hdr”贴图（ch10\10.2 地球城市动画 \ 工程文件 \ 地球城市 _Start\tex）。将“天空背景”材质指定给“天空”对象，在“对象管理器”窗口右键单击“天空”，在弹出的菜单中选择“合成”，添加合成标签，在“合成”标签属性面板中取消勾选“摄像机可见”复选框，如图 10-45 所示。

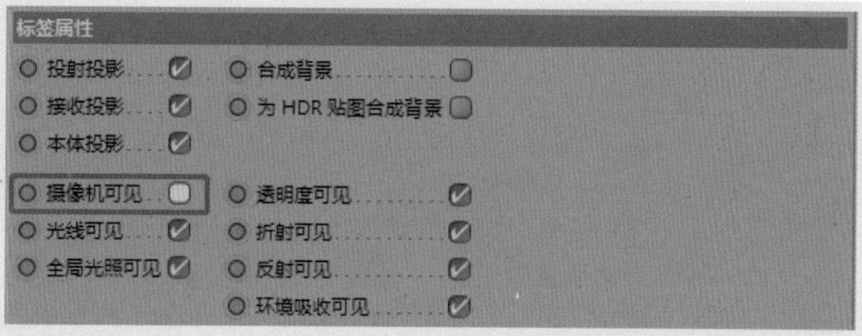

标签属性
投射投影 接收投影 本体投影 摄像机可见 光线可见 全局光照可见
合成背景 为 HDR 贴图合成背景 透明度可见 折射可见 反射可见 环境吸收可见

图 10-45

（4）在主菜单执行“创建”>“灯光”>“区域光”，在场景中创建一个“区域光”。在属性面板“常规”选项卡中将“强度”设为 27%，在“投影”下拉菜单中选择“区域”；在“坐标”选项卡中设置坐标，X 为 −1 662 cm，Y 为 1 279 cm，Z 为 −278 cm，设置旋转角度，H 为 −70°，P 为 −21°，B 为 0°。按住 Ctrl 键不放，在“对象管理器”窗口中拖曳“灯光”，复制出一个灯光。在属性面板“常规”选项卡中将“强度”设为 6%；在“坐标”选项卡中设置坐标，X 为 2 761 cm，Y 为 1 279 cm，Z 为 661 cm，设置旋转角度，H 为 68°，P 为 −38°，B 为 −7°，如图 10-46 所示。

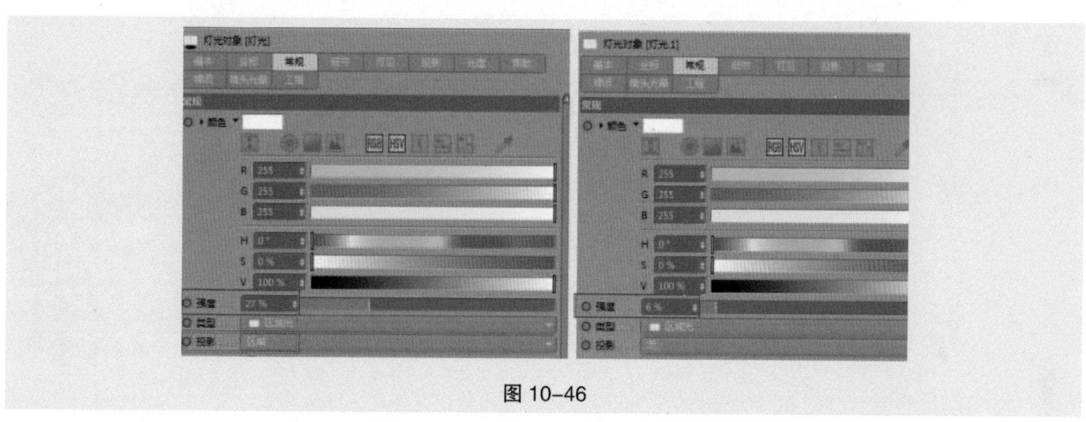

图 10-46

（5）单击工具栏“编辑渲染设置”按钮，在左侧单击“效果”，添加“全局光照”和“环境吸收”，选择“全局光照”，将“首次反弹算法”设为“辐照缓存”，将“采样”设为“中”。

（6）最终效果参见“地球城市 _FIN.mp4”（ch10\10.2 地球城市动画 \ 效果文件），如图 10-47 所示。

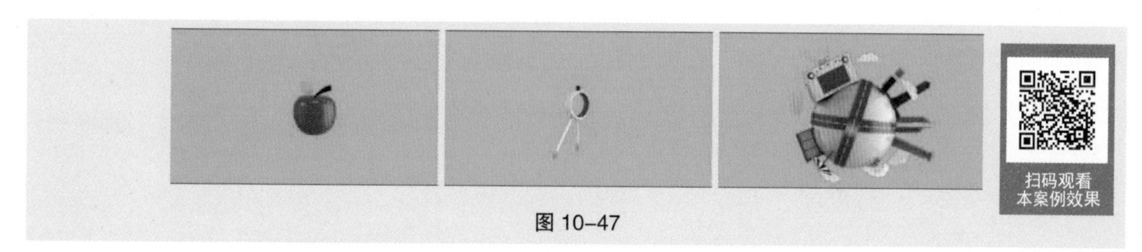

图 10-47